卓越测绘工程师系列丛书

测绘程序设计基础（VC++.net版）

（第2版）

◉ 戴吾蛟 王中伟 范 冲 张云生 编著

中南大学出版社
www.csupress.com.cn

内容提要

本书是以 Visual C#. net 为开发环境来介绍基本测绘程序的编程思路、方法、步骤与技巧。全书分为 Visual C#. net 语言基础及测绘程序设计两个部分，并以简易测绘程序为例贯穿 Visual C#. net 语言基础部分，对一些较复杂的测绘程序，则结合小型的软件工程方法介绍其设计与具体实现过程。本书介绍的测绘程序包含了测量平差、控制测量、地形测量及路线测量的主要计算程序，并提供了相应的程序源代码。

本书可作为高等学校测绘工程专业的本科教材，也可作为 GIS、遥感、土木工程等相关专业的教学与工程技术人员参考用书。

图书在版编目(CIP)数据

测绘程序设计基础(VC#. net 版)/戴吾蛟,王中伟,范冲,张云生编著. —中南大学出版社,2014. 3(2021. 7 重印)

ISBN 978-7-5487-1036-3

Ⅰ. 测...　Ⅱ. ①戴...②王...③范...④张...　Ⅲ. 测绘-C#-程序设计　Ⅳ. P209

中国版本图书馆 CIP 数据核字(2014)第 020207 号

测绘程序设计基础(VC#. net 版)

(第 2 版)

戴吾蛟　王中伟　范　冲　张云生　编著

□责任编辑　刘　灿
□责任印制　唐　曦
□出版发行　中南大学出版社
　　　　　　社址:长沙市麓山南路　　　邮编:410083
　　　　　　发行科电话:0731-88876770　　传真:0731-88710482
□印　　装　长沙印通印刷有限公司

□开　　本　787 mm×1092 mm　1/16　□印张 22　□字数 549 千字
□版　　次　2015 年 7 月第 2 版　□印次　2021 年 7 月第 6 次印刷
□书　　号　ISBN 978-7-5487-1036-3
□定　　价　54.00 元

前　言

随着卫星导航定位、电子及计算机等技术的发展，测绘仪器设备越来越趋于智能化，使得现代测绘工程技术人员对仪器设备操作技能的要求大大降低，而数据处理能力则成为衡量其业务水平的重要标志之一。现代测绘数据处理与过去相比，则具有数据量更大、数据类型更多、数据结构及处理方法步骤更复杂等特点，且必须借助基础计算机软件才能完成，因此测绘数据处理编程能力成为测绘工程本科专业应具备的主要能力之一。熟练掌握测绘数据处理的理论方法与具体步骤是编写测绘数据处理程序的前提，反之，通过编写测绘数据处理程序也可以使我们更深刻地理解测绘数据处理的理论方法。为此，许多高校测绘工程专业都开设了测绘程序设计或相关课程，并安排了集中程序设计实践等课程。

本书主编从2005年开始讲授《测量平差程序设计》课程，由于课程内容不限于测量平差程序设计，还包含诸如坐标转换等常用的测量程序设计，后来便将该课程更名为《测绘程序设计基础》。考虑大一期间开设的《计算机程序设计基础》是以C++语言讲授的，结合当前程序设计的潮流和测绘程序以数据处理为主的特点，《测绘程序设计基础》课程以Visual C++.net为开发平台进行讲述，界面设计则仍以MFC为主。讲授该课程之初没有指定的教材，通常是参考一本程序设计语言教材加若干测绘专业教材。为此，本书主编从2011年起编写了《测绘程序设计基础》讲义，把Visual C++.net语言基础、测绘数据处理基本理论与方法、程序设计方法与步骤、软件工程的知识等集于一本书中。在介绍Visual C++.net语言基础时，以示例的形式介绍一些常用的测绘小程序设计，而如导线网平差等较复杂的程序设计则结合软件工程进行介绍，尽量做到通俗易懂。本书以《测绘程序设计基础》讲义为基础，增加了线路测量程序、界面设计等章节，全书分为15章，其中前9章为基础语言部分，后6章为测绘程序设计部分。

本书中部分程序代码电子文件可在中南大学出版社有限责任公司网站(www.csupress.com.cn)“下载专区”免费下载。

本书在编写过程中参考了一些教材、课件、期刊论文以及网络上各种编程论坛资料、编程技术文章以及相关代码，其中有些以参考文献列出，有些未列出，在此一并表示感谢。

限于作者水平有限，书中不当之处恳请读者批评指正。

作　者

二〇一四年于长沙

目　录

第一篇　Visual C++. net 语言基础

第二篇　测绘程序设计

第一篇

Visual C++.net 语言基础

第 1 章　Visual C++. net 程序设计概述

随着互联网技术的飞速发展，编程技术变得越来越重要，C++ 作为一种具有长期发展历史的编程语言，它不但继承了 C 语言的特点，还具有面向对象的特点。本章将介绍 Visual C++. net的基本特点，让我们对其有个初步的认识。

1.1　C++ 与面向对象程序设计

在我们学习 C++ 之前，首先要了解 C++ 的发展历程，并认识它所代表的设计思想，尤其是它面向对象的程序设计思想。

1.1.1　C++ 语言及其发展

1. C++ 语言的起源

C++ 语言起源于 C 语言，是经过拓展和增强的 C 语言，同时，它还包含了面向对象设计的程序思想。

C 语言是计算机语言不断发展的结果，这个发展过程开始于 Marin Richards 所发明的 BCPL(Base Combined Programming Language)语言，随后 Ken Thompson 从 BCPL 语言中发展出了 B 语言。在 1970 年 Dennis Ritchie 将 B 语言发展为 C 语言，并应用在 UNIX 操作系统中。

虽然 C 语言是被广泛使用的程序设计语言之一，但是为了能够管理日益复杂的程序，C++ 应运而生。1979 年，本贾尼 · 斯特劳斯特卢普(Bjarne Stroustrup)博士在贝尔实验室中发明并实现了 C++ 语言，他最初将这种新的语言命名为"C with Classes"，1983 年，更名为 C++。

在 C++ 中增加的许多功能都是用来支持面向对象程序设计的。从本质上来说，C++ 就是一种面向对象的 C。由于 C++ 建立在 C 的基础之上，C 程序员可以平滑地过渡到 C++。

如今，C++ 具有广泛的用途。在编译器、编辑器、帮助工具、Windows 程序、游戏及网络程序中都应用到了 C++。由于 C++ 也拥有 C 语言的高效性，因此可以用来编写许多高性能的软件。

2. C++ 的发展

在 20 世纪 50 年代，初期的程序设计由于硬件的局限，所以那时的程序员都以高运行效率、少占用内存为目标。

到了 20 世纪 70 年代，随着计算机的发展，结构化程序设计越来越流行，这使得程序员越来越讲究程序的可读性、可维护性。后来瑞士科学家 Niklans Wirth 提出了"算法 + 数据结构 + 编程语言 + 面向过程的程序设计方法 = 程序"的设计方法。这时程序的结构规定为顺序、选择和循环三种基本结构，采取自顶向下、逐步求精的分析和设计方法，即功能分析方法。

从 20 世纪 80 年代开始，面向对象的程序设计占据了主流的设计风格，它降低了程序的复杂性，提高了软件的开发效率并且改善了工作界面。这时的实际思想是“程序 = 对象 + 消息 + 面向对象的程序设计”，这就是面向对象的程序设计。

1.1.2 面向对象程序设计

面向对象程序设计模拟自然界认识和处理事物的方法，将数据和对数据的操作方法放在一起，形成一个相对独立的整体——对象(object)(面向对象的程序设计就是由这些对象构造程序)，同类对象还可抽象出共性，形成类(class)。一个类中的数据通常只能通过本类提供的方法进行处理，这些方法成为该类与外部的接口。对象之间通过消息(message)进行通讯。

面向对象是 C++ 的重要特征，所以需要对面向对象设计中的相关概念进行一些解释。以面向对象的风格进行程序设计，可以将一个问题分解为几个小的组成部分，每个组成部分都能成为自我容纳的对象，并且包含与这个对象相关的数据和指令。这种方法，可以有效地降低程序的复杂性，从而能够管理规模更大的程序。

面向对象程序设计的优点：

(1)符合人们习惯的思维方法，便于分解大型的复杂多变的问题。由于对象对应于现实世界中的实体，因而可以很自然地按照现实世界中处理实体的方法来处理对象，软件开发者可以很方便地与问题提出者进行沟通和交流。

(2)易于软件的维护和功能的增减。对象的封装性及对象之间的松散组合，都给软件的修改和维护带来了方便。

(3)可重用性好。重复使用一个类(类是对象的定义，对象是类的实例化)，可以比较方便地构造出软件系统，加上继承的方式，极大地提高了软件开发的效率。

(4)与可视化技术相结合，改善了工作界面。随着基于图形界面操作系统的流行，面向对象的程序设计方法也将深入人心。它与可视化技术相结合，使人机界面进入 GUI 时代。

1. 类

类是一个抽象的概念，用来描述某一类对象所共有的、本质的属性和行为。就像一张汽车设计图一样，而我们可以根据图纸来设计各种各样的汽车，如图 1-1 所示。

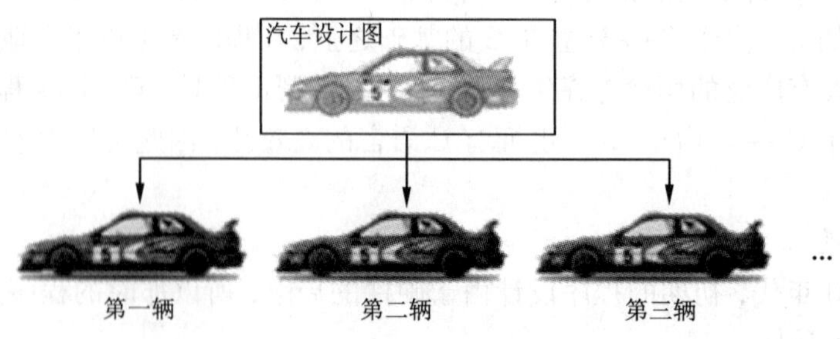

图 1-1 类的形象表示

2. 对象

对象可以是一些看得见实际摸得着的实体，也可以是一些抽象概念，如：一堂课等。

3. 类与对象的关系

类与对象的关系如图 1-2 所示。

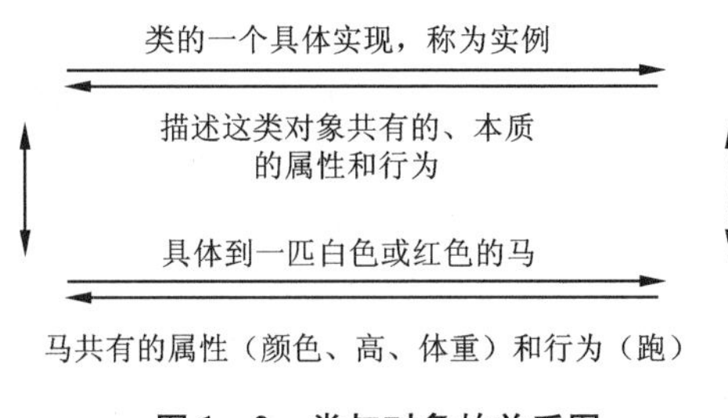

图 1-2　类与对象的关系图

4. 消息

我们把对象之间产生相互作用所传递的信息称作消息。

1.2　Microsoft. net 与 Visual C++. net

1.2.1　Microsoft. net

1. Microsoft. net 框架

尽管 C++ 是一种可以单独学习的计算机编程语言，但是要真正地学好它还必须与它的应用相结合。本书所介绍的 C++ 语言与它的运行环境——Microsoft. net 框架仍然有密切联系，C++ 使用的库函数是. net 框架定义的函数库中的一部分。由于以上原因，对. net 框架有一个基本了解是非常有必要的。

. net 就是 Microsoft 的 XML Web 服务平台。不论操作系统或编程语言有何差别，XML Web 服务能使应用程序在 Internet 上传输和共享数据。

Microsoft. net 平台包含广泛的产品系列，它们都是基于 XML 和 Internet 行业标准构建，提供从开发、管理、使用到体验 XML Web 服务的每一方面。XML Web 服务将成为现在正在使用的 Microsoft 的应用程序、工具和服务器的一部分，并且将要打造出全新的产品以满足业务需求。

更具体地说，Microsoft 正在五个方面创建. net 平台，即工具、服务器、XML Web 服务、客户端和. net 体验。

2. 公共语言环境(common language runtime)

公共语言环境(CLR)管理. net 代码的执行。它的工作原理是：当编译 C++ 程序时，除了可以按传统方式生成可执行代码外，还可以以一种托管的方式进行编译。简单地说，它就是一个在运行时管理代码的代理，提供核心服务，如：内存管理、线程管理、代码执行、代码安全验证、编译以及其他系统服务。

3. . net Framework 基础类库

. net Framework 基础类库是一个全面的、面向对象的可重用类集合，可以用于开发包括传统的命令行、GUI 应用程序，还可以开发基于 ASP. net 的 Web 应用程序。

1.2.2 Visual C++的简介

Visual C++.net简称VC++.net，Visual C++从1.0到微软最新发布的11.0，历经了多个版本，Visual C++6.0是1998年推出的版本。以后的版本都为.net版本，7.0到11.0即为Visual C++2003，Visual C++2005，Visual C++2008，Visual C++2010，Visual C++2012。

Visual C++.net提供了用于帮助编程人员开发Windows应用程序的许多工具。就可以开发的Windows应用程序和程序组件的类型而言，可以有两种选择：一种是托管，即可以编写在CLR中执行的代码；另一种是非托管，即也可以编写直接编译为机器代码，从而在本地执行的代码EXE。

1.3 Visual C++.net安装与启动

1.3.1 安装与运行环境要求

自从Microsoft.net发布以来，Visual C++被整合在Visual Studio之中，但仍可单独安装使用。

在众多Visual Studio版本中，目前2008版应用最为广泛，并相对稳定，所以本书采用Visual Studio 2008为实验安装环境。

Visual Studio 2008对计算机的硬件配置要求较高，表1-1所示为Visual Studio 2008配置要求。

表1-1 推荐的安装配置表

处理器	推荐：Pentium III级，600 MHz以上
RAM	最低内存512MB，否则影响运行速度
可用硬盘空间	系统驱动器上有2GB以上，安装驱动器上有4.1GB
操作系统	Windows XP、Win7、Windows Server 2003或Windows NT 4.0
显示	分辨率：800×600或以上，256色建议：16位以上增强色

以上配置为单独运行Visual Studio 2008的配置需求，因此对计算机的配置要求还要参考操作系统、安全软件以及其他编程辅助软件等的配置要求，并进行综合评价。

1.3.2 Visual Studio 2008的安装

Visual Studio 2008可以订购安装光盘获得，也可以在微软官方网站下载安装包并购买激活码获得。下面以光盘安装为例讲解Visual Studio 2008的安装。

(1)首先启动电脑，插入安装光盘，运行光盘进行安装，如果系统未能自动运行光盘，可以打开光盘，然后运行其中的Setup.exe文件即可安装。

(2)安装程序首先进入Visual Studio 2008安装程序界面，选择安装Visual Studio 2008开始安装向导。

(3)接着我们根据安装向导提示进行安装操作。在协议与安装密匙界面中需要输入激活码(光盘版软件的激活码一般在光盘包装中取得)并同意许可协议；安装方式界面可以对程序组件进行选择安装，并可以更改安装地址，如果需要节约硬盘空间可以选择自定义安装，并安装 C++ 开发语言。安装完成后会提示安装是否成功，如果安装未成功则需要清理相关组件，重新安装。

图 1－3　安装初始界面

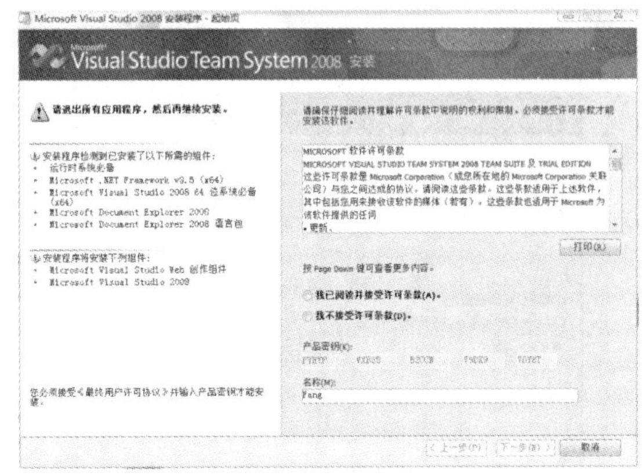

图 1－4　VS 安装初始页

(4)安装完成后会跳转到安装初始界面，这时可以进行 MSDN Library 的安装，MSDN Library 涵盖了微软全套可开发产品线的技术开发文档和科技文献(部分包括源代码)，也包括过刊的 MSDN 杂志节选和部分经典书籍的节选章节，因此建议安装 MSDN Library，以在程序编写过程中获得相关帮助，便于 C++ 的学习。推荐完全安装 MSDN Library。

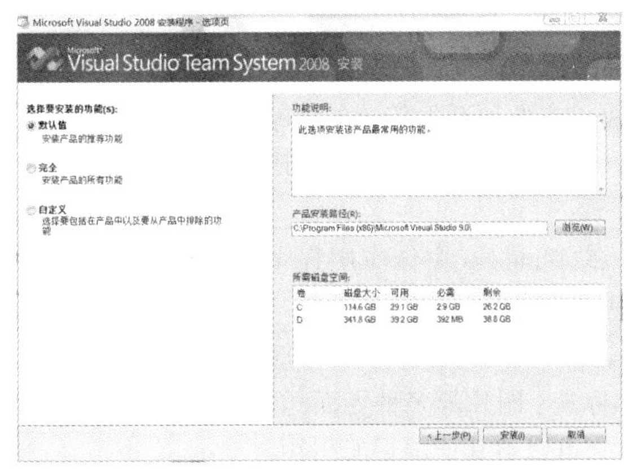

图 1－5　VS 安装选项页

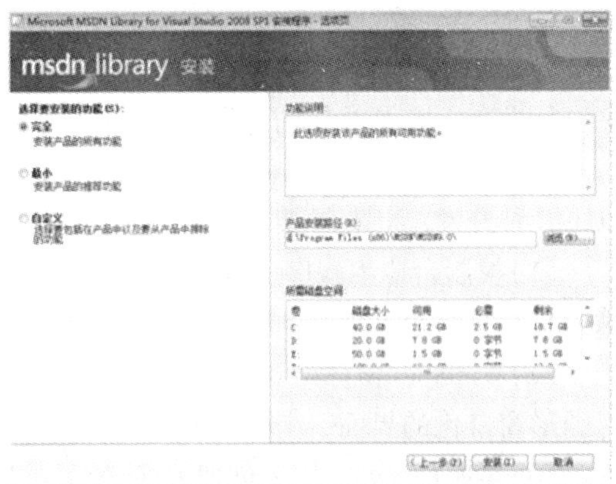

图 1－6　MSDN lib 安装选项页

1.3.3 启动 Visual Studio 2008

在 Visual Studio 2008 安装完成后，在开始菜单中启动 Microsoft Visual Studio 2008，首次运行，会弹出【选择默认环境设置】对话框以供使用者选择所需的开发环境，选中【Visual C++开发设置】选项，并点击【启动 Visual Studio(S)】完成默认环境设置。如图 1-7 所示。

稍等片刻，用户可以看到如图 1-8 所示的 Visual C++2008 开发环境。

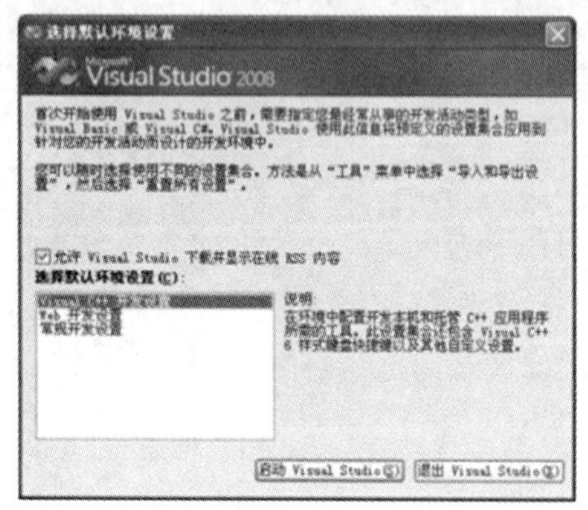

图 1-7 Visual Studio 2008 参数列表

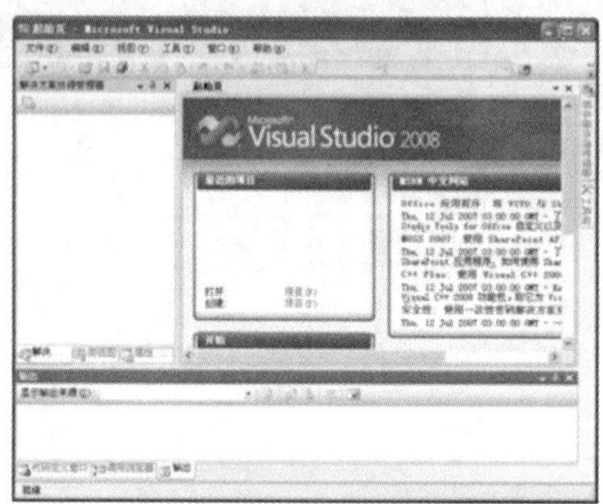

图 1-8 VC++ 2008 开发环境界面

1.4 Visual C++.net 集成开发环境

1.4.1 Visual C++.net 集成开发环境简介

Visual C++.net 是一个全面集成的开发环境，用于编写、调试代码，把代码编译为程序集进行发布。它是常用的开发 C++的工具，它可以方便地开发传统的，标准的 C++程序。

不同版本的 VC++.net 在开发 C++程序时，能够建立的项目略有不同，但一般可以创建以下几种开发.NET 框架的项目类型。

(1)控制台应用程序(.net)：用来创建 C++的 Windows 窗体应用程序，程序运行的输入输出是在控制台上进行，也就是说控制台应用程序是以文本方式进行。

(2)Windows 窗体应用程序(.net)：用来创建 C++的 Windows 窗体应用程序，程序变现为图形窗口化的界面，在窗体上可以放置按钮、标签、图片等多种界面元素。

(3)类库(.net)：用来创建 C++的类的库，它可以被其他项目所引用。

(4)Windows 控件库(.net)：用来创建 C++的控件库，它可以被其他 Windows 窗体应用程序所引用。

(5)ASP.net Web 服务：用于创建 C++的 Web 服务项目，Web 服务可提供其他程序通过网络来调用。

(6)MFC 应用程序框架：MFC 是微软提供的用于在 C++环境下编写应用程序的一个框架和引擎，Visual C++.net 是 Windows 下开发人员使用的专业 C++ SDK，MFC 就是挂在它之上的一个辅助软件开发包。本书示例都是该框架的项目类型。

1.4.2　Visual C++. net 界面介绍

【解决方案资源管理器】是提供项目及其文件的有组织的视图，并且提供对项目和文件相关命令的便捷访问。与此窗口关联的工具栏提供适用于列表中突出显示项的常用命令。该窗口允许我们浏览程序文件，将程序文件的内容显示在编辑器窗口中，以及向程序中添加新文件。【解决方案资源管理器】窗口底部还包含【类视图】和【属性】按钮，【类视图】窗口提供了另一种以代码为中心的视图，它以树型结构显示。【类视图】窗口中提供了很多命令，这使得我们很容易在 C++ 类的层次中找到自己所需要的类。当我们编辑代码的时候，这些“类视图”会自动根据当前代码自动更新。单击这些项目，即可切换到对应的窗口，以显示相应的内容。【编辑器】窗口是输入和修改应用程序源代码及其他组件的地方。【输出】窗口显示编译和连接程序时所产生的消息。本书采用 MFC 进行测绘程序的构建与实现，读者可对此多进行实践操作，通过实践进行学习。

1.4.3　Visual C++. net 的帮助系统

Microsoft 公司为 Visual Studio. net 提供了一套 MSDN Library 帮助系统，只有安装了 MSDN Library，在 VC++. net 中才能使用帮助功能。MSDN(Microsoft Developer Network)是使用 Microsoft 开发工具或是以 Windows 或 Internet 为开发平台的开发人员的基本参考。MSDN Library 包含了超过 1.9 GB 的编程技巧信息，其中包括示例代码、开发人员知识库、Visual Studio 文档、SDK 文档、技术文章、会议及技术讲座的论文以及技术规范等。它是一本集程序设计指南、用户使用手册以及库函数于一体的电子词典。

图 1-9　帮助菜单

在 Visual Studio 系统中通过帮助菜单中包含的动态帮助、目录、索引搜索等子菜单，查找相关的帮助文档。帮助菜单如图 1-9 所示。

1.5　Visual C++. net 的编程模式与机制

Visual C++ 在 Windows 桌面应用程序上的编程方法仍可分为两类：一类是非窗体编程，如控制台程序(一种与早期 DOS 兼容的程序，用来学习 C++ 的基本编程思想)；另一类是窗体编程，这一类编程方法又可分为两种：一种是直接调用 Windows 提供的 Win32 API(应用程序接口)函数开发 Windows 应用程序，另一种是使用 Visual C++ 所提供的 MFC(Microsoft Foundation Class，微软基础类)库中的“类”及其功能函数。由于 MFC 对 Win32 API 编程方式能极好地封装，因而我们不需要理解 Windows 内部编程机制就可以通过“应用程序向导”创建相应的应用程序框架，这些框架能满足绝大多数开发者的需求，并且使得我们不必添加太多的代码就能实现最常用的程序功能。因此，MFC 是 Visual C++ 中影响最深的一种编程方式，并且这个编程方式将会一直影响下去，本书也主要介绍这种编程方式。

用于开发.net Framework 的语言有 Visual C#、VB.net 和 C++托管扩展(Managed Extensions for C++)。其中C++托管扩展是在C++基础上建立起来的,为Visual C++程序员开发.net框架应用程序而设计。通常,我们把C++托管扩展称之为"托管C++"。

1.5.1 托管C++

托管是.net的一个专门概念,它是融于通用语言运行时(CLR)中的一种新的编程理念,因此我们完全可以把"托管"视为".net"。由托管概念所引发的C++应用程序包括托管代码、托管数据和托管类三个组成部分。

1. 托管代码

.net环境提供了许多核心的运行(RUNTIME)服务,比如异常处理和安全策略。为了能使用这些服务,必须要给运行环境提供一些信息代码(元数据),这种代码就是托管代码。所有的C#、VB.net、JScript.net默认时都是托管的,但Visual C++默认时不是托管的,必须在编译器中使用命令行选项(/CLR)才能产生托管代码。

2. 托管数据

与托管代码密切相关的是托管数据。托管数据是由公共语言运行的垃圾回收器进行分配和释放的数据。默认情况下,C#、Visual Basic 和 JScript.net 数据是托管数据。不过,通过使用特殊的关键字,C#数据可以被标记为非托管数据。Visual C++数据在默认情况下是非托管数据,即使在使用 /CLR 开关时也不是托管的。

3. 托管类

尽管Visual C++数据在默认情况下是非托管数据,但是在使用C++的托管扩展时,可以使用"__gc"关键字将类标记为托管类。就像该名称所显示的那样,它表示类实例的内存由垃圾回收器管理。另外,一个托管类也完全可以成为.net框架的成员,由此可以带来的好处是,它可以与其他语言编写的类正确地进行相互操作,如托管的C++类可以从Visual Basic类继承等。但同时也有一些限制,如托管类只能从一个基类继承等。需要说明的是,在托管C++应用程序中既可以使用托管类也可以使用非托管类。这里的非托管类不是指标准C++类,而是使用托管C++语言中的"__nogc"关键字的类。

1.5.2 MFC

Visual C++.net除了提供利用C++托管扩展来编写托管代码之外,仍然允许程序员利用MFC、ATL等来开发非托管代码。MFC经常用来开发非托管代码或无须使用.net Framework的代码。

MFC是微软提供的用于在C++环境下编写应用程序的一个框架和引擎,Visual C++.net是Windows下开发人员使用的专业C++ SDK,MFC就是挂在它之上的一个辅助软件开发包。MFC是对Windows API函数的封装,包含了开发Windows平台所需的软件资源。

MFC是一种应用程序框架,随微软Visual C++.net开发工具发布。目前最新版本为11.0(Visual C++2012),该类库提供一组通用的可重用的类库供开发人员使用。Framework类库提供了许多用于完成大多数任务的比较可靠的类,并且公共语言运行库处理许多以前很难查找但又常见的编程错误,例如错误地管理内存、缓冲超载及缓冲欠载。微软基础类库MFC框架如图1-10所示。该库的主要优点是效率高。它减少了大量在建立 Windows 程序时必须编写的代码。同时它还提供了所有一般 C++编程的优点，例如继承和封装。虽然 MFC 具有诸多优势，但是 VC ++ 开发 Windows 应用程序必须跨越以下四大技术障碍(MFC 方式)：

(1)面向对象观念与 C++语言；

(2)Windows 程序基本观念；

(3) Microsoft Foundation Classes (MFC) 本身；

(4)Visual C++集成开发环境与各种开发工具(难度不高，但需熟练)。

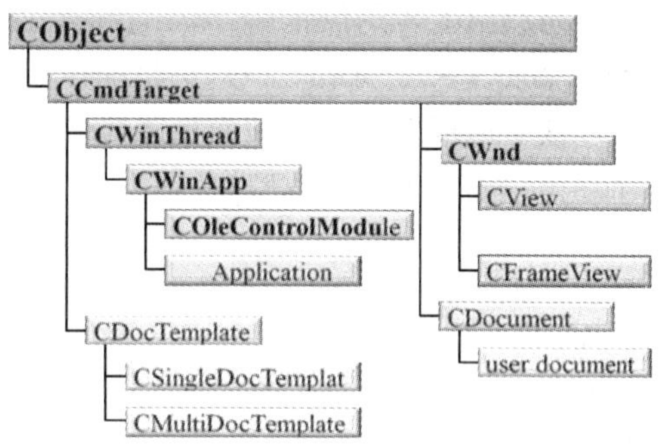

图 1－10　MFC 类库

1.6　Visual C++ 2008 MFC 应用程序设计一般步骤

MFC 应用程序是基于 Microsoft 基础类（MFC）库的 Windows 可执行应用程序。创建 MFC 应用程序的最容易方法是使用 MFC 应用程序向导。MFC 应用程序向导可以生成这样一个应用程序：编译后可实现 Windows 可执行（. exe）应用程序的基本功能。MFC 的起始应用程序包括 C++源文件(. cpp)、资源文件（. rc）、头文件(. h)、一个解决方案文件(. sln)、一个项目文件(. vcproj)，这些起始文件中生成的代码基于 MFC。下面通过利用向导编写功能为显示字符“我一定要学好测绘程序设计”的应用程序，详细讲解 VC++2008 MFC 应用程序设计的一般步骤。

第一阶段：利用向导，生成应用程序框架。

(1)单击【文件】菜单中的【新建】命令的子项【项目】命令，打开【新建项目】对话框。在该对话框左边的【项目类型】列表框中，单击【Visual C++. net】选项，然后在右边的【模版】列表框中选中【MFC 应用程序】选项，在窗口下方的【名称】文本框中输入新项目的名称，在【位置】文本框中输入项目存放的位置，也可单击旁边的【浏览】按钮来确定项目存放的位置，如图 1－11 所示。

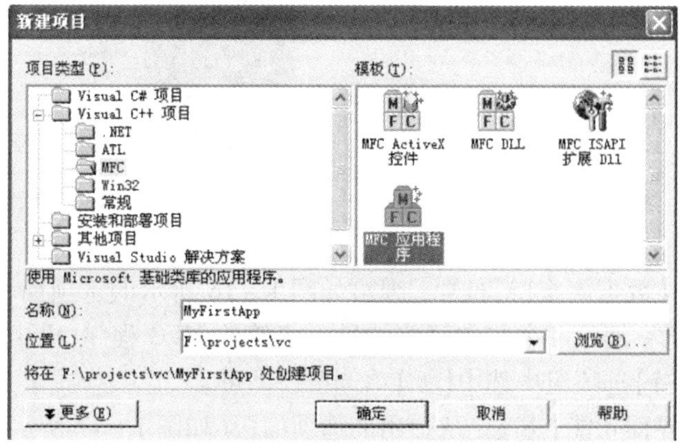

图 1－11　【新建项目】对话框

(2)完成第 1 步的设置后，单击【确定】按钮，将弹出【MFC 应用程序向导 - MyFirstApp】对话框，如图 1 - 12 所示。该对话框提供了当前项目的设置信息。

(3)该对话框左边是选项面板链接选项，单击其中的选项可以对编写的程序框架进行设置。首先单击【应用程序类型】选项，弹出如图 1 - 13 所示的选项面板。

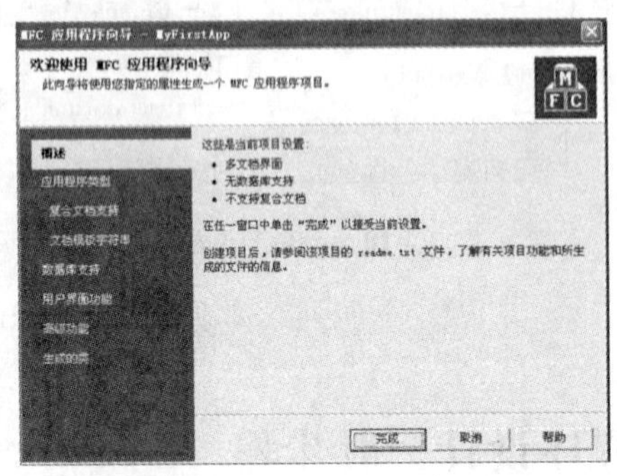

图 1 - 12　MFC 应用程序向导

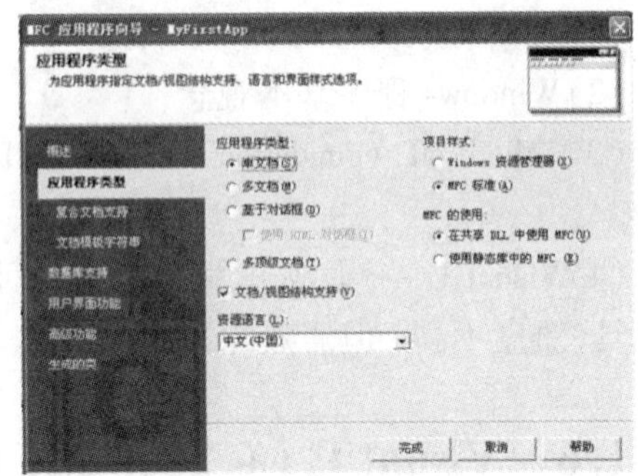

图 1 - 13　应用程序类型

(4)单击【复合文档支持】选项，打开的选项面板询问是否需要复合文档(ActiveX 和 OLE)的支持。本例中，在【复合文档支持】选项组中选中【无】单选按钮，如图 1 - 14 所示。

(5)单击左边【文档模板字符串】选项，弹出如图 1 - 15 所示的对话框。在该对话框中，用户可以设置文档模版的相关信息，如文件的扩展名、文件类型 ID、主框架标题、文档类型名、筛选器名、文件的新简称、文件类型全称。用户可以根据自己的需要去改变，也可以去默认值。在本例中，我们在文件扩展名文本框中输入“hwd”，其余选项保持默认设置，如图 1 - 15所示。

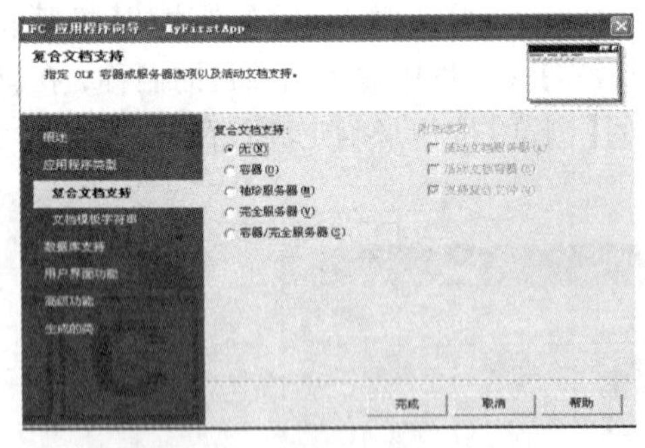

图 1 - 14　复合文档支持

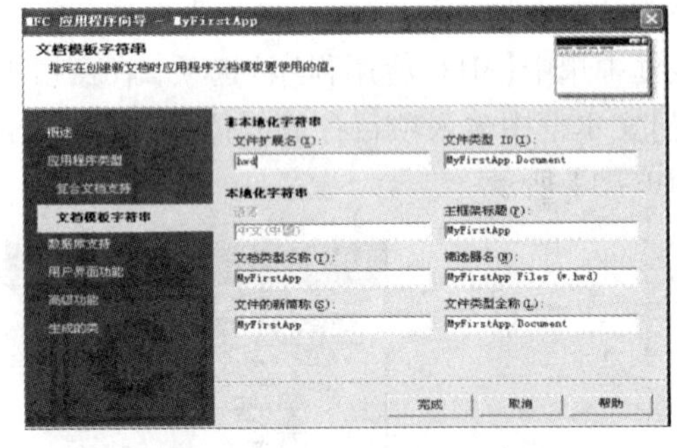

图 1 - 15　文档模板字符串

(6)单击左边的【数据库支持】选项，弹出如图 1 - 16 所示的选项面板，可以设置是否需要数据库支持。由于本例是一个非常简单的显示字符的 MFC 程序，所以不用选择数据库支持，故在【数据库支持】选项组中选中【无】单选按钮即可。

(7)单击【用户界面功能】选项，从弹出的选项面板(如图 1 - 17 所示)中可以定义用户界面风格。

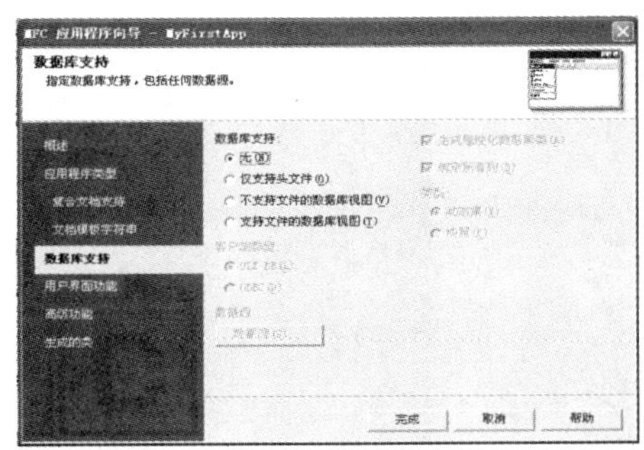

图 1－16　数据库支持

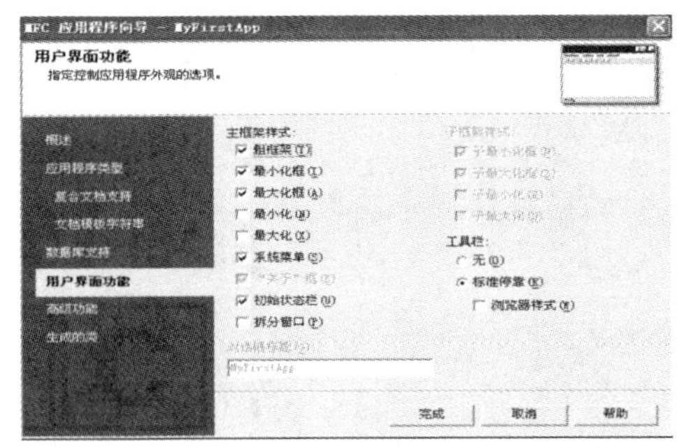

图 1－17　用户界面功能

(8)单击左边的【高级功能】选项，弹出如图 1－18 所示的选项面板。在该选项面板中可设置项目的一些高级特点，如“帮助”、“打印”等。

(9)单击左边的最后一个选项【生成的类】，弹出如图 1－19 所示的选项面板。在该选项面板中，用户可以设置将要创建的类的属性。

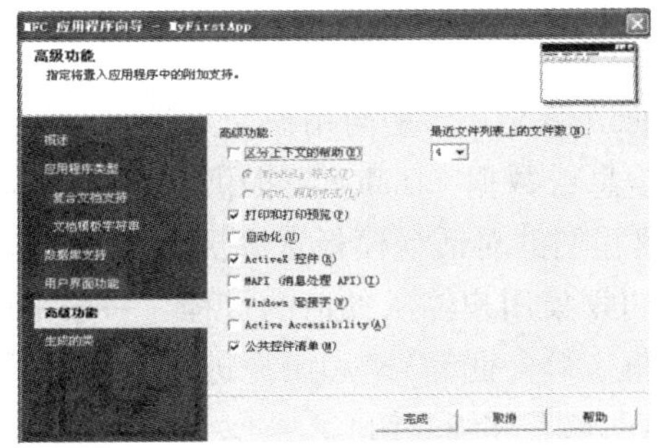

图 1－18　高级功能

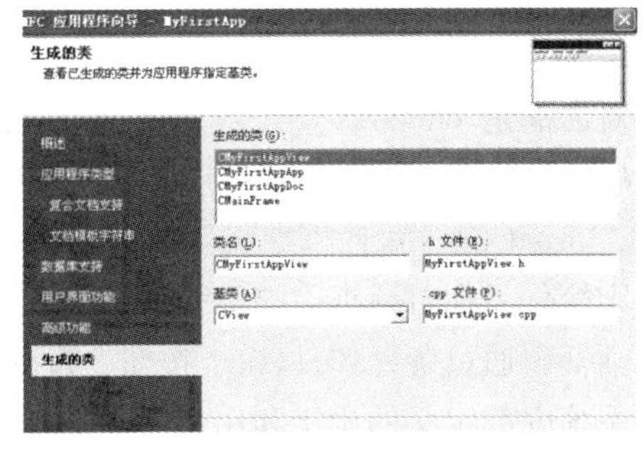

图 1－19　生成的类

第二阶段：在相应的文件中添加代码，实现功能。

在项目源文件编辑区里的 MyFirstAppView. cpp 中找到 OnDraw( ) 函数，手动添加代码，如下所示(粗斜体字为自己加入的代码)。

```
void CMyFirstMFCAppView:: OnDraw(CDC * pDC)
{
    CMyFirstMFCAppDoc * pDoc = GetDocument();
    ASSERT_VALID(pDoc);
    if (! pDoc)
        return;
    // TODO: 在此处为本机数据添加绘制代码
    pDC -> TextOutW(150, 200, _T("我一定要学好测绘程序设计!"));
}
```

第三阶段：编译运行程序。

图 1－20 程序运行结果

1.7 Visual C++ 2008 MFC 对话框应用程序设计

1.7.1 对话框

对话框是 Windows 应用程序中最重要的用户界面元素之一，是与用户交互的重要手段，在程序运行过程中，对话框可用于捕捉用户的输入信息或数据 CDialog 类提供管理对话框的接口，Visual C++对话框编辑器使设计对话框和创建它们的对话框模板资源更为容易，代码向导则简化了在对话框中初始化和验证控件的过程和收集用户输入的值的过程。一般来说，在对话框中通过各种控件(如：按钮、编辑框、列表框、组合框等)来和用户进行交互。控件是在系统内部定义的用于和用户交互的基本单元(第七章有详细介绍)。

基于对话框的程序是最简单，也是最紧凑的。它没有菜单、工具栏及状态栏，也不能处理文档，但它的好处是处理速度快，代码少，程序员所花费的开发和调试时间短。文档/视图结构对大多数 MFC 应用程序来说是很重要的，但对于功能简单的程序，所付出的运行效率和代码就不值得了。为此，本节介绍简单的基于对话框应用程序设计以及常用的控件使用，以便我们可以进行一些简单的具有操作界面的测绘应用程序设计。

1.7.2 按钮、静态文本框、文本编辑框

1. 按钮

按钮(Button)是 MFC 编程中最常应用的控件之一，如图 1－21 所示。其使用方法简单，用户可以通过点单击按钮来执行操作。命令按钮常被用来启动、中断或结束一个进程。通过编写命令按钮的 Click 事件，可以指定按钮的功能。下面介绍按钮的属性和事件。

按钮本身的常用属性主要是 Caption，该属性用于设置按钮的名称。按钮没有特殊的事件，我们一般只处理按钮控件一种事件：Click 事件，该事件表示用户单击了该按钮控件，双击按钮控件即可自动生成并转到相应的单击事件函数，之后添加相关代码即可；按钮控件的另外一种事件是 DoubleClick 事件，它表示用户双击了按钮控件，但是一般情况下我们不需要

处理下压按钮的双击事件。

基于对话框的 MFC 应用程序会自动生成两个按钮："确定"按钮和"取消"按钮，这两个按钮由系统自动生成了确定和取消的事件函数用于以两种不同方式关闭对话框。

下面的步骤讲述如何向对话框中添加下压按钮控件。

(1)在控件工具窗口中选择图标，直接使用鼠标在对话框中绘制出一个下压按钮，也可以从工具栏拖动按钮图标放到 MFC 程序的窗体上，生成一个默认大小的按钮控件。

图 1-21　按钮控件

(2)右击所绘制的下压按钮，选择属性命令展开其属性栏，设置下压按钮的各项属性，主要设置按钮名称。

(3)双击按钮控件，跳入 Click 事件函数，添加事件代码，实现控件功能。

2. 静态文本框

静态文本框(Static Text)是一种简单的控件，如图 1-22 所示，用于显示字符串，通常显示的是文字说明信息。但不能编辑控件中显示的内容。

使用静态文本框的情况很多，例如，可以为文本框、列表框、组合框等控件来添加描述性的标签。还可以编写代码改变标签控件的显示文本以响应运行时的事件。例如，若应用程序需要几分钟处理某个操作，则可用标签显示处理情况的信息。

标签本身的属性很多，这里介绍两个重要的属性。

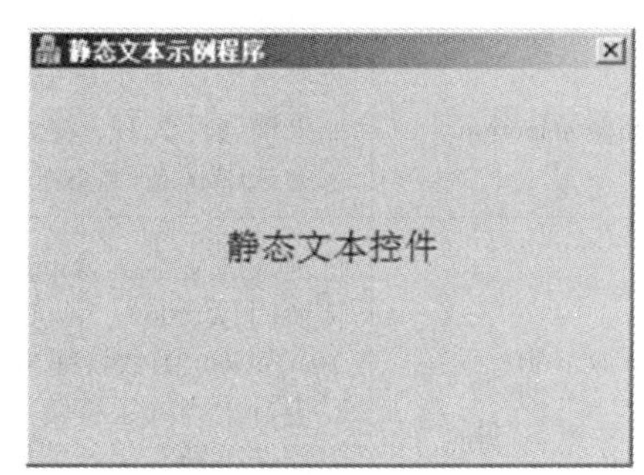

图 1-22　静态文本控件

(1) Caption 属性

Caption 属性用于设置控件所显示的内容。

(2) Align Text 属性

Align Text 属性用于设置标签中文本的对齐方式。其中的"值"可以是 Center、Left 与 Right，分别表示居中、左对齐与右对齐。

3. 文本编辑框

文本编辑框(EditControl)可以供用户输入数据，是 Visual C++.net 中显示和输入文本的重要机制，也是 Windows 用户最常用的控件。文本框是个相当灵活的输入工具，可以输入单行文本，也可以输入多行文本，还具有根据控件的大小自行换行及添加基本格式的功能。

除了从 Control 类继承的属性外，文本框本身的重要属性如表 1-2 所示。

表1-2 文本框的重要属性

属性	功能	类型	默认值
Align text	决定当Multi-line属性为真时文本的对齐方式	enum	Left
Multi-line	创建一个多行文本编辑控件。当一个多行文本编辑控件具有输入焦点时，如果用户按下了ENTER键，以默认情况下的行为是选择对话框中的默认命令按钮，而不是向文本编辑控件中插入新行。将AutoHScroll属性或Want return属性设置为真可以将用户按下的ENTER键解释为插入新行，而不是选择默认命令按钮。类型：布尔值默认值为假	bool	FALSE
Number	用户不能输入非数字字符。类型：布尔值默认值为假	bool	FALSE
Horizontal scroll	为多行控件提供水平滚动条。类型：布尔值默认值为假	bool	FALSE
Auto HScroll	当用户输入的字符超过了编辑框的右边界时自动水平向右滚动文本。类型：布尔值默认值为真	bool	TRUE
Verticalscroll	为多行控件提供垂直滚动条。类型：布尔值默认值为假	bool	FALSE
Auto VScroll	在多行控件中，当用户在最后一行按下ENTER键时自动向上滚动文本	bool	FALSE
Password	当用户键入时将所有字符显示为星号(*)。该属性对于多行控件不可用。类型：布尔值默认值为假	bool	FALSE
No hide selection	改变当编辑框失去和重新获得焦点时文本的显示方式。如果该属性为真，在编辑框中选中的文本在任何时候都显示为选中状态(即反白状态)。类型：布尔值默认值为假	bool	FALSE
OEM convert	将键入的文本从Windows字符集转换为OEM字符集，再转换回Windows字符集。该操作确认应用程序在调用AnsiToOem函数将编辑框中的字符串转换为OEM字符串时进行正确的字符转换，因此该样式对于包括文件名的编辑控件特别有用。类型：布尔值默认值为假	bool	FALSE
Want return	指定当用户在多行编辑控件中按下ENTER键时插入一个回车符，否则用户按下ENTER将被解释为选择了对话框中的默认命令按钮。该样式对于单行编辑框控件没有任何影响。类型：布尔值默认值为假	bool	FALSE
Border	在编辑框边缘创建边框。类型：布尔值默认值为真	bool	TRUE
Uppercase	将用户在编辑框中输入的字符转换为大写。类型：布尔值默认值为假	bool	FALSE
Lowercase	将用户在编辑框中输入的字符转换为小写。类型：布尔值默认值为假	bool	FALSE
Read-only	防止用户编辑和更改编辑框中的文本。类型：布尔值默认值为假	bool	FALSE

在选择了AutoHScroll属性时，如果插入点超过了控件的右边界，多行文本编辑控件自动进行水平滚动。用户可以使用ENTER键来开始新行。如果没有选择AutoHScroll属性，多行文本编辑控件将视需要将文本进行自动折行。而仅当Want return属性为真时，用户才可以使

用 ENTER 键来开始新行。多行文本编辑控件也可以拥有自己的滚动条。具有滚动条的编辑控件处理自己的滚动条消息，而不具有滚动条的编辑控件也可以由父窗口发送滚动条消息。

文本编辑框通常用于数据的内外部交换，也就是数据的输入和显示，因此在文本编辑控件的使用中，应添加与控件相对应的变量。文本编辑框可添加的变量有控件(Control)和值(Value)两种，在一般的测绘程序设计中我们应用更多的是值这种变量。

此外，在添加代码实现程序功能的过程中，应在事件消息函数中引用 Wnd:: UpdateData()函数对控件中的数据读写进行更新操作。UpdateData() 是 MFC 的窗口函数，用来刷新数据的，函数原型为 BOOL UpdateData(BOOL bSaveAndValidate = TRUE)。

UpdateData(TRUE)

刷新控件的值到对应的变量。即：控件的值→变量。

UpdateData(FALSE)

拷贝变量值到控件显示。即：变量值→控件显示。

1.7.3　基于对话框的 MFC 应用程序实例

下面就以求平面上两点间的距离为例编写基于对话框的应用程序。

第一步：利用向导创建基于对话框的程序框架(如图 1 - 23 所示)。

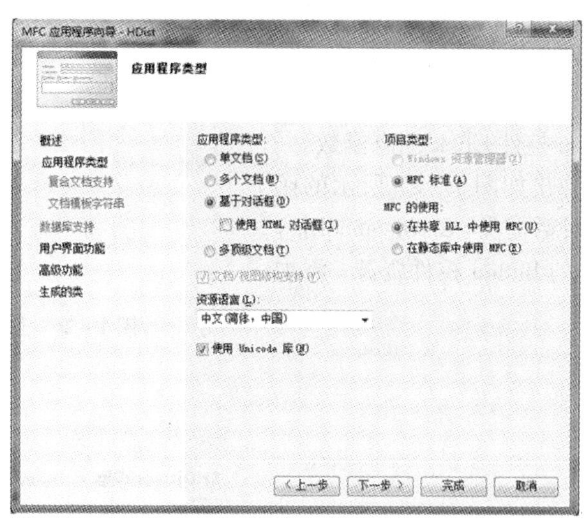

图 1 - 23　创建基于对话框的程序框架

第二步：对话框界面设计(编辑对话框资源)。

如图 1 - 24 所示在工具箱中选择 static text、Edit Control 添加控件(按住 Ctrl 键，拖动对话框上的控件可以复制控件)。然后在控件属性中修改 ID 属性，以便于通过 ID 即可识别控件的名称，如：把 IDC_EDIT1 改成 IDC_EDITX1 等。利用对话框资源编辑工具条(图 1 - 25)，可以调整对话框中的控件位置、大小，进行界面的设计。同样可以修改其他属性，如文字左对齐、居中、右对齐等。

第三步：添加成员变量，绑定 Edit Control 控件。

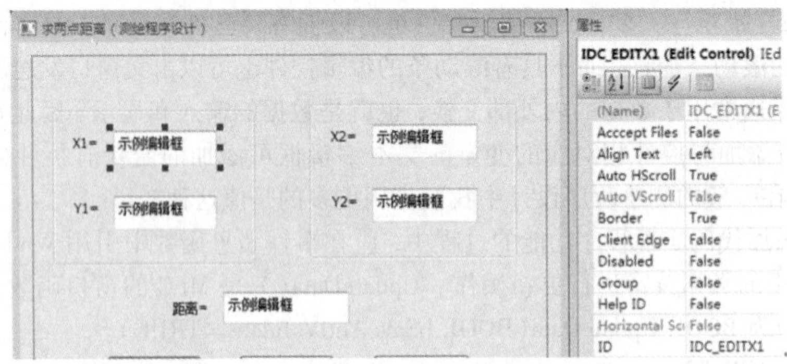

图 1－24　在控件属性中修改 ID 属性

图 1－25　对话框资源编辑工具条

选择控件，右击，弹出如图 1－26 所示的对话框，添加对应的成员变量。在类型中选择 Value，变量类型为 double，变量名为 X1。同样方法分别添加 X2 变量、Y1 变量、Y2 变量和距离变量 dblDist。

第四步：添加 Button 控件 Click 消息函数。

双击 Button 控件(弹出如图 1－27 所示的函数)，或如图 1－28 在对话框类(CHDistanceDlg)属性的事件中选择相应的 Button 控件资源，添加相应的消息。

图 1－26　添加成员变量

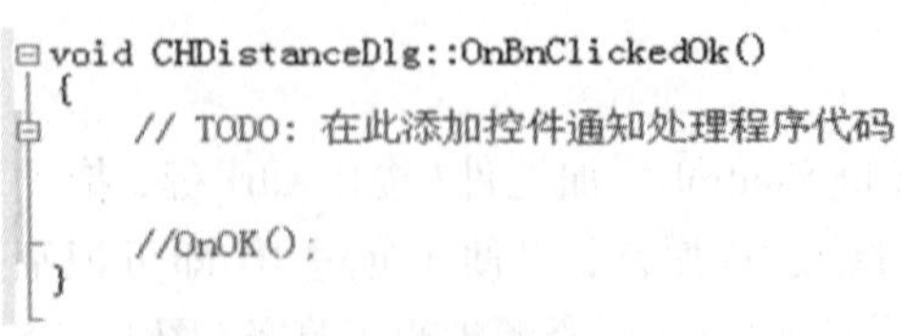

```
void CHDistanceDlg::OnBnClickedOk()
{
    // TODO: 在此添加控件通知处理程序代码

    //OnOK();
}
```

图 1－27　Button 控件 click 响应函数

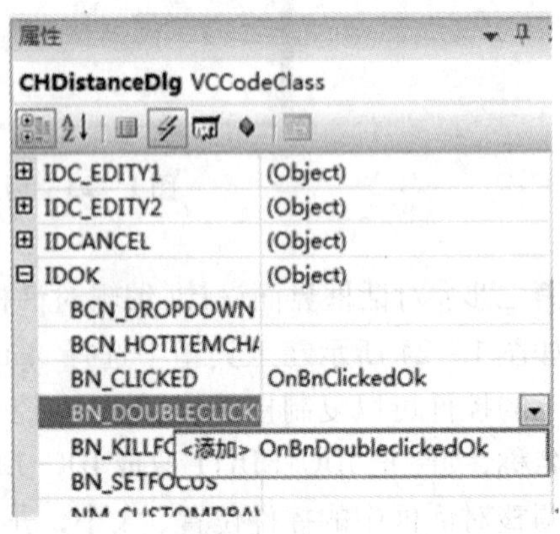

图 1－28　添加 Button 控件资源

第五步：为消息函数添加计算代码。

```
#include <math.h>                                       //包含数学计算函数库
void CHDistanceDlg:: OnBnClickedOk()
{
    UpdateData(TRUE);                                   //从控件中保存至变量中
    dblDist = sqrt((X2 - X1) * (X2 - X1) + (Y2 - Y1) * (Y2 - Y1));
    UpdateData(FALSE);                                  //把变量中的结果显示在控件中
    //OnOK();
}
```

注：UpdateData 函数的作用为启动 CWnd::DoDataExchange，即数据交换。

```
BOOL CHDistanceDlg:: OnInitDialog()
{
    CDialog:: OnInitDialog();
    X1 =0;                                              //初始化
    Y1 =0;
    X2 =10;
    Y2 =10;
    dblDist =0;
    UpdateData(FALSE);
    return TRUE;
}
```

注：CDialog::OnInitDialog()消息函数通常用于初始化。

```
void CHDistanceDlg:: OnBnClickedBtnclear()
{
    // TODO: 在此添加控件通知处理程序代码
    //清零
    X1 =0;
    Y1 =0;
    X2 =0;
    Y2 =0;
    dblDist =0;
    UpdateData(FALSE);
}
```

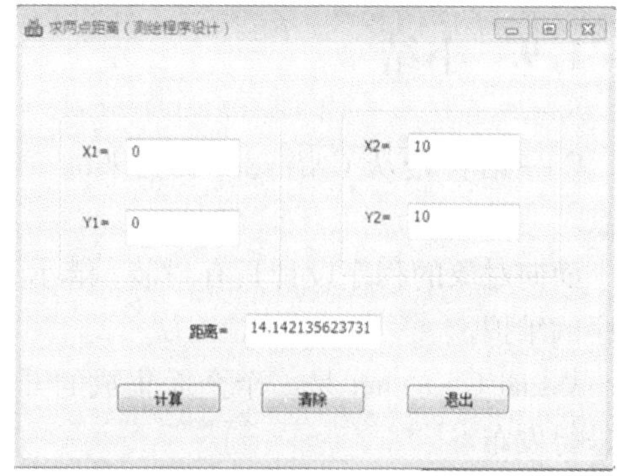

图 1－29　程序运行结果

第六步：编译、调试、运行程序（结果如图 1－29 所示）。

1.8 程序调试

在程序设计的过程中，不可避免地会发生错误。程序调试就是对程序进行测试，查找程序中隐藏的错误并将这些错误修正或排除。一般情况，程序中容易出现的错误有三种：语法错误、运行错误和逻辑错误。语法错误是指程序违反了语言有关语句形式或使用规则而产生的错误，是编码过程中遇到的最明显的一类错误；运行错误是由于试图执行一个不可进行的操作而引起的。

在上述三类错误中，语法错误最为简单，程序编译时，编译器将找出相应错误，因此也称编译错误，是最容易发现和处理的，只要根据编译时提供的错误信息进行修改就可以了。而对其他两类错误的处理就要复杂得多，需要一些调试或测试技巧。本节将重点介绍如何通过设置“断点”来处理逻辑错误和运行异常错误。

断点是调试器设置的一个代码位置。当程序运行到断点时，程序中断执行，回到调试器。断点是最常用的程序调试技巧。调试时，只有设置了断点并使程序回到调试器，才能对程序进行在线调试。设置断点的方法一般有两种：①在代码窗口中单击最左边的灰色区域，使之出现一个红点标志(如图 1 - 30 所示)，则此处便设置了一个断点。②将光标移动到要设置断点的代码行，打开【调试】菜单，选择【切换断点】，也可以设置一个断点。

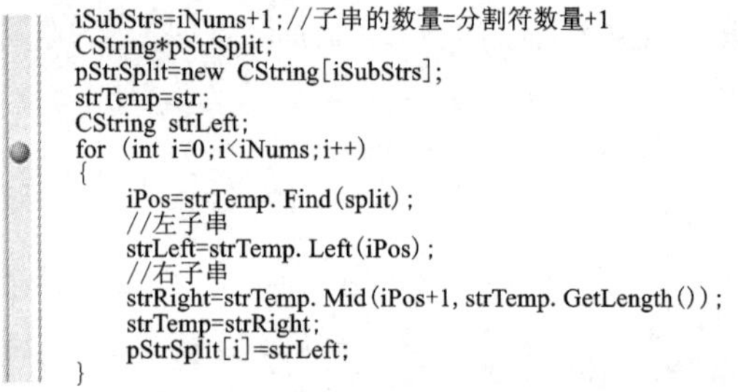

```
iSubStrs=iNums+1;//子串的数量=分割符数量+1
CString*pStrSplit;
pStrSplit=new CString[iSubStrs];
strTemp=str;
CString strLeft;
for (int i=0;i<iNums;i++)
{
    iPos=strTemp.Find(split);
    //左子串
    strLeft=strTemp.Left(iPos);
    //右子串
    strRight=strTemp.Mid(iPos+1, strTemp.GetLength());
    strTemp=strRight;
    pStrSplit[i]=strLeft;
}
```

图 1 - 30 设置断点

要清除已经设置的断点，只需将上述操作重复一次，断点便被撤销。也可以打开【调试】菜单，选择【删除所有断点】。

通过选择【运行】菜单中的【继续】，程序可以继续执行，直到程序结束或再次遇到断点。通过观察变量或表达式的当前值，了解其在代码前后的变化情况，就可以发现存在的问题和错误。

1.9 小结

C++ 语言是从 C 语言发展起来的，它除了具有 C 语言的特点外，还具有面向对象的特点。

面向对象的程序设计具有封装、继承、多态等特点。面向对象的程序可以比较好地实现程序的维护。

Visual C++.net 是一个全面集成的开发环境，用于编写、调试代码，把代码编译为程序集进行发布。

托管 C++ 是 C++ 的扩展，它可以方便地使用 Microsoft.net 的类库。

MFC 是对 Windows API 函数的封装，包含了开发 Windows 平台所需的软件资源。

编写一个 Visual C++.net 程序的基本步骤如下：

(1)创建项目和解决方案。

(2)使用解决方案资源管理器，设计资源。

(3)添加源文件(编写代码)。

(4)修复编译错误。

(5)测试程序。

(6)调试程序、最后完成。

第 2 章　Viual C++.net 语言基础

2.1　C++程序结构

一个简单的 C++应用程序中，包含了如 stdafx.h 及 stdafx.cpp 等一些辅助文件，这些文件使用时不用修改。下面通过介绍和分析一个简单程序来认识 C++的程序结构。

【例 2-1】 简单的 C++程序。

```
//*****ex2_1.cpp*****
    #include <iostream.h>
    using namespace std;
    //应用程序的入口
    int main()
    {
        cout  <<"Hello World!";
        return 0;
    }
```

程序中使用两个斜杠"//"来表示注释行。所有以两个斜线符号"//"开始的程序行都被认为是注释行，这些注释行是程序员写在程序源代码内，用来对程序作简单解释或描述的，对程序本身的运行不会产生影响。

以"#"标志开始的句子是预处理器的指示语句。它们不是可执行代码，只是对编译器作出指示。本例中句子"#include <iostream.h>"告诉编译器的预处理器将输入输出流的标准头文件"(iostream.h)"包括在本程序中。这个头文件包括了 C++中定义的基本标准输入-输出程序库的声明。此处它被包括进来是因为在本程序的后面部分中将用到它的功能。

"using namespace std;"表示 C++标准函数库的所有元素都被声明在一个命名空间中，这就是 std 命名空间。因此为了能够使用它的功能，我们用这条语句来表达我们将使用标准命名空间中定义的元素。这条语句在使用标准函数库的 C++程序中频繁出现。

"int main()"是主函数(main function)的起始声明。主函数是所有 C++程序的运行的起始点。不管它是在代码的开头、结尾还是中间，此函数中的代码总是在程序开始运行时第一个被执行。C++中所有函数都跟有一对"()"，括号中可以有一些输入参数。如例题中显示，主函数的内容紧跟在它的声明之后，由"{}"括起来。

"cout <<"Hello World!";"这个语句在本程序中是最重要的。cout 是 C++中的标准输出流(通常为控制台，即屏幕)，这句话把一串字符串(本例中为"Hello World")插入输出流(控制台输出)中。cout 的声明在头文件"iostream.h"中，所以要想使用 cout 必须将该头文件包括

在程序开始处。注意这个句子以分号结尾。分号表示了一个语句的结束，C++ 的每一个语句都必须以分号结尾。

"return 0;"返回语句(return)引起主函数 main()执行结束，并将该语句后面所跟代码(在本例中为0)返回。这是在程序执行没有出现任何错误的情况下最常见的程序结束方式。

2.2　数据类型

数据是程序的必要组成部分，也是程序处理的对象。不同的数据有不同的数据类型，不同的数据类型有不同的数据结构和存储方式，并且参与的运算也不相同。数据类型是针对常量和变量而言的。C++ 提供了丰富的数据类型，常用的基本数据类型有以下四种。

1. 逻辑型——bool

bool 是用来表示布尔型(逻辑)数据的数据类型。bool 型的变量或常量的取值只有 true 和 false 两个。其中，true 代表"真"，false 代表"假"。

2. 整型——byte，short，int，long，_int64

整型用来存放整数，整数(有符号的整数)在内存中存放的是它的补码，无符号数没有符号位，存放的就是原码。整数占用的字节数与机型有关，32 位机上占用 4 个字节。

3. 浮点型——float，double

实型和双精度型都用来存放实数，两者表示的实数精度不同。实数在内存中以规范化的浮点数存放，包括尾数、数符和阶码。数的精度取决于尾数的位数，32 位机上实型为 23 位(因规范化数的数码最高位恒为 1，不必存储，实际为 24 位)，双精度为 52 位。基本数据类型还可以加上一些修饰词，包括：signed(有符号)、unsigned(无符号)、long(长)、short(短)。

4. 字符型——char，wchar_t

字符型用来保存字符，存储的是该字符的 ASCII 码，占用一个字节。如大写字母 A 的 ASCII 码为 65，在对应的一个字节中存放的就是 65。字符型数据从本质上说也是整数，可以是任何一个 8 位二进制整数。由于汉语系字符很多，用 ASCII 字符集处理远远不够，因此又创立了双字节字符集(DBCS：double - byte character set)，每个字符用两个字节来编码。为便于软件的国际化，国际上一些知名公司联合制定了新的宽字节字符标准——Unicode。该标准中所有字符都是双字节的，不同的语言和字符集分别占用其中一段代码。这种用统一编码处理西文、中文及其他语言符号，就是 Unicode 码，VC++. net 默认的为 Unicode 码。C++ 同时也支持宽字符类型(wchar_t)，或称双字节字符型。VC++ 中所有基本数据类型如表 2 - 1 所示。

表 2 - 1　基本数据类型

Type	Size(byte)	数值范围
无值型 void	0	无值域
布尔型 bool	1	true，false
有符号短整型 short [int] /signed short[int]	2	-32768 ~ 32767
无符号短整型 unsigned short [int]	2	0 ~ 65535

续表2-1

Type	Size(byte)	数值范围
有符号整型 int/signed [int]	4	-2147483648~2147483647
无符号整型 unsigned [int]	4	0~4294967295
有符号长整型 long [int]/signed long [int]	4	-2147483648~2147483647
无符号长整型 unsigned long [int]	4	0~4294967295
long long	8	0~18446744073709552000
有符号字符型 char/signed char	1	-128~127
无符号字符型 unsigned char	1	0~255
宽字符型 wchar_t(unsigned short)	2	0~65535
单精度浮点型 float	4	-3.4E-38~3.4E+38
双精度浮点型 double	8	1.7E-308~1.7E+308
long double	8	

2.3 常量与变量

在C++程序中，常量和变量是最基本的数据描述形式。本节将分别介绍各种常量和变量的基本概念及其一般用法。

2.3.1 常量

在C++中，常量又分为字面常量和常变量。字面常量是指在程序中不能被修改的固定值。常量的值在程序执行过程中保持不变，并且存储在程序区，而非数据区。根据取值和表示方法的不同，可分为以下五种。

1.整型常量

整型常量就是以文字形式出现的整数，包括三种形式。各种表示形式前均可加上正或负号以表示它们值的正负，正号可以省略。整型常量还可以用来给整型变量赋值，整型常量可以采用十进制、八进制和十六进制表示。

具体表示方法如表2-2所示。

表2-2 整型常量

形式	组成	举例	备注
十进制	由若干个0~9的数字组成，但不能以0开头	1980，-50	L(或l)表示长整型，U(或u)表示无符号型，如果后缀包括L(或l)和U(或u)则表示无符号长整型。
八进制	以0开头，由若干0~7的数字组成	010，-0276	
十六进制	以0X或0x开头，由若干0~9的数字及A~F(大小写均可)的字母组成	0x1Fa，-0X4Ab	

2. 字符型常量

字符常量是用单引号引起来的单个字符。在内存中保存的是字符的 ASCII 码值。在所有字符中，有些是可显示字符，通常就用单引号引起来表示：

```
'a'               //字符 a
'@'               //字符@
'4'               //字符 4
''                //空格字符
```

有些是特殊情况字符，如不可显示的字符等，C++ 使用转义序列表示方法，如：

```
'\n'              //换行
'\\'              // 字符\
```

3. 字符串常量

字符串常量是用双引号括起来的一串若干个字符(可以是 0 个)。例如："I am a Chinese. ", "123", ""等。特别要注意字符串常量与字符型常量的区别，例如字符串常量"a"占两个字节，存放'a'和'\0'，值为 0x6100；字符型常量'a'占一个字节，存放'a'，值为 0x61。

4. 实型常量

实型常量只能用十进制表示，共有两种表示形式(如表 2－3 所示)。

表 2－3　实型常量表示

<table>
<tr><th>形式</th><th>组成</th><th>举例</th><th>备注</th></tr>
<tr><td>一般表示</td><td>又称小数表示形式。使用这种表示形式时，实型常量由整数和小数两部分组成。其中的一部分在实际使用时可省略，但不允许两部分同时省去</td><td>10.2，10.，.2</td><td rowspan="2">默认数据类型为 double 型，如果加上后缀 F(或 f)则为 float 型，加上 L(或 l)则为 long double 型</td></tr>
<tr><td>指数表示</td><td>表示很大或很小的实数，由尾数部分、字母 E(或 e)、指数部分三部分组成。尾数部分的表示和一般表示形式相同，指数部分必须是整数，但可正可负，当指数大于零时，正号可省</td><td>1.2E20，
.24e100，</td></tr>
</table>

5. 符号常量

符号常量是指有名字的变量。在程序中使用常量时，除了采用字面常量形式外，还可以首先通过常量定义给常量取一个名字，并指定一个类型，然后，在程序中通过常量名来使用这些常量。表 2－4 详细介绍了用 const 声明符号常量与用#define 声明符号常量的区别。

表 2-4　符号常量声明方式比较

	用 const 声明符号常量	用#define 声明符号常量
解释	C++ 语言中广泛采用的声明符号常量的方法	C 语言中声明符号常量的方法。其中#define 是预处理指令。缺点是不能显式声明常量的类型
形式	const 数据类型常量名 = 常量值; 或:数据类型 const 常量名 = 常量值;	#define　常量名　常量值
正确声明	const double pi = 3.1415926;	#define　pi　3.1415926
错误声明	const double pi;　　//错误 pi = 3.1415926;　　//错误	最后不允许加";"

注意:const 定义的符号常量可以看作是一个只读变量,不可在程序中修改它的值。定义时必须初始化。

bool 类型的值 true 和 false 可以看成是 C++ 语言预定义的两个符号常量,它们的值分别为 1 和 0。

2.3.2　变量

变量是指在程序中可以改变值的量,必须用标识符(变量名)进行标志。变量有类型之分,如整型变量、字符变量等。C++ 中的变量必须先声明后使用,声明变量包括指明变量的数据类型和变量名,必要时还可以指定变量的初始数值。在 C++ 中,变量说明的一般格式为:

[存储类] <数据类型> <变量名表>;

其中,<存储类>定义变量的有效性范围,有自动(存储)类、寄存器(存储)类、静态(存储)类和外部(存储)类 4 类。无存储类时,在函数体内定义的变量的存储类为自动类,在函数体外定义的变量的存储类为外部类。

<数据类型>有基本类型和构造类型之分。所有变量的基本数据类型如 2.2 节所述,构造类型将在后续章节中讨论。

<变量名表>指出属于某一数据类型的变量列表。多个变量之间用逗号分隔。

一个变量被定义后,系统将为这个变量分配内存空间,并建立变量与内存地址之间的关系。注意:分配给变量的内存空间的大小与该变量的数据类型有关,分配给变量的内存空间的位置与该变量的存储类有关。

下面是变量说明的几个例子:

```
int      i, j, k;     //说明三个整型变量 i, j, k
float    x, y, z;     //说明三个实型变量 x, y, z
char     c1, c2;      //说明两个字符型变量 c1, c2
double   dx;          //说明一个双精度型变量 dx
```

给变量赋初值称为初始化,有两种方法:

(1)变量说明时直接赋初值。

例如:int a = 3, b = 4, c = 5;

```
float x = 3.0;
```

(2)用赋值语句赋初值。严格地说，只有前者可称赋初值。

例如：

```
float x, e;
x = 3.5;
e = 2.71828;
```

2.4　运算符和表达式

运算符指明对操作数所进行的运算，按照要求的操作数的个数，运算符分为单目(一元)运算符、双目(二元)运算符和三目(三元)运算符。单目运算符只对一个操作数运算，如负号运算符“-”等；双目运算符要求有两个操作数，如乘号运算符“ * ”等；三目运算符要求有三个操作数，三元运算符只有一个“?:”。按照运算符功能来分，基本的运算符有下面几类：

(1)算术运算符(+ 、 - 、 * 、/、% 、 + + 、 - -)；

(2)关系运算符(> 、 < 、 > = 、 < = 、 = = 、! =)；

(3)布尔逻辑运算符(!、&&、||)；

(4)位运算符(> > 、 < < 、&、|、^、 ~)；

(5)赋值运算符(= 、及其扩展赋值运算符如 + =)；

(6)条件运算符(?:)；

(7)其他：包括分量运算符・、下标运算符[ ]、内存分配运算符 new、强制类型转换运算符(类型)、方法调用运算符( )等。

2.4.1　算术运算符

算术运算符作用于整型或浮点型数据，完成算术运算。算术运算符的分类及其优先级，如表 2 - 5 所示。

表 2 - 5　算术运算符分类及其优先级

优先级	运算符	名称
3	+	正，单目
	-	负，单目
5	*	乘，双目
	/	除，双目
	%	求余，双目
6	+	加，双目
	-	减，双目

当两个操作数均为整数时，* 和/重载为整乘和整除，结果为整数，除法运算后舍去小数取整。如：5/4//结果为 1，整数。

当两个操作数均为整数，% 定义为求余运算，也称求模运算，结果为两个整数相除后的余数。如果两个整数中有负数，则先用两数绝对值求余，最后结果的符号与被除数相同。例如：

```
6%3        //结果为0
6%7        //结果为6
7%6        //结果为1
-7%6       //结果为-1
7%-6       //结果为1
-7%-6      //结果为-1
```

当两个操作数中只要有一个操作数是实数，两个操作数均转换为 double 型，* 和/重载为普通的乘和除，结果是实数。如：5/4.0//结果为 1.25，实数。

注意：C++ 中算术运算应注意数据溢出问题，即运算结果超出对应数据类型的表示范围。编译程序只会对除法运算时除数为 0 这种情况提示出错，而特别容易溢出的是整数的加、减和乘法运算产生溢出的情况，系统不作为错误处理，程序将继续执行并产生错误的计算结果。因此，程序设计者必须在程序中解决检查并处理整数溢出问题。

2.4.2 关系运算符和逻辑运算符

关系运算符都是二元运算符，包括：>(大于)、>=(不小于)、<(小于)、<=(不大于)、==(等于)和!=(不等于)。关系运算符完成两个操作数大小的比较，结果为逻辑值 true(真)或 false(假)。每种可比较大小的数据类型，都重载了关系运算符。不同类型，自动转换为同一类型后，采用对应关系运算符进行比较。

在 C++ 中这两个逻辑值与整数之间有一个对应关系，真对应 1，假对应 0；反过来，0 对应假，非 0 整数对应真。所以关系运算结果可以作为整数参与算术运算、关系运算、逻辑运算及其他运算。

设有定义 float a=3.2; int b=5; 则：

3>a>b　　//结果是?

根据右结合原则，其运算过程如图 2-1 所示。

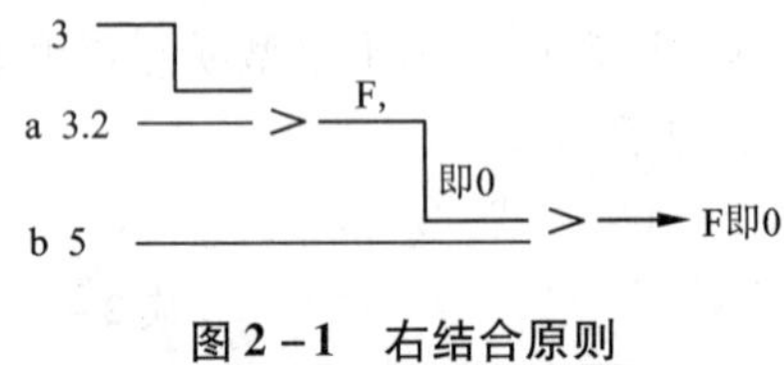

图 2-1　右结合原则

逻辑运算符是针对布尔型数据进行的运算，运算的结果仍然是布尔型量，如表 2-6 所示。

表 2-6　逻辑运算符

优先级	运算符	名称	语义
2	!	逻辑非，单目	操作数的值为真，则结果为假
12	&&	逻辑与，双目	当两个操作数全为真时，结果为真，否则为假
13	||	逻辑或，双目	两个操作数中有一个为真，则结果为真

逻辑运算符用来进行逻辑运算。其操作数和运算结果均为逻辑量。运算结果同样可以作为一个整数参与其他运算。由于逻辑值和整数之间的对应关系，也允许整型和字符型操作数进行逻辑运算：

```
21&&0      //逻辑与，21 与 0，结果为假：0
```

21||0　　　//逻辑或，21 或 0，结果为真：1

! 21　　　//逻辑非，21 的非，结果为假：0

2.4.3　位运算符

C++ 语言提供字位运算，它对操作数的各个位进行操作。C++ 中提供了以下几种位运算符：

1. 按位取反运算符"～"

将操作数的每个二进制位取反，即 1 变为 0，0 变为 1。例如，整数 a 的值为 10011011，则 ～a 的值为 01100100。

2. 左移运算符"<<"

运算一般格式为：a<<n。其中 a 为整数，n 为一个正整数常数。语义为将 a 的二进制数依次向左移动 n 个二进制位，并在低位补 0。左移 n 位相当于乘以 2 的 n 次方，但移位运算的速度比乘法快。

3. 右移运算符">>"

与左移运算符类同，将左操作数向右移动右操作数指定的二进制位数，忽略移位后的小数部分，并在高位补 0。一个整数右移 n 位相当于除以 2 的 n 次方，但比除法快。在 VC++ 中有符号数右移时高位补符号位，严格对应除法。

以上三种单目运算不影响数据本身的值，而是只产生一个中间量，这个中间量被引用后即不再存在。

4. 按位与运算符"&"

将两个操作数的对应位逐一进行按位逻辑与运算。运算规则为：对应位均为 1 时，该位运算结果为 1；否则为 0。例如：

a　　01001101

b　　00001111

a&b　　00001101

该运算符可用来将整数的某些位置为 0，而保留所需要的位，上例保留了低四位。

5. 按位或运算符"|"

将两个操作数的对应位逐一进行按位逻辑或运算。运算规则为：只要有一个数对应位为 1，该位运算结果即为 1；两个数对应位均为 0，该位结果为 0。例如：

a　　01001101

b　　00001111

a|b　　01001111

该运算符可用来将整数的某些位置为 1。上例高四位不变，低四位全 1。

6. 按位异或运算符"^"

将两个操作数的对应位逐一进行按位异或运算。运算规则为：当对应位的值不同时，该位运算结果为 1，否则为 0。例如：

a　　01001101

b　　00001111

a^b　　01000010

该运算符可用来将一个整数的某些位取反，或将整型变量的值置0(将整型变量与自身按位异或)。上例低四位取反，高四位不变。

需要说明的一点是，以上例子中的整数都只取了低8位一个字节。

2.4.4 赋值运算符

将数据存放到相应存储单元中称为赋值，如果该单元中已有值，赋值操作以新值取代旧值。从某个存储单元中取出数据使用，称为引用。引用不影响单元中的值，即一个量可以多次引用。常量只能引用，不能赋值。

C++将变量名代表的单元称为左值，而将变量的值称为右值。左值必须是内存中一个可以访问且可以合法修改的对象，因此只能是变量名，而不能是常量或表达式。例如下面的赋值运算是错误的：

```
3.1415926 = pi;          //左值不能是常数
x + y = z;               //左值不能是表达式
const int N = 30;
N = 40;                  //左值不能是常变量
```

注意：赋值通过赋值运算符“=”来完成，其意义是将赋值号右边的值送到左边变量所对应的单元中。赋值号不是等号，它具有方向性。

2.4.5 自增自减运算

自增(++)和自减(--)运算符为对象加1或减1操作提供了方便简短的实现方式。运算分前置和后置两种，前置是先增减后引用，即先对变量自加或自减，用新的值参与其他运算；后置则是先引用后增减，即用变量原来的值参与其他运算，然后再对变量进行自加或自减，例如：

```
int i = 5, j = 5, m, n;
m = i++;                 //后置, 相当于 m = i; i = i + 1;
                         //结果: i 的值为 6, m 的值为 5
n = ++j;                 //前置, 相当于 j = j + 1; n = j;
                         //结果: j 的值为 6, n 的值为 6
```

注意：操作数只能是变量，不能是常量或表达式。

2.4.6 sizeof()运算符

sizeof()运算符的作用是返回一个对象或类型名的长度，返回值的类型为size_t，长度的单位是字节。一般格式为：sizeof (数据类型)或sizeof(变量名)。

例如：
```
sizeof(int)              //值为 4
sizeof(float)            //值为 4
double x;
sizeof(x)                //值为 8
```

使用sizeof的结果部分地依赖所涉及的类型：

(1)对char类型或值为char类型的表达式做sizeof操作结果为1。

(2) 对引用类型做 sizeof 操作将返回存放此引用类型对象所需的内存空间大小。

(3) 对指针做 sizeof 操作将返回存放此指针所需的内存空间大小；注意，如果要获取该指针所指向对象的大小，则必须对该指针进行解引用。

(4) 对数组做 sizeof 操作等效于将对其元素类型做 sizeof 操作的结果乘上数组元素的个数。因为 sizeof 返回整个数组在内存中的存储长度，所以用 sizeof 数组的结果除以 sizeof 其元素类型的结果，即可求出数组元素的个数：int sz = sizeof(ia)/sizeof(* ia);。

2.4.7　表达式

1. 算术表达式

由算术运算符连接的表达式称为算术表达式，例如：a + b * 3；使用时应注意两个问题：

(1) 表达式中每个变量都有确定的值时才能进行表达式求值；

(2) 考虑到算术运算溢出和精度问题，应避免：①两个很接近的数直接相减；②除数是一个很小的数；③整数的连续乘运算。

2. 关系表达式

由关系运算符连接的表达式。值为 true 或 false。例如：

a > b > c　　/ * 等同于(a > b) > c，先求 a > b 的值，再将结果 0 或 1 与 c 比较大小 * /

a + b > c + d　　/ * 等同于(a + b) > (c + d)，结果为 0 或 1(建议使用括号) * /

y = a > b　　/ * 计算 a > b 的值 0 或 1 赋给 y，y 的值为 0 或 1 * /

3. 逻辑表达式

由逻辑运算符连接的表达式称为逻辑表达式。逻辑表达式的值为 true 或 false。这个值可对应整数 1 或 0 参与其他运算。

已知: int a = 10, b = 20, c = 30;

float x = 1.8, y = 2.4;

a < b&&x > y||a < b - ! c 按优先级与结合性, 其求值顺序等同于: (a < b)&&(x > y)||(a < (b - (! c)))

在求逻辑表达式值的过程中，一旦表达式的值能够确定，就不再逐步进行下面的运算。称为求值优化。例如：已知：int a = 10，b = 20，c = 30；求：a < b||c++ 的结果以及 a，b，c 的值。整个表达式的值为 1，表达式 c++ 已不需要计算，所以：c 不变，仍为 30。

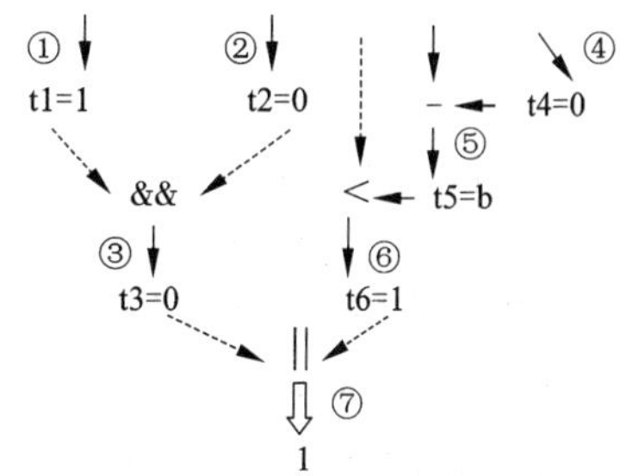

图 2 - 2　逻辑表达式求值顺序

注意：编程人员在使用逻辑运算时应当加以小心，优化计算固然提高了运算效率，但可能产生副作用。所谓副作用，就是出乎设计人员的意料，得到预想不到的结果。

4. 赋值表达式与复合赋值表达式

赋值表达式的格式为：变量 = 表达式。例如：x = 5 + 6；a = b = c = d + 1；在 C++ 中，所有的双目算术运算符和位运算符均可与赋值运算符组合成一个单一运算符，称为复合赋值运算符。包括以下 10 个：+ =、- =、* =、/ =、% =、< < =、> > =、& =、| =、^ =。复

合赋值运算符的要求与格式与赋值运算符完全相同，例如：x+ =5 等同于 x=x+5。

2.4.8 类型转换

所谓类型相容，指的就是类型不同但系统可以自动进行转换。

1. 不同类型数据的混合运算

运算过程中，当某个二元运算符两边的操作数类型不同但属于类型相容时，系统先将精度低的操作数变换到与另一操作数精度相同，而后再进行运算。数据类型转换方向如图2-3所示。

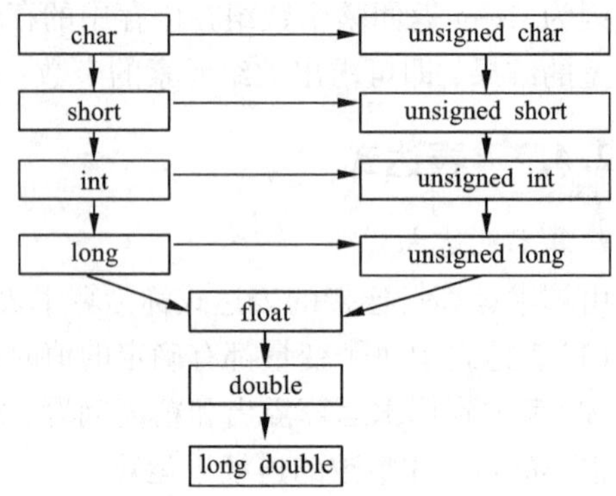

图2-3 数据类型转换方向

具体规则如下：

(1)字符可以作为整数参与数值运算，整数值为其 ASCII 码。

(2)操作数为字符或短整型时，系统自动变换成整型。

(3)操作数为实型时，系统自动变换成双精度型。

(4)其余情况，当两操作数类型不同时，将精度低(或表示范围小)的操作数的数据类型变换到与另一操作数类型相同再进行运算。例如有变量：char c1, c2; int i1, i2; float x1, x2; 则表达式 x2 = c1 * i1 + c1 * x1 + c1 * c2 的求值过程为：将 c1 转换成整型，完成 c1 * i1，结果表示为 t1；将 c1 和 x1 均转换成双精度型，完成 c1 * x1，结果表示为 t2；将 c1 和 c2 均转换成整型，完成 c1 * c2，结果表示为 t3；然后 t1 转换成双精度型，完成 t1 + t2，结果表示为 t4；将 t3 转换成双精度型，完成 t4 + t3，最后结果转为单精度型赋给 x2。

2. 赋值类型转换

当赋值号的左值和右值类型不一致但属于类型相容时，由系统自动进行类型转换。系统自动进行类型转换的规则是：

(1)实型数赋给整形变量：取整；注意溢出。

(2)整型数赋给实型变量：先转换为实型数。

(3)字符型数赋给整形变量：ASCII 码为依据，分为两种情况，符号位是 0 或 1 时不同。若符号位为 1，则低位字节不变，高位字节全部置 1 再赋值。

(4)绝对值较大的数赋给表达范围较小的数据类型时，注意溢出。

3. 强制类型转换

当操作数的类型不同，而且不属于基本数据类型时，经常需要强制类型转换，将操作数转化为所需要的类型。强制类型转换具有两种形式，称为显式强制转换和隐式强制类型转换。强制类型转换不改变原来数据的类型，其格式为：

```
(<type>)   <表达式>      //形式一
或
<type>(<表达式>)         //形式二
```

隐式类型转换发生在赋值表达式和有返回值的函数调用表达式中。在赋值表达式中，如果赋值符左右两侧的操作数类型不同，则将赋值符右边操作数强制转换为赋值符左侧的类型数值后，赋值给赋值符左侧的变量。在函数调用时，如果 return 后面表达式的类型与函数返回值类型不同，则在返回值时将 return 后面表达式的数值强制转换为函数返回值类型后，再将值返回(关于函数将在第 5 章详细介绍)。例如：

```
int nVar;
double dVar = 3.88;
nVar = dVar;                //执行本句后，nVar 的值为 3，而 dVar 的值仍是 3.88
```

2.4.9 运算符的优先级和结合性

优先级和结合性决定了运算中的优先关系。运算符的优先级指不同运算符在运算中的优先关系，可以用序号表示，序号越小，优先级越高。比如：加号(+)和减号(-)的优先级是 6；乘号(*)和除号(/)的优先级是 5；* 和/的优先级高于 + 和 - 。具体的运算符的优先级及结合性如表 2 - 7 所示。

表 2 - 7　运算符的优先级及结合性

<table>
<tr><th>优先级</th><th>运算符</th><th>种类</th><th>结合性</th></tr>
<tr><td>最高</td><td>::(全局)</td><td>单</td><td>从右到左</td></tr>
<tr><td>最高</td><td>::(类域)</td><td>双</td><td>从左到右</td></tr>
<tr><td>↓</td><td>(　)(括号及函数调用)　->　.　.[ ]</td><td>双</td><td>从左到右</td></tr>
<tr><td></td><td>+　++　!　*　new　sizeof
-　--　~　&　delete　(类型)</td><td>单</td><td>从右到左</td></tr>
<tr><td></td><td>->*　.*</td><td>双</td><td>从左到右</td></tr>
<tr><td></td><td>+　/　%</td><td>双</td><td>从左到右</td></tr>
<tr><td></td><td>+　-</td><td>双</td><td>从左到右</td></tr>
<tr><td></td><td>< < <　></td><td>双</td><td>从左到右</td></tr>
<tr><td></td><td><　< =　>　> =</td><td>双</td><td>从左到右</td></tr>
<tr><td></td><td>= =　! =</td><td>双</td><td>从左到右</td></tr>
<tr><td></td><td>&</td><td>双</td><td>从左到右</td></tr>
<tr><td></td><td>^</td><td>双</td><td>从左到右</td></tr>
<tr><td></td><td></td><td>双</td><td>从左到右</td></tr>
<tr><td></td><td>&&</td><td>双</td><td>从左到右</td></tr>
<tr><td></td><td>||</td><td>双</td><td>从左到右</td></tr>
<tr><td></td><td>? :</td><td>三</td><td>从左到右</td></tr>
<tr><td></td><td></td><td>双</td><td>从右到左</td></tr>
<tr><td>最低</td><td>,</td><td>双</td><td>从左到右</td></tr>
</table>

运算符除有优先级外，还有结合性，运算符的结合性决定了并列的相同运算的先后执行顺序。大部分运算的结合性都是从左向右(称为左结合性)，赋值运算、条件运算则是右结合性。

运算符的结合性决定同优先级的运算符对操作数的运算次序。若一个运算符对其操作数按从左到右的顺序运算，称该运算符为右结合，反之称为左结合。例如计算 10 + 20，对运算符“ + ”，是先取 10，再取 20，然后作加法运算，即按从左到右的顺序执行运算，所以运算符“ + ”是右结合的。再如 a + = 35，对运算符“ + = ”，是先取 35，再取变量 a，作加法运算后将结果赋值给变量 a，即按从右向左的顺序运算，所以运算符“ + = ”是左结合的。由于括号“()”优先级最高，总是执行括号内部再执行括号外部，因此，当表达式比较复杂时，尽量用括号显式表示运算顺序。

2.5 常用系统内部函数

数学函数，所在函数库为 math.h、stdlib.h、string.h、float.h。

int abs(int i)返回整型参数 i 的绝对值。

double sqrt(double x)返回 $+\sqrt{x}$的值。

double acos(double x)返回 x 的反余弦 arccos(x)值，x 为弧度。

double asin(double x)返回 x 的反正弦 arcsin(x)值，x 为弧度。

double atan(double x)返回 x 的反正切 arctan(x)值，x 为弧度。

double atan2(double y, double x)返回 y/x 的反正切 $\tan^{-1}(x)$值，y/x 为弧度，会根据 x，y 判断角度所在的象限。

double cos(double x)返回 x 的余弦 cos(x)值，x 为弧度。

double sin(double x)返回 x 的正弦 sin(x)值，x 为弧度。

double tan(double x)返回 x 的正切 tan(x)值，x 为弧度。

double cosh(double x)返回 x 的双曲余弦 cosh(x)值，x 为弧度。

double sinh(double x)返回 x 的双曲正弦 sinh(x)值，x 为弧度。

double tanh(double x)返回 x 的双曲正切 tanh(x)值，x 为弧度。

double cabs(struct complex znum)返回复数 znum 的绝对值。

double pow(double x, double y)返回 x 的 y 次方的值。

double exp(double x)返回指数函数 e^x的值。

int_ttoi(CString str)将字符串 str 转换成 int 类型。

double_tstof(CString str)将字符串 str 转换成 double 类型。

2.6 常见错误

用 C++ 编程时，常见的一些错误有：

(1)在源码中遗失“;”调试器错误信息：syntax error：missing ';'。

(2)缺少命名空间使用定义：即缺少“using namespace std;”调试器错误信息：例：error C2065：cout: undeclared identifier。

(3)变量未定义就直接使用。调试器错误信息: 例: error C2065: i: undeclared identifier。

(4)在程序中使用中文标示符，如将英文“;”错误输入成了“；”调试器错误信息：error C2018: unknown character '0xa3'。在 C++ 中，除程序注释可以采用中文外，其余字符要求使用英文。在建立工程或程序名称时也尽量不要使用中文名称。

(5)定义的变量类型与使用不对应，如声明为 float，但实际给予了一个 double 的值，例：

float pi = 3.412345245656245；

调试器错误信息：warning C4305：'initializing'：truncation from 'const double' to 'float'。

(6)在函数定义的( )后面使用分号。

例：void chang( )；

{

…

}

调试器错误信息：error C2447：missing function header (old – style formal list?)。

2.7　编程规范

用 C++ 编程时，程序的书写非常自由，甚至可以把整个函数体全部书写在一行上。但这样做，如果程序稍长一点，我们就难理解了。

1. 书写基本原则

(1)一行一般写一条语句。长语句一行写不下时可以一条写多行。分行原则是不能将一个单词分开。用双引号引用的字符串和宏定义一行写不下需要续行时需用续行符“\”。

(2)在书写 C++ 程序时，采用比较美观的“缩进”格式来书写(如表 2 – 8 左边程序的编写就体现出良好的编程风格)。

表 2 – 8　编程风格比较

int width;　　//宽度 int height;　　//高度 int depth;　　//深度	int width, height, depth;　　//宽度高度深度

x = a + b;
y = c + d;
z = e + f;
	x = a + b;　y = c + d;　z = e + f;

if(width < height)
{
　　Dosomething();
}
	if(width < height)　dosomething();

2. C++ 程序的注释

软件编码规范中有规定：“可读性第一，效率第二。”在程序中必须包含适量的注释，以提高程序的可读性和易维护性，程序注释一般占程序代码总量的 20% ~50% 。代码的注释一般有两种形式，即“//”和“/ * … * /”。

3. C++中的标识符

标识符是用来表示变量名、函数名、数组名、类名等的有效字符序列。标识符命名要遵守合法性、有效性和易读性原则。

标识符的命名规则:

(1)由字母、数字和下划线组成。

(2)以字母或下划线作为第一个字符，其后跟零个或多个字母、数字、下划线。

(3)大写字母与小写字母分别代表不同的标识符。

(4)不能与关键字相同。

标识符的命名除遵循以上规则外，为形成良好的编码风格，一般还遵循一定的命名约定，变量的命名通常由两部分组成：以变量类型的缩写开头，通常是小写；后面是表示变量的含义的若干单词，单词的第一个字母大写，其余字母小写，单词之间不空格。

表2-9是常见类型的缩写，其他变量如类的实例变量、自定义类型(如结构、联合等)，其类型的缩写为类名每个单词的第一个字母。

表2-9　常见类型变量前缀命名规则一览表

序号	类　型	缩写	举　例
1	整型变量(int)	i	int iCount
2	无符号整型变量(unsigned int)	u	unsigned int uLength
3	短整型变量(short)	n	short nCount
4	长整型变量(long)	l	long lSequenceNo
5	无符号长整型变量(unsigned long)	ul	unsigned long ulSize
6	浮点型(float)	f	float fWeight
7	双浮点型(double)	d	double dLength
8	字节变量(byte)	by	BYTE byBuffer
9	字变量(word)	w	WORD wSize
10	双字变量(dword)	dw	DWORD dwSize
11	字符变量(char)	ch	char chBuffer
12	字符串变量(cstring)	str	string strBuffer
13	布尔变量(boolean)	b	boolean bFlag
14	句柄变量(handle)	h	handle hDC, hWnd
15	枚举变量(enum)	e	enum eMonths
16	指针变量(*)	p	int *piCount
17	数组变量(array)	a	array of WORDs: awVar

说明:

(1)如果是指向上述类型的指针，就在上面规范前加“p”;

(2)如果是指向上述类型的双重指针，就在上面规范前加“pp”；

(3)如果是类成员变量，则在上面规范前加“m_”；

(4)全局变量，则在上面规范前加“g_”；

(5)在类型前加了“const”，命名约定不变；

(6)命名应该见名知意，尽量做到自注释；

(7)尽量不要使用汉语拼音来命名。

2.8　小结

C++数据类型有整数型、字符型、实数型等。

变量具有类型、名称，其名称是标识符。

在使用运算符时要注意运算符的优先级与结合性。优先级规定复合表达式中操作符结合的方式，而结合性则决定同一个优先级的操作符如何结合。

第3章 基本的控制语句

语句是程序的基本单元，控制结构可以让程序员控制程序中的执行顺序。控制结构包括顺序结构、选择结构和循环结构，利用他们可以编写复杂的程序。

3.1 算法及算法的表示

3.1.1 算法的定义及算法的复杂度

1. 算法

算法(Algorithm)是一系列解决问题的清晰指令，算法代表着用系统的方法描述解决问题的策略机制。也就是说，能够对一定规范的输入，在有限时间内获得所要求的输出。如果一个算法有缺陷，或者不适合某个问题，执行这个算法将不会解决这个问题。不同的算法可能用不同的时间、空间或效率来完成同样的任务。一个算法的优劣可以用空间复杂度与时间复杂度来衡量。算法可以使用自然语言、伪代码、流程图等多种不同的方法来描述，一个算法应该具有以下五个重要的特征：

(1)有穷性(Finiteness)

算法的有穷性是指算法必须能在执行有限个步骤之后终止。

(2)确切性(Difiniteness)

算法的每一步骤必须有确切的定义。

(3)输入项(Input)

一个算法有0个或多个输入，以刻画运算对象的初始情况，所谓0个输入是指算法本身定出了初始条件。

(4)输出项(Output)

一个算法有一个或多个输出，以反映对输入数据加工后的结果。没有输出的算法是毫无意义的。

(5)可行性(Effectiveness)

算法中执行的任何计算步都是可以被分解为基本的可执行的操作步，即每个计算步骤都可以在有限时间内完成(也称之为有效性)。

2. 算法的复杂度

同一问题可用不同算法解决，而一个算法的质量优劣将影响到算法乃至程序的效率。算法分析的目的在于选择合适算法和改进算法。一个算法的评价主要从时间复杂度和空间复杂度来考虑。

(1)时间复杂度

算法的时间复杂度是指执行算法所需要的时间。一般来说，计算机算法是问题规模 n 的函数$f(n)$，算法的时间复杂度也因此记做$T(n)=O(f(n))$。因此，问题的规模n越大，算法执行的时间的增长率与$f(n)$的增长率正相关，称作渐进时间复杂度(Asymptotic Time Complexity)。

(2)空间复杂度

算法的空间复杂度是指算法需要消耗的内存空间。其计算和表示方法与时间复杂度类似，一般都用复杂度的渐近性来表示。同时间复杂度相比，空间复杂度的分析要简单得多。

3.1.2　算法的表示

一个算法是用函数来表示的，而函数的基本单元是语句。一条语句对于计算机来说就是一个完整的指令。建立一个完整的指令必须在语句的结尾加上分号，这样计算机就会把任何表达式当成语句。例如：

```
int a;
2 +1;
```

我们注意到第二条语句对程序没有起到任何作用，因此我们不应把它看作一条合理的语句。

语句可以改变值，也可以调用函数。例如：

```
int a =30;
a+ +;
Area(const&a);
```

语句按功能又可分为声明语句、赋值语句、函数调用语句和结构化语句等。声明语句用于建立变量名称和类型，设置存储单元来存放变量。例如：

```
double dM;
int iPointCount;
CSting strName;
```

赋值语句是大多数程序的主要组成部分，把一个值赋给一个变量。它的结构是后面跟着一个赋值符号(=)，接着就是一个表达式，最后以分号结束。例如：

```
iCount = iCount +1;
```

函数调用语句是通过调用某函数来执行该函数。例如下面的语句调用 Distence 函数来求取两点之间的距离：

```
dDis = Distance(const&a, const&b);
```

结构化语句包括 if、while、for 等流程控制语句，这些都将在后面的章节介绍。

3.2　顺序语句

顺序结构是 C++ 程序执行流程中的默认结构。在一个没有选择和循环结构的程序中，程序是按照语句书写的先后顺序依次执行的。实现程序的顺序结构的语句有定义语句、表达式语句、复合语句和空语句。

3.2.1 定义语句

定义语句又称为说明语句。在C++程序中,一个标识符(变量名、常量名、函数名、对象名等)在使用之前必须先定义,通知编译器为其分配存储空间,或告诉编译器它的存在及其特征。例如:

```
int a = 0, b = 6;                    //分别赋予整型变量 a, b 初值 0, 6
const double pi = 3.1415926;         //定义双精度常量 pi, 其初始值为 3.1415926
CString splitstring(CString str);    //函数定义
int a[10];                           //定义一个一维数组
```

3.2.2 表达式语句

C++中所有对数据的操作和处理工作都是通过表达式语句来完成的。表达式语句由表达式加上分号构成,其语法格式为:

<表达式>;

使用表达式语句可以进行的操作通常包括赋值操作,复合赋值操作,增量、减量操作,函数调用操作等。

```
B = B * C;        //将 B * C 的值赋给 B
i++;              //将 i 增加 1
--j;              //将 j 减去 1
```

3.2.3 复合语句

复合语句又称为块语句,它是用一对花括号将若干语句括起来而组成的一条语句,其语法格式为:

```
{
    <语句1>
    <语句2>
     ……
    <语句n>
}
```

其中花括号中的语句可以是定义语句、表达式语句、选择语句、循环语句等C++的合法语句,当然也可以是一条复合语句。

当程序中某个位置在语法上只允许出现一条语句,而实际上要执行多条语句才能完成某个操作时,就需要使用复合语句将多条语句组合成为完整的一条语句。在选择和循环语句中经常用到复合语句。

3.2.4 空语句

空语句只是由一个分号组成的语句,当程序某个位置在语法上需要一条语句,而在语意上又不要求执行任何操作时，可在此处使用一条空语句。

3.3　选择语句

顺序结构语句只能机械地从头执行到尾，这并不是我们所希望的。在大多数程序中，我们希望计算机有选择地执行某些语句，所以就有了选择语句，选择语句是三种基本流程控制语句之一。

C++提供以下三种选择语句：if语句、条件运算符?:、switch语句。

3.3.1　if语句

if语句又称作条件语句，有单分支，双分支，多分支等。

1. if语句(单分支)

语法的基本格式：

```
if（<表达式>）  <语句1>;
```

值得注意的有两点：

(1)表达式是任意的数值、字符、关系或逻辑表达式。它也可以表示条件，以ture(非0)为真，false(0)表示假，但是表达式必须用圆括号括起来。

(2)该语句被称为if语句的内嵌语句，它可以是单条语句，也可以是复合语句。

2. if…else语句(双分支)

语法的基本格式：

```
if（<表达式>）
    <语句1>;
else
    <语句2>;
```

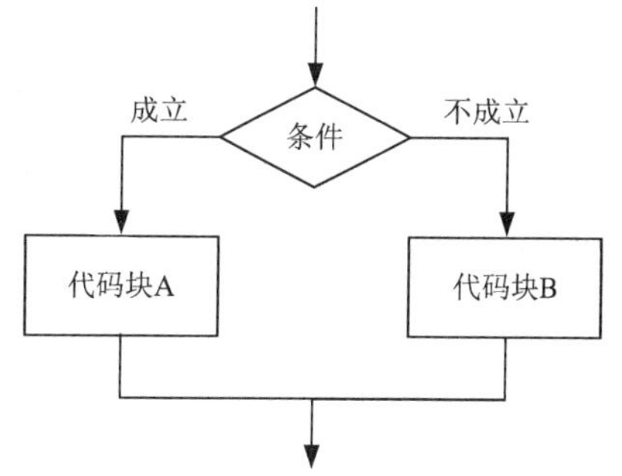

图3-1　双分支if...else语句流程图

图3-1是双分支if...else语句流程图，其执行顺序为首先计算表达式的值，若表达式的值为真或非0，则执行代码块A，否则执行代码块B。

【例3-1】　输入一个年份，判断是否闰年。算法分析：假定年份为year，闰年的条件是：year%4==0&&year%100!=0||year%400==0。

```
void main()
{
    int year;   //输入年份

    if((year%4==0 && year%100!=0)||year%400==0)
        MessageBox(_T("是闰年"));
    else MessageBox(_T("不是闰年"));
}
```

3. if...else if 语句(多分支)

if 语句中，如果内嵌语句又是 if 语句，就构成了嵌套 if 语句。if 语句可实现二选一分支，而嵌套 if 语句则可以实现多选一的多路分支情况。嵌套有两种情况。

第一种是嵌套在 else 分支中：

```
if (<表达式1>)
 <语句1>;
else if
(<表达式2>) 语句2;
else if
else
 <语句n>;
```

第二种是嵌套在 if 分支中为：

```
if (<表达式1>)
if (<表达式2>)
 <语句1>;
else
 <语句2>;
```

要特别注意 else 和 if 的配对关系。C++规定了 if 和 else 的“就近配对”原则，即相距最近且还没有配对的一对 if 和 else 首先配对。按上述规定，第二种嵌套形式中的 else 应与第二个 if 配对。如果根据程序的逻辑需要改变配对关系，则要将属于同一层的语句放在一对“{}”中。如第二种嵌套形式中，要让 else 和第一个 if 配对，语句必须写成：

```
if (表达式1)
{
     if (表达式2)
      <语句1>;
}
else
 <语句2>;
```

第二种嵌套形式较容易产生逻辑错误，而第一种形式配对关系则非常明确，因此从程序可读性角度出发，建议尽量使用第一种嵌套形式。

3.3.2 条件运算符?:

if 语句在某些情况下可以用条件运算符?: 来简化表达。?: 是一个三元运算符，其构成的表达式格式为：<表达式1> ? <表达式2> : <表达式3>。

它执行的逻辑顺序是：先计算表达式1，若其值为真(或非0)，则计算表达式2(不计算表达式3)，并将该值作为整个表达式的值；反之，即表达式1的值为假或为0，则计算表达式3(不计算表达式2)，并将该值作为整个表达式的值。

下面就是一个条件运算符的示例：

```
int a=6, b=7, min=a<b? a: b; //min=6
min=a<b? ++a: ++b; //min=7    a=7    b=7
min=a<b? a++: b++;
```

3.3.3 switch 语句

用嵌套 if 语句可以实现多选一的情况。另外 C++ 中还提供了一个 switch 语句，称为开关语句，也可以用来实现多选一：

```
switch (表达式)
{
    case 常量表达式 1: <语句序列 1> <break; >
    ……
    case 常量表达式 n: <语句序列 n> <break; >
    <default: 语句序列>
}
```

在使用 switch 语句的时候，应注意以下几点：

(1)各个 case(包括 default)分支出现的次序可以任意，通常将 default 放在最后。

(2)break 语句可选，如果没有 break 语句，每一个 case 分支都只作为开关语句的执行入口，执行完该分支后，还将接着执行其后的所有分支。因此，为保证逻辑的正确实现，通常每个 case 分支都与 break 语句联用。

(3)每个常量表达式的取值必须各不相同，否则将引起歧义。

(4)允许多个常量表达式对应同一个语句序列。

(5)从形式上看，switch 语句的可读性比嵌套 if 语句好，但不是所有多选一的问题都可由开关语句完成，这是因为开关语句中限定了条件表达式的取值类型。例如：

```
char score;
switch (score)
{
case'A': case'a':    MessageBox(_T("excellent"));        break;
case'B': case'b':    MessageBox(_T("good"));             break;
default:             MessageBox(_T("fail"));
}
```

【例 3－2】 运输公司对所运货物实行分段计费。设运输里程为 s，则运费打折情况如下：

s<250	不打折扣
250<=s<500	2% 折扣
500<=s<1000	5% 折扣
1000<=s<2000	8% 折扣

2000 < =s <3000　　　10% 折扣
3000 < =s　　　　　　15% 折扣

设每公里每吨的基本运费为 p，货物重量为 w，折扣为 d，则总运费 f = p * w * s * (1 - d)。设计程序，当输入 p、w 和 s 后，计算运费 f。

分析：如果用 switch 语句，必须使表达式符合语法要求，分析发现，里程 s 的分段点均是 250 的倍数，因此，将里程 s 除以 250，取整数商，便得到若干整数值。当 s <250，不打折扣；当 250 < =s <500 为 2% 折；当 500 < =s <1000 为 5% 折扣；当 1000 < =s <2000 为 8% 折扣；当 2000 < =s <3000 为 10% 折扣；当 3000 < =s 为 15% 折扣。

程序的主要代码如下所示：

```
switch(c = s/250)
{
case 0: d=0; break;
case 1: d=0.02; break;
case 2:
case 3: d=0.05; break;
case 4:
case 5:
case 6:
case 7: d=0.08; break;
case 8:
case 9:
case 10:
case 11: d=0.1; break;
default: d=0.15;
}
```

3.4 循环语句

循环控制语句是三种基本流程控制语句之一。C++ 提供以下三种循环语句：while 语句，do... while 语句，for 语句。这些语句在程序编写中经常用到，例如：统计一个班学生的平均成绩、进行迭代求根、累加计算等。

3.4.1 while 语句

while 语句也称为当循环。其特点是先判断，后执行。

语句格式为：

```
while (表达式)
循环体语句;
```

其中：①表达式称为循环条件，可以是任何合法的表达式，其值为 true(非 0)、false(0)，它用于控制循环是否继续进行。②循环体语句是重复执行的代码行，可以是单条语句，也可以是复合语句。

图 3－2 表示的是 while 语句的执行流程图，它执行的顺序：首先判断表达式的值，若为 true（非 0），则执行循环体语句，继而再判断表达式，直至表达式的值为 false（0）时退出循环。

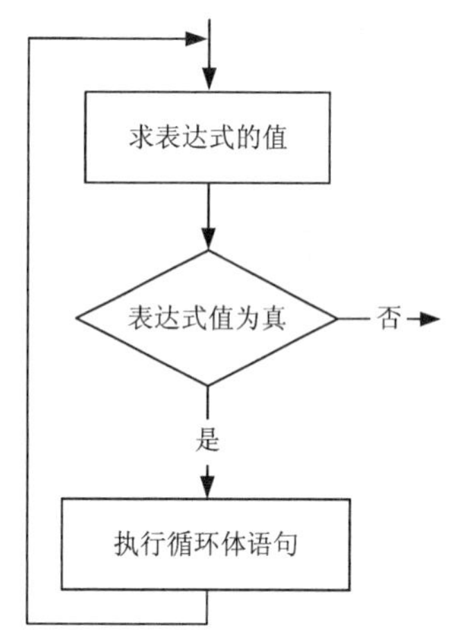

图 3－2　while 语句的执行流程图

【**例 3－3**】 求 1＋2＋3＋4 的值。

(1)设置变量 i 用来放被加数，变量 sum 用来放和值，并初始化；

(2)从第一个数开始，依次将被加数赋给 i，并进行操作 sum＝sum＋i；

(3)输出 sum；

```
viod main()
{
    int i=1, sum=0;                    //循环初始条件
    while(i<=4)
    {
        sum+=i;
        i++;                           //修改循环条件
    }
}
```

在有循环语句的程序中，通常循环开始前对循环条件进行初始化；而在循环体语句中要包含修改循环条件的语句，否则循环将不能终止而陷入死循环。C++ 表达方式灵活，上例中的循环语句还可以写成：

while（i＜＝n）　sum＋＝i＋＋；

或者 while（sum＋＝i＋＋，i＜＝n）；//循环体为空语句

为了程序的可读性，一般不提倡这种过于灵活的方式。

3.4.2　do...while 语句

do...while 语句称为直到型循环结构，其特点是先执行，后判断。它的语法格式：

```
do 循环体语句
while((表达式))
```

其执行的顺序是：先执行循环体语句，再判断表达式的值，若为 true（非 0），则继续执行循环体语句，直到表达式的值为 false（0）时为止，do...while 语句流程图如图 3－3 所示。

do...while 语句和 while 语句多数情况下可以互相替代。但它们也有区别：①do...while 语句至少执行一次循环体后再判断循环条件是否满足。②while 语句先判断条件是否满足，然后才执行循环体。

【例 3-4】 用迭代法求 a 的平方根近似值。求平方根的迭代公式为：$x_{n+1}=(x_n+\frac{a}{x_n})/2$，要求前后两个迭代根之差小于$10^{-5}$。

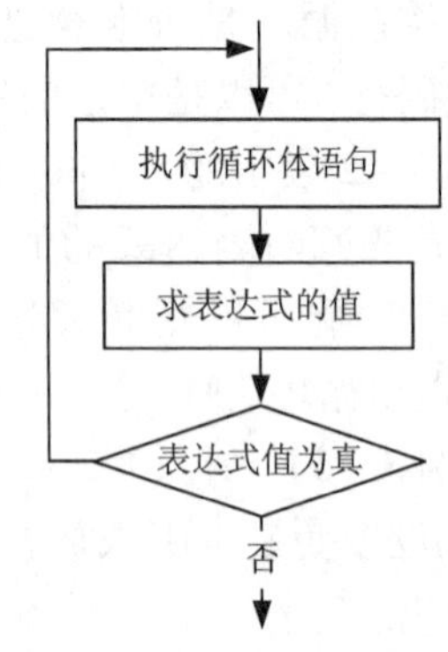

图 3-3 do...while 语句流程图

分析：可以用迭代法求解，a 是已知正数，x_0 是迭代初值，给 x_0 一个值，假定 $x_0=a/2$；则用迭代公式依次计算：

$$x_1=(x_0+a/x_0)/2;\ \cdots\cdots;\ x_{k+1}=(x_k+\frac{a}{x_k})/2$$

当$|x_{k+1}-x_k|<\varepsilon$($\varepsilon$ 是一个较小的正数)，迭代终止，取x_{k+1}的值为 a 的平方根近似值。

程序代码如下：

```
#include <math.h>
void main()
{
float x0, x1, a;
if(a<0) MessageBox(_T("不能开平方!"));
else
    do
    {                                   //有实数解的情况
        x1 =a/2;                        //x1 用于保存结果
        do{x0 =x1;
        x1 =(x0 +a/x0)/2;
        } while (fabs(x1 - x0) > =1e - 5);
    }
}
```

试在 VC++.net 平台上运行，输入本段代码验证是否正确。

3.4.3 for 语句

for 语句是一种使用最为灵活，并且是用得最多的循环控制语句，其特点是：已知循环次数后，再循环。

for 循环语句的格式：

for((<表达式 1>; <表达式 2>; <表达式 3>)>)
<循环体语句>

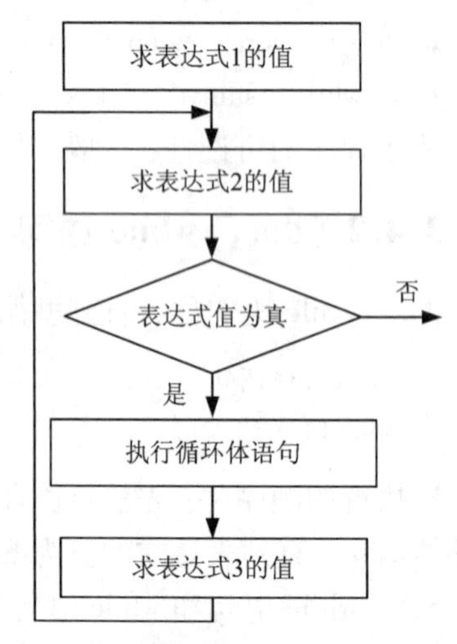

图 3-4 for 循环语句流程图

其中表达式 1 是 for 循环的初始条件；表达式 2 为循环终止条件；表达式 3 是 for 循环的增量部分，一般用来修改循环条件；循环体语句可以是单条语句或是复合语句。如图 3-4 所示。

其执行的顺序是：①计算表达式 1 的值；②计算表达式 2 的值，若其值为 true(非 0)，则转向执行循环语句；若其值为false(0)，则跳出循环体；③表达式2为真，执行循环语句，求出表达式3的值，然后再转到求表达式2的值，继续循环，直到表达式2为false。

【例3-5】 计算e的值。

e是自然对数的底，它和π一样是数学中最常用的无理数常量。其近似值的计算公式为：e=1+1/1！+1/2！+1/3！+...+1/(n-1)！，n为已知值来终止循环。

参数说明：e为控件变量，类型为double型，n为控件变量，类型为int型。

```
#include <math.h>
UpdateData(true);
int sum=1;
e=0;
for(int i=1; i<=n; i++)
{
    sum*=i;
    e+=1.0/sum;
}
UpdateData(false);
```

for语句、while语句、do...while语句都可以实现相同的功能。此处对for语句作如下几点说明：①是先判断型的，和while语句相同；②使用更为灵活：三个表达式可以是任意表达式，因此他们可以实现循环初始化、计算、修改循环条件等任务，而不一定非在循环体中进行。

现在，我们来总结一下三种循环语句的特点：

(1)for循环：当循环次数准确已知时，如计算1+2+…+10000的值。

(2)while循环：用于循环次数未知，甚至可能一次都不循环。

(3)do...while循环：用于循环次数未知，但至少循环一次，例如测量平差中的迭代计算。

3.5　其他辅助控制语句

3.5.1　break语句

break语句用在switch语句和循环语句中，用来跳出switch语句或提前终止循环，转去执行switch语句或循环语句之后的语句。

在for循环中可以用break结束循环：

```
for(;;)
…
if(<表达式>)   break;
}
```

3.5.2 continue语句

continue语句只能用在循环语句中，用来终止本次循环。当程序执行到continue语句时，将跳过其后尚未执行的循环体语句，开始下一次循环。下一次循环是否执行仍然取决于循环条件的判断。

continue语句与break语句的区别在于：continue语句结束的只是本次循环，而break结束的是整个循环。

【例3-9】：输出1~100内3的倍数。

分析：设置整型变量从1变化到100，依次测i是否3的倍数，算法属于穷举法。

主要代码块如下：

```
for (i=1; i<=100; i++)
{
if (i%3!=0) continue;                    //i不是的倍数,不输出,继续下一个i
cout<<i;                                 //i是的倍数才输出
}
```

3.5.3 goto语句

goto语句和标号语句一起使用，所谓标号语句是用标识符标志的语句，它控制程序从goto语句所在的地方转移到标号语句处。goto语句会导致程序结构混乱，可读性降低，而且它所完成的功能完全可以用算法的三种基本结构实现，因此一般不提倡使用goto语句。但在某些特定场合下goto语句可能会显出价值，比如在多层循环嵌套中，要从深层地方跳出所有循环，如果用break语句，不仅要使用多次，而且可读性较差，这时goto语句可以发挥作用。

3.5.4 return语句

return语句用于结束函数的执行，返回调用者，如果是主函数，则返回至操作系统。利用一个return语句可以将一个数据返回给调用者。通常，当函数的返回类型为void时，return语句可以省略，如果使用也仅作为函数或程序结束的标志。

3.6 常见错误

在编写程序时要注意以下几点：

(1)编程规范问题。如变量定义没有规则、工程名用中文，这是一个方面；另外一个方面就是控件ID都是默认的，这会导致自动生成的消息函数名没有规则。最后要多些注释，这样会使自己的程序可读性大大增强。这些表面上看都是没有问题的，但是这会让我们养成不好的编程习惯，希望大家注意。

(2)在测绘程序中，很多公式非常复杂，希望大家要细心，不然很多小的错误也有可能会牺牲你几个小时的时间。

(3)在 C++ 中三角函数都是以弧度为单位，而测绘程序计算中输入与输出角度值一般为度分秒形式。这就需要我们掌握角度的转化。

(4)在测绘程序中还经常涉及经度的计算，我们要注意西经是 0 ~ －180°，东经是0 ~ 180°。

3.7　测绘程序举例

【例 3－6】　度分秒向角度的转换。

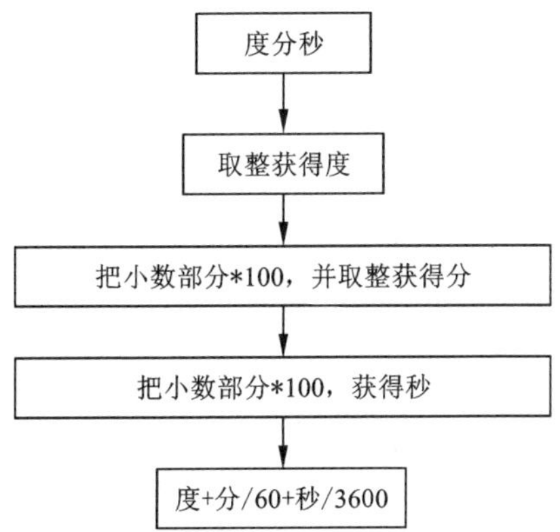

参数说明：dDeg 为十进制角度(度)，它是控件变量。dDms 为度分秒格式角度，同样为控件变量。输入的是度分秒(dDms)，输出的是角度(dDeg)。

```
int iDegree, iMin;
double dSec;                                         // 用于存放度、分、秒三个值的变量
                                                     //注意 ceil 和 floor 两个取整函数的使用

iDegree = int(dDms);                                 //截取整数部分, 即度
iMin = int((dDms-iDegree) * 100);                    //截取分
dSec = ((dDms-iDegree) * 100 - iMin) * 100;          //获得秒
dDeg = iDegree + double(iMin)/60 + dSec/3600;        //把分和秒转换成度, 再相加
```

【例 3－7】　十进制度向度分秒转换。

参数说明：dDeg 为十进制角度(度)，它是控件变量。dDms 为度分秒格式角度，同样为控件变量。输入的是角度 dDeg，输出的是度分秒 dDms。

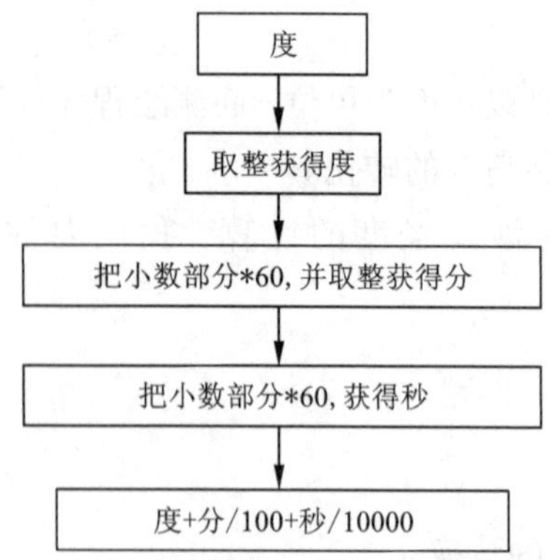


```
int iDegree, iMin;
double dSec;                                          //用于存放度、分、秒三个值的变量
double dTmp;                                          //临时变量

iDegree = int(dDeg);                                  //截取度
dTmp = (dDeg-iDegree) * 60;                           //把度的小数部分转换为分
iMin = int(dTmp);                                     //截取分
dSec = (dTmp-iMin) * 60;                              //把分的小数部分转换为秒
dDms = iDegree + double(iMin) / 100 + dSec / 10000;  //合并为度分秒形式
```

【例 3-8】 前方交会的实例。

参数说明:(Xa, Ya),(Xb, Yb)为已知两点坐标,(Xp, Yp)为输出的待定点坐标,Alfa, Beta 为两交会角(单位为弧度)。

```
void ForeIntersecPos(double Xa, double Ya, double Xb, double Yb,
                     double Alfa, double Beta, double&Xp, double&Yp)
{
    double ctgA, ctgB;

    //计算角 a, b 的反正切值
    ctgA = 1 /tan(Alfa);
    ctgB = 1 /tan(Beta);

    //计算前方交会定位值
    Xp = ((Xa * ctgB + Xb * ctgA) + (Yb - Ya))/(ctgA + ctgB);
    Yp = ((Ya * ctgB + Yb * ctgA) + (Xa - Xb))/(ctgA + ctgB);
}
```

【例 3-9】 判断一个平面点在测量坐标系中的象限位置。

参数说明：GeoX，GeoY 分别为平面点的横纵坐标，nQuadrant 表示坐标象限，它们都是绑定控件的变量。

```
#include < math.h >
UpdateData(true);
if (GeoX > 0)
{
    if (GeoY > 0)
        nQuadrant = 1;                        //第一象限
    else if (GeoY < 0)
        nQuadrant = 4;                        //第四象限
    else
        MessageBox(_T("该点在 X 正半轴上"));
}
else if (GeoX < 0)
{
    if (GeoY > 0)
        nQuadrant = 2;                        //第二象限
    else if (GeoY < 0)
        nQuadrant = 3;                        //第三象限
    else
        MessageBox(_T("该点在 X 负半轴上"));
}
else if (GeoY > 0)                            //GeoX = 0
{
MessageBox(_T("该点在 Y 正半轴上"));
else if (GeoY < 0)
MessageBox(_T("该点在 Y 负半轴上"));
else
MessageBox(_T("该点在原点上"));
}
UpdateData(false);
```

【例 3 – 10】　给定正整数 m，判定其是否为素数。

分析：如果 m > 2，m 是素数的条件是不能被 2，3，…，(取整)整除。因此可以用 2，3，…，(取整)逐个去除 m，如果被其中某个数整除了，则 m 不是素数，否则是素数。算法属于穷举法。

(1)输入被测数 m(m > 2)，令整型变量 k = sqrt(m)。

(2)判断 m 是否素数：设置辅助整型变量 i，使 i 从 2 开始直到 k 依次测试 m 能否整除 i，若能，则不是素数；for(i = 2；i < = k；i + +)。if (m% i = = 0)　break；条件满足，m 不是素数，停止测试，结束 for 语句。

(3)根据 i 是否已达到 k，输出结果是否为素数。

```
#include <iostream.h>
#include <math.h>
void main()
{
    int m, i, k;
    cout<<"输入整数 m:"<<endl;
    cin>>m;
    if(m==2)    cout<<m<<"是素数"<<endl;
    else
    {
        k=sqrt(m);
        for(i=2; i<=k; i++) if (m%i==0) break;       //只要有一个整除, 就可停止
        if(i>k) cout<< m<<"是素数"<<endl;            //循环提前终止表示是非素数
        else cout<< m<<"不是素数"<<endl;
    }
}
```

【例 3-11】 同一参考椭球下的三维地心坐标(笛卡儿坐标系)转换为大地坐标。注意:东经 0~180°($Y>0$),西经:0~-180°($Y<0$),具体转公式如下:

$$L=\arctan\left(\frac{Y}{X}\right)$$

$$B=\arctan\left(\frac{Z}{\sqrt{(X^2+Y^2)}\cdot(1-e^2N/(N+H))}\right)$$

$$H=\frac{\sqrt{X^2+Y^2}}{\cos B}-N$$

$$N=\frac{a}{\sqrt{1-e^2\sin^2 B}}$$

其中,$e^2=2\alpha-\alpha^2$,$e=\sqrt{\dfrac{a^2-b^2}{a^2}}$

式中,B、L、H 分别为椭球面上的大地纬度、大地经度、大地高;X、Y、Z 为空间直角坐标;N 为卯酉圈曲率半径,e 为椭球的偏心率,a 为椭球的长半径,b 为椭球的短半径($WGS84$ 椭球参数:长半径 $a=6378137$ m,扁率 $\alpha=1/298.257223563$)。

从转换公式中可以看出计算 B 时必须已知 H,而计算 H 时又必须已知 B。这种情况一般假设 $H=0$,然后用 do...While 循环迭代计算,直到 H 的精度达到 0.0001 m。

从转换公式中可以看出计算 B 时必须已知 H,而计算 H 时又必须已知 B。这种情况一般假设 $H=0$,然后用 do…While 循环迭代计算,直到 H 的精度达到 0.0001 米。关键代码如下:

参数说明:X、Y 和 Z 为空间直角坐标系下的坐标,dB 与 dH 分别为要输出的大地纬度和大地高。a 与 e 为椭球参数。

```
double dH;                                  //定义大地高迭代值
double dH0 =0;                              //定义大地高迭代旧值，并初始化为 0
double dS = sqrt(X * X + Y * Y);            //定义一个中间变量
double dB;                                  //定义一个纬度迭代值
double dB0 = atan(Z/(dS * (1 - e * e)));    //定义纬度迭代旧值，并以当大地高 dH =0 时计算其初值
double dh;                                  //定义大地高迭代新旧值之差
do
{
double W = sqrt(1 - e * e * sin(dB0) * sin(dB0));
double N = a/W;

dH = dS/cos(dB0) - N;                       //计算大地高新值
dB = atan(Z/(dS * (1 - e * e * N/(N + dH))));  //计算纬度新值
dh = dH - dH0;                              //计算大地高迭代新旧值之差

//新旧值替换
dH0 = dH;
dB0 = dB;
}while(fabs(dh) > =0.0001);
```

3.8　小结

语句是程序中的主要模块，每条语句的最后都要加一个分号。

程序控制结构有顺序结构、选择结构和循环结构三类。

break 语句是从一个结构中立即退出，而 continue 语句是立即执行下一个循环。

第 4 章　数组和指针

4.1　数组的概念

数组是由一组具有相同数据类型的元素组成的集合。数组的类型就是这组元素的数据类型。构成数组的这组元素在内存中占用一组连续的存储单元。可以用一个统一的数组名表示这一组数据，而用下标来指明数组中各元素的序号。

根据数组的维数，可以将数组分为一维数组、二维数组和多维数组，常用的是一维和二维数组。

4.2　一维数组

一维数组的一般说明形式为：

类型数组名[常量表达式]；

一维数组的初始化形式为：

类型数组名[数组范围]={值1，值2，…，值n}；

例如：

```
int fibon[6];
int fibon[9] = {0, 1, 1, 2, 3, 5, 8, 13, 21, 34};
```

数组名为 fibon，这是一个包含 6 个元素的整型一维(dimension)数组，其第一个元素为 fibon[0]，存放 0，最后一个元素为 fibon[5]，存放 34。

C++中数组的大小在编译时确定，编译系统按照定义为数组分配一段连续的存储单元，这段单元的大小是不能改变的，因此数组大小不能用变量定义，而只能是一个正整数常量。如下列定义是不合法的：

```
int count;
float s[count];            //数组个数不能是变量，且必须在定义时指明
const float Num = 3;
int n[Num];                //数组个数不能是实数
```

对数组进行访问时指的是对数组元素的访问，不能直接将数组名作为访问对象，对数组赋值也必须对每一个元素逐个赋值。

数组在定义后即可引用，其引用形式为：

数组名[下标]

指明了引用数组名的数组中下标所表示的元素，其下标可以是整常数或整型表达式。例如a[2+1]、a[i+j](i和j为整型变量)等。

例如：

```
a[2]=10;          //将10赋给数组中的a[2]元素
a[5]=a[2];        //将a[2]元素的值赋给a[5]元素
cout<<a[5];       //输出a[5]元素的值
```

注意区分定义与引用形式上的相似与含义上的区分，定义时是指数组的大小空间；引用时是指引用下标表示的元素。

4.3　二维数组及多维数组

4.3.1　二维数组

二维数组也称为矩阵，需要两个下标才能表示某个元素的位置，通常称第一个下标为行下标，称第二个下标为列下标。定义二维数组的语法格式为：

类型数组名[常量表达式1][常量表达式2]；

定义二维数组的格式与定义一维数组的格式相同，只是必须指定两个常量表达式，第一个常量表达式表示数组的行数，第二个常量表达式表示数组的列数。

例如：int a[2][3]；

上面定义了一个a数组，它在逻辑上的空间形式为2行3列，每一个数组元素都是整型数据，因此a数组的各元素如下：

a[0][0]，a[0][1]，a[0][2]，a[1][0]，a[1][1]，a[1][2]

二维数组中每个元素都是用下列方式表示：

数组名[行下标][列下标]

二维数组的初始化一般形式：

```
int a[2][3]={{1, 2, 3}, {4, 5, 6}};
```

二维数组在内存中的排列顺序是“先行后列”，即在内存中先存第一行的元素，然后再存第二行的元素。从数组下标变化来看，先变第二个下标，第一个下标先不变化(即i[0][0]，i[0][1]，i[0][2])，待第二个下标变到最大值时，才改变第一个下标，第二个下标又从0开始变化。对于二维数组，可以把它看成是由多个一维数组构成的。例如上例：int a[2][3]；就可以看成是由两个形如int a[3]；的一维数组构成的。

例如有一个3×4的矩阵a：

$$a=\begin{pmatrix} a00 & a01 & a02 & a03 \\ a10 & a11 & a12 & a13 \\ a20 & a21 & a22 & a23 \end{pmatrix}$$

a21元素在数组中的位置是2×4+1+1=10。即它在数组中是第10个元素。对一个a_{ij}元素(在C++语言中表示为a[i][j]),在它前面有i行(对a21来说它前面有两个整行),这i行共有i×n个元素。在a_{ij}所在行中,a_{ij}前面还有j个元素,因此在数组a中a_{ij}前面共有(i×n+j)个元素。那么a_{ij}就是第(i×n+j)+1个元素。如果顺序号从0算起,那么a_{ij}在a数组中的顺序号计算公式为i×n+j。a21的顺序号为2×4+1=9。即按从0算起的话,它的顺序号为9,或者说它前面有9个元素。

4.3.2 多维数组

多维数组的定义:

类型数组名[常量表达式1][常量表达式2]…[常量表达式n];

由于大于三维的数组基本上不常用,所以在此以三维数组为例介绍多维数组。例如:定义一个整型三维数组:

```
int a[2][3][4];
```

此数组有24个元素,它们在内存中排列顺序跟二维数组类似:先变化第三个下标,然后变化第二个下标,最后变化第一个下标。对于三维数组,可以把它看成是由多个二维数组构成的。依此类推,一个n维数组可以看成是由多个$n-1$维数组构成的。

4.3.3 字符数组

如果数组中的元素为字符,就称为字符数组。

例如:

```
char strData[10]; //可用来保存10个字符的字符数组;
char strCityName[ ] = {'N', 'a', 'n', 'j', 'i', 'n', 'g'}; //可用来保存7个字符的字符数组;
```

在C++中字符数组是用来保存字符串的。允许直接用字符串常量给字符数组初始化。

例如:

```
char strCityName[ ] = "Nanjing";
```

用字符串初始化,字符数组会自动加上一个串结束符'\0'。串结束符在字符串操作中具有十分重要的意义,因此在定义字符数组大小时,要注意留出足够的空间保存串结束符。

为了处理字符串,C++中提供了若干字符串处理函数,这些函数定义在文件string.h中,其中包括:strlen(s),返回字符串s的实际长度(不包括'\0');strcpy(s1, s2),将字符串s2中'\0'之前的所有字符依次赋值到字符串s1中,最后再加上一个'\0'。由于不能直接对字符数组名赋值,所以将一个字符串的值赋给另一个字符串必须用字符串拷贝函数完成。例如:

```
char string2[20];
string2 = "VC++";                    //非法
strcpy(string2, "VC++");             //合法
```

【例 4 -1】 字符数组和字符串处理函数的应用。

```
# include "iostream.h"
# include "string.h"
void main()
{
    char s1[ ] = "Hello C++ ";                   //初始化决定数组 s1[ ]有个元素
    char s2[10], s3[20];
    s2[0] = 'B';
    s2[1] = 'e';
    s2[2] = 'g';
    s2[3] = 'i';
    s2[4] = 'n';
    s2[5] = '\0';                                //对字符串结束处理非常重要
    strcpy(s3, s2);
    std:: cout < < "The length of\""< < s1 < < "\"is: "< < strlen(s1) < < '\n';
    std:: cout < < s2 < < '\t' < < s3 < < '\n';
}
```

运行结果：
The length of "Hello C++ " is 9
Begin Begin

4.4　指针

指针变量(简称指针)是一种特殊性质的变量，它存放的是另一个数据在内存中的地址，通过此内存地址便可间接存取到该数据在内存中的内容。

指针除了可以指向变量之外，还可以指向内存中其他任何数据结构，如数组，结构体和联合体等，它还可以指向函数。在程序中参加数据处理的量不是指针本身的量，因为指针本身是个地址量。而指针所指向的变量，即指针所指向的内存区域中的数据(称为指针的目标)才是需要处理的数据。这就是 C++ 语言中利用指针处理数据的特点。

4.4.1　指针的定义和使用

指针是一个变量，在程序中使用时，必须先声明，后使用。在指针声明的同时也可以进行初始化。指针的定义指出了指针的存储类型和数据类型，定义的语法形式如下：

　　存储类型数据类型 ＊指针变量名

例如：

```
int ＊p1;
static int ＊p2;
char ＊da;
```

上面定义了名为 p1，p2 和 da 的三个不同类型指针。而具有相同存储类型和数据类型的指针可以在一行中说明，它们也可以和同类型的普通变量在一起进行说明。例如：

```
int *p1, *p2, *p3;
char *da, m;
```

在此例中，第一行声明了三个 int 型指针 p1、p2、p3；第二行声明了一个 char 型变量 m 和一个指针 da。当在一行中定义多个同一类型的指针时，要用逗号隔开各指针变量标识符，并且每个变量前都要加上星号 *。

注意：

(1)通常把指针指向的变量的数据类型称为指针的数据类型，而任何一个指针变量本身数据值的类型都是 unsigned long int。

(2)在指针变量名前的符号 * 表示指向运算。指针变量的类型确定后只能指向这种既定的数据类型，不可指向其他类型的数据。

(3)定义一个指针变量必须用符号 *，它表明其后的变量是指针变量，但千万不要认为 *p 是指针变量，指针变量是 p 而不是 *p。

在使用此指针前，必须首先给它赋一个合法的值。否则，程序中对指针的使用就有可能导致系统崩溃。指针初始化的一般形式是：

```
存储类型数据类型 *指针名=初始地址值;
```

例如：

```
int a=1000;
int *pa=&a;
```

将变量 a 的内存地址作为初始值赋予 int 型指针 pa。为了使用安全起见，一般在定义指针时，最好初始化，哪怕是初始化为空指针。例如：

```
int *px=0; //空指针
int *py=NULL; //空指针
```

若指针为空指针或者根本没有初始化，那么在使用此指针前，就必须给它赋有意义的值。例如：

```
int n, *p1;          //定义指针 p1 时没有初始化
p1=&n;               //给指针 p1 赋值为 int 型变量 n 的地址
```

或者：

```
int n, *p1=NULL;  //定义指针 p1 时初始化为 0
p1=&n;               //给指针 p1 赋值为 int 型变量 n 的地址
```

也可以向一个指针赋初值为另一个指针变量，即把另一个已经初始化的指针赋予一个指针。这时，这两个指针指向同一变量的内存地址。例如：

```
int n;
int *p1=&n;          //指针 p1 的值初始化为变量 n 的地址
int *p2=p1;          //指针 p2 的值初始化为指针变量 p1
```

上面这种写法等价于:

```
int n;
int * p1 = &n;        //指针 p1 的值初始化为变量 n 的地址
int * p2 = &n;        //指针 p2 的值初始化为变量 n 的地址
```

如果说明了一个指针，并使其值为某个变量的地址，则可以通过这个指针间接地访问在这个地址中存储的值。在利用指针来访问变量值时，需要使用间接访问运算符 * 。例如:

```
int a = 1;
int b = 2;
int c = 0;
int * pa = &a;
int * pb = pa;
* pa = 10;
c = b + ( * pa);
b = * pb;
```

结果为: a = 10, b = 10, c = 12

注意: & 运算符为取地址运算符, &x 的值为 x 的地址。而 * 运算符为指针运算符，或指向运算符，也称间接运算符，* p 代表 p 所指向的变量。注意区分下面三种表示方法所具有的不同意义。例如，有一个指针 px ，px 是指针变量，它的内容是地址量; * px 是指针的目标变量，它的内容是数据; 而 &px 是指针变量占用的存储区域的地址。

4.4.2　二级指针

由于指针是一个变量，在内存中也占据一定的空间，具有一个地址，这个地址也可以利用指针来保存。因此，可以声明一个指针来指向它，这个指针称为指向指针的指针，也即二级指针。声明二级指针的形式如下:

```
存储类型数据类型　* * 指针变量名
```

其中的两个星号 * * 表示二级指针。数据类型是指通过两次间接寻址后所访问的变量的类型，例如:

```
int i, * p = &i;
int * * pp = &p;
```

上述语句声明了一个二级指针 pp，它指向指针 p。

【例 4 -2】　二级指针示例。

```
#include <iostream>
void main()
{
    int a;
    int * p = &a, * * pp = &p;
    a = 1;
```

```
        std:: cout < < "a = " < < a < < std:: endl;
        std:: cout < < "* p = " < < * p < < std:: endl;
        std:: cout < < "p = " < < p < < std:: endl;
        std:: cout < < "* pp = " < < * pp < < std:: endl;
        std:: cout < < "* * pp = " < < * * pp < < std:: endl;
        return;
    }
```

此程序的运行结果为:

```
a = 1
* p = 1
p = 0x0065FDFD
* pp = 0x0065FDFD
* * pp = 1
```

4.4.3 void 指针和 const 指针

在 C++ 中，可以声明指向 void 类型的指针。指向 void 类型的指针称为 void 指针。此外，在声明指针时，还可以用关键字 const 进行修饰，用关键字 const 修饰的指针称为 const 指针。

1. void 指针

一般来说，只能用指向相同类型的指针给另一个指针赋值，而在不同类型的指针之间进行赋值是错误的。比如:

```
int a, b;
int * p1 = &a, * p2 = p1;          //正确
```

而:

```
int a;
int * p1 = &a;
double * p2 = p1;                  //错误
```

因为上述语句中的两个指针 p1，p2 指向的类型不同。除非进行强制类型转换，否则，它们之间是不能进行相互赋值的。但是 void 指针却是一个特例。

C++ 语言允许使用空类型(void)指针，即不指定指针指向一个固定的类型，它的定义格式为:

```
void * p;
```

它表示指针变量 p 不指向一个确定的类型数据，它的作用仅仅是用来存放一个地址。void 指针它可以指向任何类型的 C++ 数据。也就是说，可以用任何类型的指针直接给 void 指针赋值。不过，如果需要将 void 指针的值赋给其他类型指针，则需要进行强制类型转换。例如:

```
int a;
```

```
int *p1 = &a;
void *p2 = p1;
int *p4 = (int *)p2;
```

2. const 指针

关键字 const 放在不同的位置表示的意义也不相同：

(1)关键字 const 放在指针类型前，就是声明一个指向常量的指针。此时，在程序中不能通过指针来改变它所指向的值，但是指针本身的值可以改变，即指针可以指向其他数据。例如：

```
const double *p;
```

(2)关键字 const 放在 * 号和指针名之间，就是声明一个指针常量(也称常指针)。因此，指针本身的值不可改变，也即它不能再指向其他数据，但它所指向的数据的值可以改变。例如：

```
double const *p = &a;
```

(3)关键字 const 在上述两个地方都加，则是声明一个指向常量的指针常量，指针本身的值不可改变，它所指向的数据的值也不能通过指针改变。例如：

```
const double const *p;
```

4.4.4　指针与数组

由于数组名表示的是该数组的首地址，所以如果定义一个指针指向数组，例如：

```
int a[10], *pa = a;
```

这个语句定义了一个指针 pa，并把 pa 初始化为指向数组 int a[10]的指针，即指针 pa 指向数组的第一个元素。这时，不需要使用取地址运算符“&”。

上述声明方式与下面的语句等价：

```
int a[10], *pa = &a[0];
```

&a[0]表示数组 a 中第一个元素所在的内存地址值。

要访问或使用一个数组元素，可以用三种不同的方法。一种是下标法，另一种是地址法，还有一种是指针法。

1. 下标法

例如，程序中说明了一个数组：

```
int a[5];
```

a[0]，a[1]，…，a[4]就是用下标法表示的数组元素。

2. 地址法

前面已经介绍，一个数组名代表它的起始地址。地址法即是通过地址访问某一数组元素。例如，程序中说明了一个数组：

```
int a[5];
```

则 a 的值就是数组的起始地址，即 a 指向 a[0]，a+1 指向 a[1]，…。同样，a+i 是 a[i] 的地址，通过 a+i 的地址可以找到 a[i]元素，即 *(a+i)就是 a[i]。

例如：要访问数组元素 a[3]，下面两种方式是等价的：

a[3]——下标法
*(a+3)——地址法

从另一个角度来看，a+i 和 &a[i]是相等的，都是 a[i]的地址。但是要注意区分 a[i]和 &a[i]二者的不同含义，a[i]是 a 数组第 i 个元素的值，而 &a[i]是 a[i]元素的地址。

3. 指针法

除上述两种方法之外，还可以定义一个指针变量，指向一数组元素。例如：若程序中同时说明了一个 int 型指针：

```
int *pa;
```

并且通过指针进行了赋值运算，如：

```
pa=a;
```

或：

```
pa=&a[0];
```

则指针 pa 就指向了数组 a 的首地址。这里指针的目标变量 *pa 就是 a[0]。根据上节介绍的指针运算的原理，*(pa+1)就是 a[1]，*(pa+2)就是 a[2]…。即 *(pa+i)就是a[i]。

4.5 动态内存分配

所谓动态内存分配是指在程序运行期间根据实际需要随时申请内存，并在不需要时释放。应用程序数据所占的内存可以分为 3 类：静态存储区、栈、堆。在程序运行开始前就分配的存储空间都在静态存储区中；局部变量分配的存储空间在栈中；动态内存分配的存储空间在堆中，堆也称为自由存储单元。new 运算符与 delete 运算符一起使用，就可以直接进行动态内存的申请和释放(也称为创建和删除)。

4.5.1 new 运算符

new 运算符用于申请所需的内存单元，返回指定类型的一个指针。它的语法格式为：

指针=new 数据类型;

其中，指针应预先声明，指针指向的数据类型与 new 后的数据类型相同。若申请成功，则返回分配单元的首地址给指针；否则(比如没有足够的内存空间)，则返回 0(一个空指

针)。例如:

```
int *p;
p = new int;
```

系统自动根据 int 类型的空间大小开辟一个内存单元,用来保存 int 型数据,并将地址保存在指针 p 中。对于动态内存分配,应在分配操作结束以后,首先检查返回的地址值是否为 0,以确认内存申请是否成功。在分配成功以后,就可以使用这个指针。例如:

```
*p = 1;
```

即把 int 型数值 1 赋给指针 p 所指向的 int 型内存单元。

也可以用 new 运算符申请一块保存数组的内存单元,即创建一个数组。创建一维数组的语法格式为:

```
指针 = new 数据类型[常量表达式];
```

其中,常量表达式给出数组元素的个数,指针指向分配的内存首地址,指针的类型与 new 后的数据类型相同。例如:

```
int *p;
p = new int[10];
```

系统为指针 p 分配了整型数组的内存,数组中有 10 个元素。

对于动态创建多维数组,情况要复杂一些。以二维数组为例,语法格式为:

```
指针 = new 数据类型[常量表达式 1][常量表达式 2];
```

若申请成功,指针指向分配的内存首地址,但此时指针的类型不是 new 后的数据类型,而是一个该类型的数组,即指针是一个数组指针。例如:

```
int (*p)[3];
p = new int[2][3];
```

则系统为指针 p 分配了一个二维数组。

4.5.2　delete 运算符

delete 运算符是释放 new 申请到的内存。即当程序中不再需要使用运算符 new 创建的某个内存单元时,就必须用运算符 delete 来删除它。它的语法格式为:

```
delete 指针;      //释放非数组内存单元
delete[]指针;     //释放数组内存单元
```

其中,指针是指需要释放的内存单元的指针名。而 delete 只是删除动态内存单元,并不会将指针本身删除。

对于释放对象的不同,delete 的语法格式也不同。对于数组内存单元的释放,一定要带"[ ]"部分。如果没有带"[ ]"部分,则只释放数组的第一个元素占据的内存单元。

例如：对 int 型内存单元的申请和释放。

```
int *p;
p = new int;              //申请内存单元
*p = 1;
delete p;                 //释放内存单元
```

例如：对数组内存单元的申请和释放。

```
int *p;
p = new int[10];
delete[] p;
```

注意：

(1)在程序中对应于每次使用运算符 new，都应该相应地使用运算符 delete 来释放申请的内存。并且对应于每个运算符 new，只能调用一次 delete 来释放内存，否则有可能导致系统崩溃。

(2)运算符 delete 必须用于先前 new 分配的有效指针，而不能用于未定义的其他任何类型的指针。

(3)对空指针调用 delete 是安全的。

(4)C++语言保留了 C 语言中的两个库函数：malloc 与 free。这两个函数也是实现动态内存分配作用的，其功能分别与运算符 new 和 delete 相似。但是，最好不要将库函数和运算符混合使用，否则可能导致系统崩溃。

4.6 数组的常用算法

4.6.1 排序算法(冒泡排序)

排序的算法有很多，对空间的要求及其时间效率也不尽相同。比较常见的排序算法有冒泡排序。所谓冒泡排序，就是依次比较相邻的两个数，将小数放在前面，大数放在后面。即在第一趟：首先比较第 1 个和第 2 个数，将小数放前，大数放后。然后比较第 2 个数和第 3 个数，将小数放前，大数放后，如此继续，直至比较最后两个数，将小数放前，大数放后。至此第一趟结束，将最大的数放到了最后。在第二趟：仍从第一对数开始比较(因为可能由于第 2 个数和第 3 个数的交换，使得第 1 个数不再小于第 2 个数)，将小数放前，大数放后，一直比较到倒数第二个数(倒数第一的位置上已经是最大的)，第二趟结束，在倒数第二的位置上得到一个新的最大数(其实在整个数列中是第二大的数)。如此下去，重复以上过程，直至最终完成排序。

【例 4-3】 将 n 个数按从小到大的顺序排列。

```
#include <iostream.h>
void main()
{
    int iTemp, n;
    int pData[ ];
    for(int i =0; i <n - 1; i + +)
        for(int j =i +1; j <n; j + +)
        {
            if(pData[ i ] >pData[ j ])
            {
                iTemp = pData[ j - 1 ];
                pData[ j - 1 ] =pData[ j ];
                pData[ j ] =iTemp;
            }
        }
}
```

4.6.2　求平均值

下面以求四个数的平均数为例，简单介绍应用一维数组进行平均值的求解方法。

【例 4 -4】　求平均数。

```
double dData[ 4 ];
dData[ 0 ] =112.344;
dData[ 1 ] =118.347;
dData[ 2 ] =200.638;
dData[ 3 ] =168.668;
double Avg =0;
double Sum =0;
for(int i =0; i <4; i + +)
{
    Sum = Sum + dData(i);
}
Avg = Sum/4;
```

4.7　数组中常见错误和注意事项

4.7.1　常见错误

1. 数组越界

在给数组元素赋值或对数组元素进行引用时，一定要注意下标的值不要超过数组的范围，否则会产生数组越界问题。因为当数组下标越界时，编译器并不认为它是一个错误，但这往往会带来非常严重的后果。

例如：定义了一个整型数组a：

```
int a[10];
```

数组a的合法下标为0~9。如果程序要求给a[10]赋值，将可能导致程序出错，甚至系统崩溃。常用下面的式子确定数组的大小，预防数组越界情况的发生。

例如：假定对于一个整型数组a，它的大小为：

```
sizeof(a)/sizeof(int)
```

sizeof(a)表示求数组a在内存中所占字节数，sizeof(int)表示求整型数据在内存中所占字节数。使用上面这个式子，可以使数组大小计算在16位机器和32位机器之间移植。

2. 数组整体赋值

例如：

```
int a[10], b[10];
b = a;
```

这是非法的，C++语言不允许对数组进行整体的操作，如果想把a的值赋给b，需要用循环来实现。

例如：

```
for(i=0; i<10; i++)
b[i]=a[i];
```

4.7.2　注意事项

(1)数组是一种组合类型，是不能作为一个整体进行访问和处理的，只能按元素进行个别的访问和处理。

(2)C++数组中第一个元素的下标为0，而不是1，且下标表达方式是固定的。

(3)数组元素在内存中是从低地址开始顺序排列，各元素的存储单元占用内存大小相同，各元素的存储单元之间没有空隙，可以从数组第一个元素存储单元的起始地址计算出任意一个元素存储单元的起始地址。

(4)当用字符串常量赋初值时，系统自动加上\0字符。当用字符常量为字符数组元素逐个赋值时并不要求最后一个字符为\0。

(5)数组的长度始终大于或等于字符串的实际长度。如果在一个数组中先后存放多个长度不同的字符串，数组长度的定义应大于最长字符串的长度。

4.8　测绘程序举例(单一水准简易计算)

1. 单一闭合水准或附合水准近似平差计算公式

附合水准闭合差：$f_h = \sum h_i - (H_B - H_A)$

闭合水准闭合差：$f_h = \sum h_i$

计算调整后高差观测值：$\hat{h}_i = h_i - fh \dfrac{Di}{\sum Di}$

计算平差后高程：$H_i = H_{i-1} + \hat{h}_i$

2. 数据格式（如图 4－1）

第一行：单水准类型，1 = 附合水准，0 = 闭合水准；

第二行：起点高程，"点号，高程"；

第三行：终点高程，"点号，高程"（附合水准才有，闭合水准则开始观测数据）；

第四行：观测数据，"序号，高差观测值(m)，水准路线长度(km)"；

…

后续行与第四行一样。

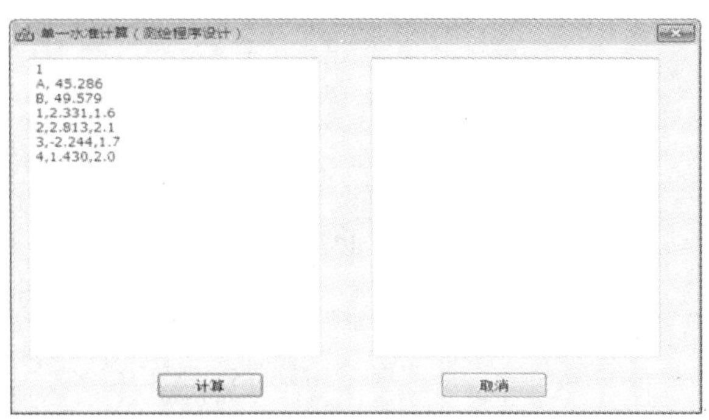

图 4－1　单一水准计算界面

3. 计算流程

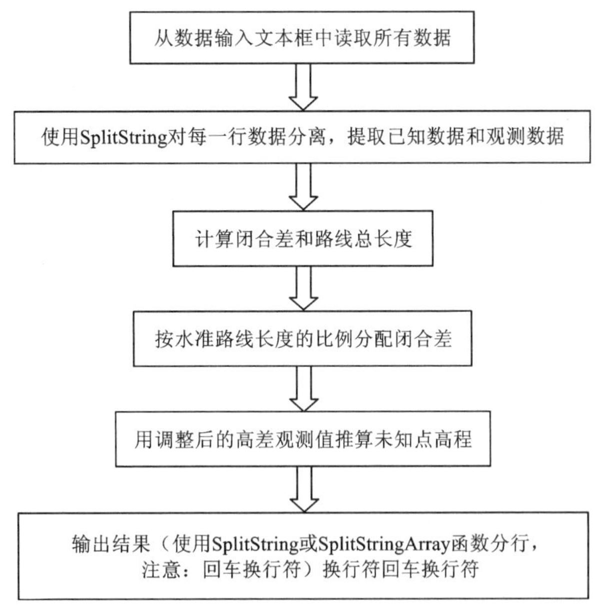

4. 主要程序代码

为简便数据的输入与输出，全部采用文本框来实现，注意 MultiLine 属性为 True。字符串分割函数有 SplitString 和 SplitStringArray（关于函数的定义与调用将在第 5 章进行详细介绍，读者可暂时把这两个函数当成内部函数使用），这两个函数的主要区别是：SplitString 函数采用动态定义字符串数组，需使用时需注意释放内存；SplitStringArray 使用了 MFC 的 CStringArray 字符串数组类，感兴趣的读者可以参考 MSDN 仔细了解该类的使用。对于这两个函数的定义与调用, 读者可在学习第 5 章后再进行分析。

```
void CSingleLevelingDlg:: OnBnClickedBtntest()
{
    // TODO: 在此添加控件通知处理程序代码
    UpdateData(TRUE);
    int iLine;
    //分行并存入字符串数组
    CStringArray aStrLine;
    iLine = SplitStringArray(strObsData, 13, aStrLine);
    if(iLine <4)
    {
        MessageBox(_T("输入的数据不完整!"));
        return;
    }
    int iObsCount = iLine - 3;                                  //观测值个数
    short nLevelType;                                           //单一水准类型, 1 =附合, =闭合
    double Ha, Hb;                                              //已知点高程
    double * hObs = new double[iObsCount];                      //高差观测值
    double * dObs = new double[iObsCount];                      //水准路线长度

    CStringArray aStrTmp;
    int n;
    nLevelType = _ttoi(aStrLine[0]);                            //第一行为单一水准类型
    n = SplitStringArray(aStrLine[1], ',', aStrTmp);            //分割第二行
    Ha = _tstof(aStrTmp[1]);                                    //获取起始点高程
    n = SplitStringArray(aStrLine[2], ',', aStrTmp);            //分割第三行
    Hb = _tstof((aStrTmp[1]));                                  //获取终点高程

    //逐行用 Split 函数分离, 获取观测数据
    for(int i =0; i < iObsCount; i + +)
    {
        n =  SplitStringArray(aStrLine[i +3], ',', aStrTmp);    //分割第三行
        hObs[i]  =  _tstof(aStrTmp[1]);
        dObs[i]  =  _tstof(aStrTmp[2]);
    }
    double dFh =0;                                              //高差闭合差
    double dSumD =0;                                            //路线总长度
    for(int i =0; i < iObsCount; i + +)
    {
        dFh = dFh + hObs[i];                                    //计算高差观测值之和
        dSumD = dSumD + dObs[i];                                //计算水准路线总长度
    }
```

```
    dFh = dFh - (Hb - Ha);                              //计算高差闭合差
    for(int i = 0; i < iObsCount; i + +)                //按路线长度分配闭合差
    {
        hObs[i] = hObs[i] - dFh * dObs[i]/dSumD;
    }
    double  * dH = new double[iObsCount - 1];      //未知点个数为 nObsCount - 1 个
    //推算未知点高程
    dH[0] = Ha + hObs[0];
    for(int i = 0; i < iObsCount - 2; i + +)
    {
        dH[i + 1] = dH[i] + hObs[i + 1];
    }
    //输出结果
    strResult.Format(_T("% s% .1 fmm\r\n% s% .1 fkm\r\n% s% .1 fmm\r\n% s% s\r\n"),
        _T("闭合差: "), dFh  *  1000,
        _T("水准路线总长度: "), dSumD,
        _T("每公里高差改正数: "), dFh/dSumD *  1000,
        _T("序号"), _T("调整后 H (m) "));
    //输出调整后未知点的高程
    CString strOutput;
    for(int i = 0; i < iObsCount - 1; i + +)
    {
        strOutput.Format(_T("% d     % .4 f\r\n"), i + 1, dH[i]);
        strResult = strResult + strOutput;
    }
    UpdateData(FALSE);

    //释放内存
    if(dObs!  = NULL)
    {
        delete[ ] dObs;
        dObs = NULL;
    }
    if(hObs!  = NULL)
    {
        delete[ ] hObs;
        hObs = NULL;
    }
    if(dH!  = NULL)
    {
        delete[ ] dH;
        dH = NULL;
    }
}
```

```
//分割字符串,得到字符串数组(CString * )
CString * CSingleLevelingDlg:: SplitString(CString str, char split, int& iSubStrs)
{
    int iPos = 0;                          //分割符位置
    int iNums = 0;                         //分割符的总数
    CString strTemp = str;
    CString strRight;
    //先计算子字符串的数量
    while (iPos != -1)
    {
        iPos = strTemp.Find(split);
        if (iPos == -1)
        {
            break;
        }
        strRight = strTemp.Mid(iPos + 1, str.GetLength());
        strTemp = strRight;
        iNums++;
    }
    if (iNums == 0)                        //没有找到分割符
    {
        //子字符串数就是字符串本身
        iSubStrs = 1;
        return NULL;
    }
    //子字符串数组
    iSubStrs = iNums + 1;                  //子串的数量 = 分割符数量 + 1
    CString * pStrSplit;
    pStrSplit = new CString[iSubStrs];
    strTemp = str;
    CString strLeft;
    for (int i = 0; i < iNums; i++)
    {
        iPos = strTemp.Find(split);
        //左子串
        strLeft = strTemp.Left(iPos);
        //右子串
        strRight = strTemp.Mid(iPos + 1, strTemp.GetLength());
        strTemp = strRight;
        pStrSplit[i] = strLeft;
    }
    pStrSplit[iNums] = strTemp;
    return pStrSplit;
}
```

```
//分割字符串, 得到字符串数组(CStringArray)
int CSingleLevelingDlg:: SplitStringArray(CString str, char split, CStringArray& aStr)
{
    int startIdx = 0;
    int idx = str.Find(split, startIdx);
    aStr.RemoveAll();                    //先清空
    while (-1 != idx)
    {
        CString sTmp = str.Mid(startIdx, idx - startIdx);
        aStr.Add(sTmp);
        startIdx = idx + 1;
        idx = str.Find(split, startIdx);
    }
    CString sTmp = str.Right(str.GetLength() - startIdx);
    if (! sTmp.IsEmpty())
        aStr.Add(sTmp);
    return aStr.GetSize();
}
```

4.9 小结

(1)数组根据维数，可分为一维数组、二维数组和多维数组，常用的是一维和二维数组。

(2)指针除了可以指向变量之外，还可以指向内存中其他任何数据结构，如数组、结构体和联合体等，它还可以指向函数。

(3)在程序编译中参加数据处理的量不是指针本身的量，指针本身只是个地址量。

第 5 章　函数

在结构化程序设计中函数是将任务进行模块划分的基本单位。而在面向对象的程序设计中，对数据的操作总是封装在函数中，一个函数描述一种操作。虽然函数的表现形态各异，但共同的本质就是有一定的组织格式和被调用格式。要写好函数，必须清楚函数的组织格式(即函数如何定义)；要使用好函数，则必须掌握函数的调用，这一章将介绍函数的编程机制以及函数的应用。

5.1　概述

在实际应用中，应用程序一般具有多个功能，程序代码也比较复杂。为了降低程序的复杂度，我们通常把较复杂的程序分割成一些相对独立且便于管理和阅读的小程序，甚至将这些更小的程序又分成若干更细的小模块，逐步细化。这也充分体现了结构化程序设计由粗到精，逐步细化的设计思想。所以一个较复杂的 C++ 应用程序通常是由许多函数组成的。一个函数被调用的时候，是通过调用语句来实现的。一个程序中虽然可能包含许多函数，但是一个程序必须有且只有一个主函数，主函数的名字固定为 main( )且地位特殊，之所以特殊，就是因为程序总是从主函数开始执行，然后主函数通过调用一系列其他函数来完成程序的整个任务，而程序中的其他函数是不能调用主函数的。只有操作系统才可以调用主函数。程序中调用与被调用的层次关系可以用图 5 - 1 来表示，图中每一根线有向上和向下两个方向，分别代表函数调用和函数返回的方向。

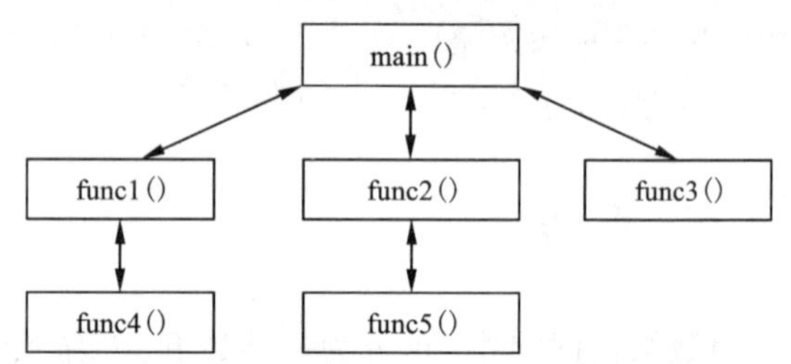

图 5 - 1　调用与被调用的层次关系图

5.2　函数的定义和调用

5.2.1　函数定义与分类

函数一般可分为库函数(或标准函数)和用户自定义函数。库函数(或标准函数)即一些常用的数学计算函数、字符串处理函数、图形处理函数、标准输入输出函数等。用户自定义函数即用户可以根据需要将某个具有相对独立功能的程序定义为函数。

函数如果按是否带有参数分类，可分为无参函数和有参函数。

1. 无参函数

无参函数的定义格式为：

<数据类型>函数名(void)
{函数体}

例如：下面函数的功能是打印一个表头。

```
void TableHead ()
{
    cout<<"* * * * * * * * * * * * * * * * * * *"<<endl;
        cout<<"*            example            *"<<endl;
    cout<<"* * * * * * * * * * * * * * * * * * *"<<endl;
}
```

2. 有参函数

有参函数的定义格式为：

<数据类型>函数名(参数类型1 形式参数1，参数类型2 形式参数2，…)
{函数体}

例如：下面函数的功能是返回两个整数中较大一个的值。

```
int max (int a, int b)
    {
        return(a>=b? a: b);
    }
```

说明：

(1)函数的第一行(以后称函数首部)前面的<数据类型>位置应该是一个数据类型关键字，用来定义该函数返回值的数据类型。函数名是编程人员自己为函数取的名称，可以是任何合法的标识符；但为了做到顾名思义，函数的取名一般反映了该函数的功能。接下来一对花括号里面的内容是函数的函数体，主要包括两类语句：一类是应先出现的声明语句，他们主要是声明本函数中使用的一些变量，以及将要调用的函数；另一类语句就是实现本函数功能的执行语句，这类语句是函数体的主要内容。

(2)在函数定义中出现的形式参数用的名称无关紧要，只要符合标识符的规则即可，但是每一个参数的数据类型关键字，参数的位置先后，这决定函数调用时每个位置应提供什么类型的数据，类型一致的要求在编程中是很严格的。

5.2.2　函数的原型声明

函数的原型在语法上对程序文件中函数的排列次序是没有固定要求的，只要满足先定义后使用即可。但从结构化程序设计的角度来说，通常是先调用后定义。使用函数原型，则既符合由粗到精的思维方式，又满足了语法要求。

函数原型声明是一条以分号结束的语句，实际上就是所定义函数的函数头，形如：

<函数返回值类型>函数名（形参表）

其中形参表可以逐个列出每个参数的类型和参数名，也可以列出每个形参的类型，参数名可省略，各形参之间以逗号分隔。函数原型和所定义的函数必须在返回值类型、函数名、形参个数和类型及次序等方面完全对应一致，否则将导致编译错误。

【例5-1】 下面是一个通过函数原型说明来实现结构化程序设计思想中的开发的企业管理报表程序的框架的程序。

```
#include <iostream.h>
void menu_print();
void account_report();
void engineering_report();
void marketing_report();
void main()
{
    int choice;
    do
    {
        menu_print();
        cin>>choice;
    }while(choice<=0||choice>=4);
    switch(choice)
    {
    case 1: account_report(); break;
    case 2: engineering_report(); break;
    case 3: marketing_report(); break;
    }
}
void menu_print()
{
    cout<<"系统功能:"<<endl;
    cout<<"财务报表"<<endl;
    cout<<"工程报表"<<endl;
    cout<<"市场报表"<<endl;
    cout<<"选择业务序号:";
}
void account_report()
{
    //生成财务报表
}
```

```
void engineering_report()
{
    //生成工程报表
}
void marketing_report()
{
    //生成市场报表;
}
```

5.2.3　函数的调用

当完成函数的声明和定义之后，函数就可以被调用了。

函数的调用格式为：

函数名(实际参数表)；

括号中的实际参数表内容可能有，也可能没有。如果调用的是无参函数，则没有实际参数表。但是括号不能省略，参见例5-1中的account_report()等函数的调用。如果调用的函数是有参数的，则调用必须提供实际参数；如果有多个参数，则提供的多个参数之间用逗号隔开。注意，在提供的实际参数列表中，只要列出每个实际参数即可(可以是常量、具有值的变量或表达式)。不需要加值的数据类型关键字。这一点是函数调用格式与函数定义格式在参数写法上的区别。实际参数必须与函数定义首部中描述的形式参数在个数、类型、顺序各个方面严格一致。实际参数将与形式参数按顺序对应，一对一传递数据。函数调用能够以以下3种形式出现。

1. 函数语句

把函数调用单独作为一条语句，并不要求返回一个值，只是要求函数执行一个操作。

2. 函数表达式

函数调用出现在一个表达式中，将函数值作为一个参与表达式计算的数据，这时要求函数带回一个确定的值以参加表达式的计算。如：

```
M = 2 * min(a, b);          //赋值语句右边是典型的函数表达式
```

3. 函数参数

函数调用得到的值作为另一个函数调用的实际参数。例如：

```
M = min(a, min(b, c));      //min(b, c)是作为了函数的参数
```

【例5-2】　输入两个实数，输出其中较大的数。其中求两个实数中的较大数用函数完成。

```
#include <iostream.h>
float max(float x, float y)
{
    return(x >= y? x: y);
}
```

```
void main()
{
    float x, y;
    cout<<"输入两个实数:"<<endl;
    cin>>x>>y;
    cout<<x<<"和"<<y<<"中较大数为"<<max(x, y)<<endl;
}
```

5.2.4 函数调用机制

局部变量占用的内存是在程序执行过程中"动态"地建立和释放的。这种"动态"是通过栈由系统自动管理进行的。当任何一个函数调用发生时，系统都要作以下工作：

(1)建立栈空间。

(2)保护现场：主调函数运行状态和返回地址入栈。

(3)为被调函数中的局部变量分配空间，完成参数传递。

(4)执行被调函数函数体。

(5)释放被调函数中局部变量占用的栈空间。

(6)恢复现场：取主调函数运行状态及返回地址，释放栈空间。

(7)继续主调函数后续语句。

图 5－2 说明了在程序执行过程中怎样通过栈"动态"地建立和释放局部变量占用的内存。

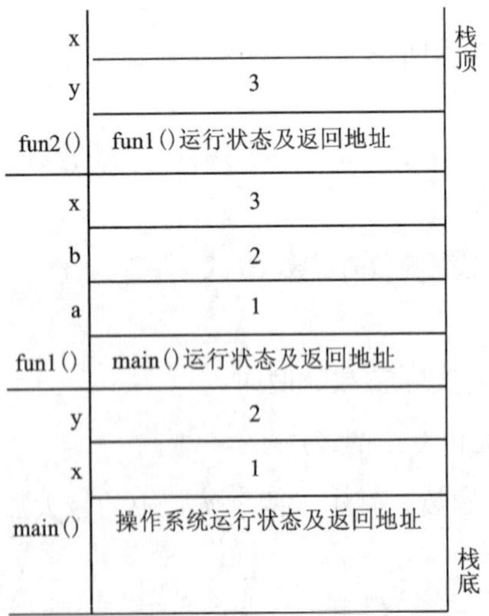


```
void fun1(int, int);
void fun2(float);
void main()
{
    int x=1;y=2;
    fun1(x, y);
}
void fun1(int a, int b)
{
    float x=3;
    fun2(x);
}
void fun2(float y)
```

图 5－2 栈"动态"地建立和释放局部变量占用的内存

5.3　参数传递

5.3.1　函数的参数传递及传值调用

函数调用首先要进行参数传递，参数传递的方向是由实参传递给形参。传递过程是，先计算实参表达式的值，再将该值传递给对应的形参变量。一般情况下，实参和形参的个数和排列顺序应一一对应，并且对应参数应类型匹配(赋值兼容)，即实参的类型可以转化为形参类型。而对应参数的参数名则不要求相同。

按照参数形式的不同，C++有两种调用方式：传值调用和引用调用。顾名思义，传值调用传递的是实参的值。而引用调用传递的是实参变量的地址。

【例5-3】 实参和形参对应关系示例。

```
#include <iostream.h>
#include <math.h>
float power(float x, int n)                    //求x的n次幂
{
    float pow=1;
    while(n--)
        pow*=x;
    return pow;
}
void main()
{
    int n=3;
    float x=4.6;
    char c='a';
    cout<<"power("<<x<<','<<n<<")="<<power(x, n)<<endl;
    cout<<"power("<<c<<','<<n<<")="<<power(c, n)<<endl;
    cout<<"power("<<n<<','<<x<<")="<<power(n, x)<<endl;
}
```

5.3.2　函数返回值

函数返回使用return语句，其一般格式为：

return <表达式>;

函数的返回值就是该表达式的函数值，如例5-4中的return sqrt(s*(s-a)*(s-b)*(s-c))，一般这样的表达式非常简短，只用一个return语句就把求值和返回都解决了。它可以是一个表达式也可以是一个值，如return S等。

函数的计算结果通过该语句传递回主调函数。

函数可以有返回值，也可以没有返回值。对于没有返回值的函数，功能只是完成一定操作，应将返回值类型定义为 void，函数体内可以没有 return 语句，当需要在程序指定位置退出时，可以在该处放置一个“return;”。

【例 5-3】函数没有返回值。

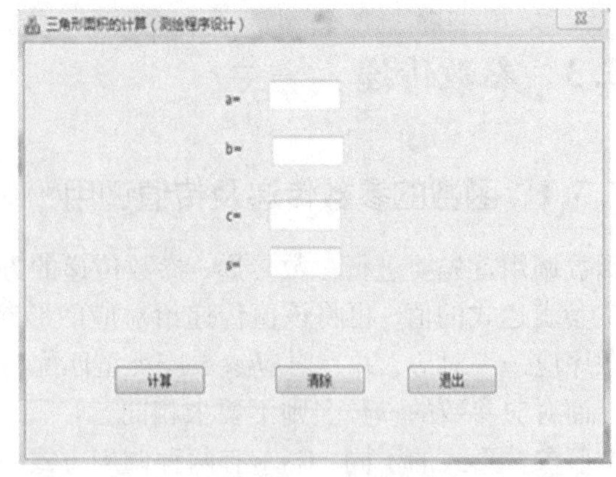

图 5-3 界面设计

```
void PrintHeader(bool bPrint)
{
    if(! bPrint) return;
}
```

【例 5-4】 设计一个根据三角形三边长求面积的函数。如果不能构成三角形，给出提示信息。

分析：函数为计算三角形面积，一般三角形返回面积值，若不能构成三角形则返回 -1。设计一个主函数完成函数测试，根据返回值情况输出相应结果。

函数界面设计如图 5-3 所示。

程序代码如下：

```
#include < math.h >
float ComTriAreaByThreeEage (float a, float b, float c)
{
    if ((a + b < = c)| |(a + c < = b)| |(b + c < = a))
    {
        return - 1;
    }
    float s;
    s = (a + b + c)/2;
    return sqrt(s * (s - a) * (s - b) * (s - c));
}
UpdateData(TRUE);
void main()
{
    s = ComTriAreaByThreeEage(a, b, c);
}
UpdateData(FALSE);
```

5.4　函数重载

5.4.1　函数重载的说明

在 C++ 中，如果需要定义几个功能相同，而参数类型不同的函数，那么这样的几个函数可以使用相同的函数名，这就是函数重载。例如求和函数，对应不同的参数类型，可以定义如下几个重载函数：

```
int sum( int a, int b)
double sum( double a, double b)
float sum( float a, float b, float c)
```

当某个函数中调用到重载函数时，编译器会根据实参的类型去对应地调用相应的函数。匹配过程按如下步骤进行：

(1) 如果有严格匹配的函数，就调用该函数；

(2) 参数内部转换后如果匹配，调用该函数；

(3) 通过用户定义的转换寻求匹配。

因此在定义重载函数时必须保证参数类型不同，仅仅返回值类型不同是不行的。函数重载的好处在于，可以用相同的函数名来定义一组功能相同或类似的函数，程序的可读性增强。

【例 5 -5】　求和重载函数 sum。

```
#include <iostream.h>
int sum(int a, int b)
{
    return a+b;
}
double sum(double a, double b)
{
    return a+b;
}
float sum(float a, float b, float c)
{
    return a+b+c;
}
void main()
{
    cout<<"3+5="<<sum(3, 5)<<endl;
    cout<<"2.2+5.6="<<sum(2.2, 5.6)<<endl;
    cout<<"3.5+4+8="<<sum(3.5, 4, 8)<<endl;
}
```

5.4.2 缺省参数

缺省参数指在定义函数时为形参指定缺省值(默认值)。这样的函数在调用时，对于缺省参数，可以给出实参值，也可以不给出参数值。如果给出实参，将实参传递给形参进行调用，如果不给出实参，则按缺省值进行调用。

缺省参数的函数调用：缺省实参并不一定是常量表达式，可以是任意表达式，甚至可以通过函数调用给出。如果缺省实参是任意表达式，则函数每次被调用时该表达式被重新求值。但表达式必须有意义。

因为缺省参数通过表达式给出，所以可以使用函数调用，如：

```
int fun1 (int a = rand());
```

参数 a 缺省时，可由随机数发生函数当场产生，编译时定的是调什么函数。

缺省参数可以有多个，但所有缺省参数必须放在参数表的右侧，即先定义所有的非缺省参数，再定义缺省参数。这是因为在函数调用时，参数自左向右逐个匹配，当实参和形参个数不一致时，只有这样才不会产生歧义。如：

```
int fun2 (int a, int b = 10, int c  = 20);
```

一个参数只能在一个文件被指定一次缺省实参，习惯上，缺省参数在公共头文件包含的函数声明中指定，否则缺省实参只能用于包含该函数定义的文件中的函数调用。例如：

```
int fun2 (int, int  = 10, int  = 20);      //函数原型中给出缺省值。参数名也可省略
void fun1 (){…}
int fun2(int a, int b, int c) {…}       //定义中不再给出缺省值
```

5.5 函数嵌套与递归

5.5.1 函数的嵌套调用

函数嵌套即为一个函数调用另一个函数。在 C++ 中不允许做嵌套定义，也就是说在一个函数定义中不能完整地包含另一个函数的定义。即下面的 f1 函数的定义体中又包含了 f2 函数的定义，这叫做嵌套定义，这是不允许的。

```
flaot f1 ( )                              //f1 函数的首部
{
    …                                     //f1 函数的其他部分
        int f2( int x, int y) {…}         //嵌套的 f2 函数定义，这是不允许的
    …                                     //f2 的其他部分
}
```

正确的每一个函数的定义应该是互相平行和独立的，如下面的形式：

```
flaot f1()                    //f1 函数的首部
{
    …
}                             //f1 函数的其他部分
int f2(int x, int y)          //平行的 f2 函数定义，这是不允许的
{
    …
}
```

在 C++ 中虽然不能嵌套定义函数，但是可以嵌套调用函数，即一个被调用的函数体中又可以出现函数调用语句，这就是函数的嵌套调用。如下面的 main( ) 函数调用了 f1，而 f1 又调用了 f2 函数：

```
viod main()
{…
    f1();                       //主函数调用 f1 函数
    }
    int f1()                    //定义 f1 函数
    {…
    f2();                       //f1 调用函数 f2
}
```

5.5.2 递归调用

递归可以看作是一种特殊的嵌套调用，它是一种描述问题的方法，或称算法。递归的思想可以简单地描述为“自己调用自己”。例如用如下方法定义阶乘：

$$N = \begin{cases} 1 & N = 0; \\ 1 & N = 1; \end{cases}$$

可以看出是用阶乘定义阶乘，这种自己定义自己的方法称为递归定义。

在函数调用中，有这样两种情况，一种是在函数 A 的定义中有调用函数 A 的语句，即自己调用自己；另一种是函数 A 的定义中出现调用函数 B 的语句，而函数 B 的定义中也出现调用函数 A 的语句，即相互调用。前者称直接递归，后者称间接递归。本节只介绍直接递归。递归函数必须定义递归终止条件(Stopping condition)，避免无穷递归(Infinite Recursion)。递归定义的阶乘算法用函数描述为：

```
fac(int n)
{
    if (n = =0||n = =1)
      return 1;
    else
      return n * fac(n - 1);
}
```

【例5-6】 求4! 注意只要设计主函数调用阶乘函数，即可实现计算阶乘。

```
#include <iostream.h>
int fac(int n)
{
    int y;
    cout<<n<<'\t'<<endl;
    if(n==0||n==1)  y=1;
    else y=n*fac(n-1);
    cout<<y<<'\t'<<endl;
    return y;
}
void main()
{
    cout<<"\n4! ="<<fac(4)<<endl;
}
```

递归函数的执行分为“递推”和“回归”两个过程，这两个过程由递归终止条件控制，即逐层递推，直至递归终止条件，然后逐层回归。每次调用发生时都首先判断递归终止条件。递归调用同普通的函数调用一样，每当调用发生时，在栈中分配单元保存返回地址以及参数和局部变量；而与普通的函数调用不同的是，由于递推的过程是一个逐层调用的过程，因此存在一个逐层连续的参数入栈过程，直至遇到递归终止条件时，才开始回归，这时才逐层释放栈空间，返回到上一层，直至最后返回到主调函数。

5.6 变量作用域

5.6.1 作用域

作用域是指标识符能够被使用的范围。只有在作用域内标识符才可以被访问(称为可见)。本节只讨论局部域和文件域(全局域)，其中局部域包括块域和函数原型域。任何标识符作用域的起始点均为标识符说明处。

1. 块域

块是指一对大括号括起来的程序段。块中定义的标识符，作用域在块内。复合语句就是一个块。复合语句中定义的标识符，作用域仅在该复合语句中。函数也是一个块。函数中定义的标识符，包括形参和函数体中定义的局部变量，作用域都在该函数内，也称作函数域。

【例5-7】 输入两数，按从大到小的顺序保存，并输出结果。

```
void main()
{
    int a, b;                          //具有函数域
    cout<<"输入两整数: "<<endl;
    cin>>a>>b;
    cout<<"a="<<a<<'\t'<<"b="<<b<<endl;
    if(b>=a)
    {
        int t;                         //具有块域
        t=a; a=b; b=t;                 //交换 a, b 的值
    }
    cout<<"a="<<a<<'\t'<<"b="<<b<<endl;
}
```

请大家在 VC++ 平台上运行该程序代码，输入的 a，b 值分别为 3 和 5，看看结果会怎样？是否在执行完代码后 a，b 值互换了？如果把代码改为下面的代码，结果又会怎么样？注意下面代码的变化。

```
void swap(int, int);
void main()
{
    int a, b;                          //a, b 作用域为 main()
    cout<<"输入两整数: "<<endl;
    cin>>a>>b;
    cout<<"调用前: 实参 a="<<a<<','<<"b="<<b<<endl;
    swap(a, b);                        //传值
    cout<<"调用后: 实参 a="<<a<<','<<"b="<<b<<endl;
}
void swap(int a, int b)
{                                      //a, b 作用域为 swap()
    cout<<"调用中…"<<endl;
    cout<<"交换前: 形参 a="<<a<<','<<"b="<<b<<endl;
    int t;
    t=a; a=b; b=t;                     //交换 swap()中的 a, b 的值
    cout<<"交换后: 形参 a="<<a<<','<<"b="<<b<<endl;
}
```

在 VC++ 平台运行，结果如下：

输入两整数：3，5

调用前：实参 a=3，b=5

调用中…

交换前：形参 a=3，b=5

交换后：形参 a=5，b=3

调用后：实参 a=3，b=5

局部变量具有局部作用域使得程序在不同块中可以使用同名变量。这些同名变量各自在自己的作用域中可见，在其他地方不可见。对于块中嵌套其他块的情况，如果嵌套块中有同名局部变量，服从局部优先原则，即在内层块中屏蔽外层块中的同名变量，换句话说，内层块中局部变量的作用域为内层块；外层块中局部变量的作用域为外层除去包含同名变量的内层块部分。

如果块内定义的局部变量与全局变量同名，块内仍然局部变量优先，但与块作用域不同的是，在块内可以通过域运算符::访问同名的全局变量。

【例 5-8】 显示同名变量可见性。

```
int n=100;
#include <iostream.h>
void main()
{
    int i=200, j=300;
    cout<< n<<'\t'<<i<<'\t'<<j<<endl;
    {
                                                    //内部块
        int i=500, j=600, n;
        n=i+j;
        cout<< n<<'\t'<<i<<'\t'<<j<< endl;          //输出局部变量 n
        cout<<::n<<endl;                            //输出全局变量 n
    }
    n=i+j;                                          //修改全局变量
    cout<< n<<'\t'<<i<<'\t'<<j<< endl;
}
```

2. 函数原型作用域

函数原型不是定义函数，在作函数原型声明时，其中的形参作用域只在原型声明中，即作用域结束于右括号。正是由于形参不能被程序的其他地方引用，所以通常只要声明形参个数和类型，形参名可省略。

3. 文件作用域

文件作用域也称全局作用域。定义在所有函数之外的标识符，具有文件作用域，作用域为从定义处到整个源文件结束。文件中定义的全局变量和函数都具有文件作用域。如果某个文件中说明了具有文件作用域的标识符，该文件又被另一个文件包含，则该标识符的作用域延伸到新的文件中。如 cin 和 cout 是在头文件 iostream.h 中说明的具有文件作用域的标识符，它们的作用域也延伸到嵌入 iostream.h 的文件中。

5.6.2　变量的存储类型

存储类型决定了变量的生命期，变量生命期指从获得空间到空间释放之间的时期。存储类型的说明符有四个：auto，register，static 和 extern。前两者称为自动类型，后两者分别为静态和外部类型。本节重点掌握 static 和 extern 这两种类型的使用和区别。具体说，区分局部变量和静态局部变量，全局变量和静态全局变量。

auto：前面提到的局部变量都是自动类型。其空间分配于块始，空间释放于块终，且由系统自动进行。自动变量保存在栈中，且是在程序运行过程中获得和释放空间，未初始化时值为随机数。

register：为提高程序运行效率，可以将某些变量保存在寄存器中，即说明为寄存器变量，但不提倡使用。

static：静态变量。根据被修饰变量的位置不同，分为局部（内部）静态变量和全局（外部）静态变量。所有静态变量均存放在全局数据区，编译时获得存储空间，未初始化时自动全0，且只初始化一次。

局部静态变量的作用域为块域，但生命期为整个文件。即当块结束时，局部静态变量空间仍然保持，直到整个程序文件结束时该局部静态变量空间才释放，生命期结束。

【例5.9】　自动变量与局部静态变量的区别。

```
int st()
{
    static int t = 100;                //局部静态变量
    t + +;
    return t;
}
int at()
{
    int t = 100;                       //自动变量
    t + +;
    return t;
}
void main()
{
    int i;
    for(i = 0; i < 5; i + +)
    {
        cout < < at() < < '\t';
    }
    cout < < endl;
    for(i = 0; i < 5; i + +)
    {
        cout < < st() < < '\t';
    }
    cout < < endl;
}
```

5.6.3 外部存储类型与静态存储类型

一个C++程序可以由多个源程序文件组成，而编译系统将这些若干个文件连接在一起，产生可执行程序。则外部存储类型和静态存储类型确定了变量和函数在多文件程序中的联络关系。

1. 外部存储类型

如何实现一个文件使用另一个文件中定义的全局变量或函数？在一个文件中定义的全局变量和函数都缺省为外部的，即其作用域可以延伸到程序的其他文件中。但其他文件如果要使用这个文件中定义的全局变量和函数，必须在使用前用extern作外部声明，外部声明通常放在文件的开头。

说明：

(1)变量定义时编译器为其分配存储空间，而变量声明指明该全局变量已在其他地方说明过，编译系统不再分配存储空间，直接使用变量定义时所分配的空间。

(2)函数声明缺省为外部的，因此修饰词extern通常省略。

【例5-10】 外部存储类型的例子。假定程序包含两个源程序文件Ex5_10_1.cpp和Ex5_10_2.cpp，程序结构如下：

```
#include <iostream.h>
void fun2();                                    //外部函数声明, 等价于 extern void fun2();
int n; //全局变量定义
void main()
{
    n=1;
    fun2(); // fun2()定义在文件 Ex5_10_2.cpp 中
    cout<<"n="<<n<<endl;
}
/* Ex5_11_2.cpp, 由 fun2()组成 */
extern int n;                                   //外部变量声明, n 定义在文件 Ex5_10_1.cpp 中
void fun2()
{
                                                //fun2()被文件 Ex5_10_1.cpp 中的函数调用
    n=3;
}
```

上面代码的运行结果：n=3。

2. 静态存储类型

静态存储类型包括静态全局变量和静态函数。在定义全局变量或函数时加说明符static，就成为静态变量或静态函数。静态存储类型的作用域与外部存储类型相反，一旦定义为静态存储类型，就限制该变量或函数只能在定义它的文件中使用。静态全局变量在编译时分配存储空间，如果定义时不指定初值，则编译系统将其初始化为全0。

一个全局变量和一个静态全局变量在使用上是不同的，其他文件通过外部变量声明可以使用一个全局变量，但却无法使用静态全局变量，静态全局变量只能被定义它的文件所独享。函数与静态函数之间的区别是相同的。

5.6.4　生命期与可见性

1. 生命期

生命期(life time)也叫生存期。生命期与存储区域相关，存储区域分为代码区、静态数据区、栈区和堆区，相应地，生命期分为静态生命期、局部生命期和动态生命期。

(1)静态生命期

静态生命期指的是标识符从程序开始运行时存在，即具有存储空间，到程序运行结束时消亡，即释放存储空间。具有静态生命期的标识符存放在静态数据区，属于静态存储类型，如全局变量、静态全局变量、静态局部变量。具有静态生命期的标识符在未被用户初始化的情况下，系统会自动将其初始化为全 0。

函数驻留在代码区，也具有静态生命期。所有具有文件作用域的标识符都具有静态生命期。

(2)局部生命期

在函数内部或块中定义的标识符具有局部生命期，其生命期开始于执行到该函数或块的标识符声明处，结束于该函数或块的结束处。具有局部生命期的标识符存放在栈区。如果它未被初始化，其内容是随机的，不可用。具有局部生命期的标识符必定具有局部作用域；但反之不然，静态局部变量具有局部作用域，但却具有静态生命期。

(3)动态生命期

具有动态生命期的标识符由特定的函数调用或运算来创建和释放，如调用 malloc( )或用 new 运算符为变量分配存储空间时，变量的生命期开始，而调用 free( )或用 delete 运算符释放空间或程序结束时，变量生命期结束。具有动态生命期的变量存放在堆区。

2. 可见性

可见性从另一个角度说明标识符的有效性，可见性与作用域具有一定的一致性。标识符的作用域包含可见范围，可见范围不会超过作用域。可见性在理解同名标识符的作用域嵌套时十分直观。对于外层块与内层块定义了同名标识符的，在外层作用域中，内层所定义的标识符是不可见的，即外层引用的是外层所定义的标识符；同样，在内层作用域中，外层的标识符将被内层的同名标识符屏蔽，变得不可见，即外层中同名标识符的可见范围为作用域中挖去内层块的范围。

图 5 -4 显示了作用域与可见性的含义。

<table>
<tr>
<td><pre>int m=1;
float x;
 {
    float m=3.5
     x=5.5
 }
m++</pre></td>
<td>int m, float x作用域
int m可见
float m不可见
x可见</td>
</tr>
</table>

图 5 -4　作用域与可见性

5.7 测绘程序举例

本节包含了方位角计算函数、二维距离计算函数、三维距离计算函数、由三角形顶点坐标求内角、三点外接圆的圆心坐标计算。

【例 5-11】 设计一个计算方位角的程序。

参数说明：X1，Y1，X2，Y2 是已知的两点的坐标。

```
#include"math.h"
const double EPSILON = 1.0E - 10;
const double PI=3.1415926535897932;                    //符号常数
int sgn(double x)
{
    if (x > =0)
        return(1);                                      //非负则返回
    else
        return( - 1);
}
//求两点的方位角
double Azimuth(const double&X1, const double &Y1, const double &X2, const double &Y2)
{
    double dx, dy;
    dx = X2 - X1;
    dy = Y2 - Y1 + EPSILON;
    return PI - sgn(dy) * PI/2 - atan(dx / dy);
}
```

【例 5-12】 已知两点的坐标，请设计一个计算两点间距离的函数。注意：点可能是二维的，也有可能是三维的。

参数说明：X1，Y1，X2，Y2，是平面两点的坐标，X1，Y1，Z1，X2，Y2，Z2 是空间两点的坐标，d 是两点之间的距离。

```
#include"math.h"
// 求平面上两点间距离
double Dist(double X1, double Y1, double X2, double Y2)
{
    double d;
    d = sqrt((X2 - X1) * (X2 - X1) + (Y2 - Y1) * (Y2 - Y1));
    return d;
}
//重载，求空间上两点间距离
```

```
double Dist(double X1, double Y1, double Z1, double X2, double Y2, double Z2)
{
    double d;
    d = sqrt((X2 - X1) * (X2 - X1) + (Y2 - Y1) * (Y2 - Y1) + (Z2 - Z1) * (Z2 - Z1));
    return d;
}
```

【例 5-13】 已知三角形的三个顶点，求三角形的三个内角。

参数说明：Xa，Ya，Xb，Yb，Xc，Yc 是三角形的三个顶点坐标。a，b，c 为输出的三个内角，其单位是弧度。

```
#include"math.h"
void GetInnerAngle(double Xa, double Ya, double Xb, double Yb, double Xc, double Yc,
                   double &a, double &b, double &c);
{
    double Sa, Sb, Sc, cosa, cosb, cosc;
    Sa = sqrt((Xc - Xb) * (Xc - Xb) + (Yc - Yb) * (Yc - Yb));
    Sb = sqrt((Xc - Xa) * (Xc - Xa) + (Yc - Ya) * (Yc - Ya));
    Sc = sqrt((Xb - Xa) * (Xb - Xa) + (Yb - Ya) * (Yb - Ya));
    cosa = (Sb * Sb + Sc * Sc - Sa * Sa)/(2 * Sb * Sc);
    cosb = (Sa * Sa + Sc * Sc - Sb * Sb)/(2 * Sa * Sc);
    cosc = (Sa * Sa + Sb * Sb - Sc * Sc)/(2 * Sa * Sb);
    a = acos(cosa);
    b = acos(cosb);
    c = acos(cosc);
}
```

【例 5-14】 已知外接圆上的三点坐标，设计一个程序来计算外接圆的圆心坐标。

参数说明：X1，Y1；X2，Y2；X3，Y3 已知的三点坐标。X0，Y0 圆心坐标(输出)。

```
#include"math.h"
void CycleCenter(double X1, double Y1, double X2, double Y2, double X3, double Y3, double& X0, double&
Y0)
{
    double a, b, c, g;
    a = X1 * X1 + Y1 * Y1;
    b = X2 * X2 + Y2 * Y2;
    c = X3 * X3 + Y3 * Y3;
    g = (Y3 - Y2) * X1 + (Y1 - Y3) * X2 + (Y2 - Y1) * X3;
    X0 = ((b - c) * Y1 + (c - a) * Y2 + (a - b) * Y3)/(2 * g);
    Y0 = ((b - c) * X1 + (c - a) * X2 + (a - b) * X3)/(2 * g);
}
```

5.8 小结

我们在实参和形参之间传递数据时，可以通过值的调用，引用调用以及地址调用。但是我们必须明白值的调用时，形参是复制实参，而引用调用是没有复制，直接用实参参加计算。

(1)递归是一种解决问题的强大技术，使用该技术时，函数可以通过调用本身来解决问题；

(2)通过函数的重载，只要是采用不同的参数集，多个函数也能够以相同的名称来定义；

(3)在我们使用变量时，我们必须特别注意变量的生存期。

第 6 章　面向对象编程

前面我们所讲的程序都是由一个个函数组成，我们可以称其为面向过程的结构化程序。从本章起将进入面向对象程序设计学习的实质阶段，将引入 C++ 的类(class)和对象(object)的概念，建立“函数也可以是数据类型的成员”的思想。C++ 中引入了 class 关键字来定义类，类是一种数据类型，它是 C++ 支持面向对象程序设计的基础，类定义了属于该类的所有对象的共同特征。

6.1　面向对象编程的思想与基本概念

一个面向对象的程序是将数据和处理数据的函数封装到一个类(class)中，而以类作为数据类型定义的变量称为对象(object)。在一个对象里面，只有属于该对象的函数才可以存取该对象的私有数据，而其他函数不能对它进行操作，从而达到数据保护和隐藏的效果。在面向对象的程序中，是使用对象、类继承、封装、消息等概念进行程序设计的。

面向对象程序设计是以对象作为程序的整体。对象是数据和操作的封装体，封装是面向对象程序设计最基本的特性，它把数据(属性)和函数(操作)合成一个整体。下面我们先介绍面向对象的基本概念。

1. 对象与消息

我们在第一章的 1.1.2 节中曾简单地介绍过对象、消息、类的基本概念。对象是指现实世界中具体存在的实体。每一个对象都有自己的属性，属性反映了对象自身状态的变化，表现为当前的属性值。

方法是用来描述对象动态特征的一个操作序列。如实现角度的转换，对控制点的搜索等。而消息是用来请求对象执行某一操作或回答某些信息的要求，实际上是一个对象调用另一个对象。

2. 类

类(class)是具有相同属性和方法的一组对象的集合，它为属于该类的全部对象提供统一的抽象描述。在系统中通常有很多相似的对象，他们具有相同的名称和类型的属性、响应相同的消息、使用相同的方法。对每个这样的对象单独进行定义是很浪费的，因此将相似的对象分组形成一个类，每个这样的对象被称为类的一个实例，一个类中的所有对象共享一个公共的定义，尽管它们对属性所赋予的值不同。例如，所有的学生构成学生类，所有的商店构成商店的类等。类的概念是面向对象程序设计的基本概念，通过它可以实现程序的模块化设计。

3. 封装

封装(encapsulation)是把数据属性和函数操作结合成一个整体，构成独立的单元，它的内部信息对外界是隐蔽的，不允许外界直接存取对象的属性，只能通过有限的接口和对象发生联系。类是封装的工具，对象是封装的实现。类的访问控制机制体现在类的成员中可以是公有成员、私有成员和保护成员。对外界而言，只需要知道对象所表现的外部行为，而可以不了解内部的实现。

4. 继承

继承(Inheritance)反映的是类与类之间抽象级别的不同，根据继承与被继承的关系，可分为基类和衍类，基类也称为父类，衍类也称为子类，这正如继承这个词的字面含义一样，子类将从父类那里获得所有的属性和方法，并且可以对这些获得的属性和方法加以改造，使之具有自己的特点。一个父类可以派生出多个子类，每个子类都可以通过继承和改造获得自己的一套属性和方法，由此父类表现出的是共性和一般性，子类表现出的是个性和特性，父类的抽象级别高于子类。继承具有传递性，子类又可以派生出下一代孙类，相对于孙类，子类将成为其父类，具有较孙类高的抽象级别。继承反映的是类与类之间的这种关系，使得程序设计人员可以在已有的类的基础上定义和实现新类，可以有效地支持软件构建和复用，使得当需要在系统中增加新特征时所需要的新代码最少。

5. 多态性

不同的对象收到相同的消息产生不同的动作，这种功能称为多态性(polymorphism)，将多态的概念应用于面向对象程序设计，增强了程序对客观世界的模拟性，使得对象程序具有了更好的可读性，更易于理解，而且显著提高了软件的可复用性和可扩充性。

面向对象程序用类、对象的概念直接对客观世界进行模拟，客观世界中存在的事物、事物所具有的属性、事物间的联系均可以在面向对象程序设计语言中找到相应的机制，面向对象程序设计方法采用的这种方式是合理的，它符合人们认识事物的规律，改善了程序的可读性，使人机交互更加贴近自然语言，这与传统程序设计方法相比是一个很大的进步。

6.2 结构体

6.2.1 结构体类型的定义

结构体就是将不同种类型的数据有序地组合在一起，构造出一个新的数据类型，因此可以说结构体是多种类型组合的数据类型。结构体类型的一般定义形式为：

```
struct 结构体类型名
{
    成员列表
};
```

其中 struct 为定义结构体类型的关键字，而结构体类型名可以是用户定义的任何有效的标识符，成员列表是对其各成员的数据类型的说明，即：类型名、成员名。值得注意的是在整个结构体定义的末尾不要忘记“;”，它是作为结构体的结束符。

例如，一个学生的信息包括学号、姓名、性别以及家庭住址等。

```
struct student
{
    int num;
    char name[20];
    char sex;
    char addr[30];
};
```

这样就定义了类型名为 student 的结构体，它向编译系统声明：这是一种结构体，它包含了 4 个成员，一个是 int 类型的变量 num 表示学号；一个是长度为 20 的字符数组 name 表示学生的姓名；一个是字符变量 sex 表示学生的性别；还有一个也是字符数组表示学生的住址。

6.2.2　结构体变量的定义

结构体类型定义说明了一个结构体数据的“模式”，即描述了这一类型数据的框架，但不定义“实物”。如果在程序中要实际使用该结构体类型的具体对象，就必须定义结构体类型的变量。

要定义一个结构体类型的变量，可以采用以下 3 种方法：

1. 先定义结构体类型再定义变量名

struct 结构体类型名变量名；

其中结构体类型名是已经定义的结构体类型；而变量名可以是用户自己命名的任何有效的字符，用户用它来表示结构体类型的变量。

上面已经定义了一个结构体类型 student，我们可以用它来定义变量。例如：

```
struct student    student1, student2;
```

注意：结构体类型只是一种数据类型，不占内存空间，只有定义结构体类型变量时才开辟内存空间。

2. 在定义类型的同时定义变量

在定义结构体类型的同时定义相应的结构体变量。形如：

```
struct student
{
int num;
    char name[20];
    char sex;
    char addr[30];
} student1, student2;
```

它的作用与前面定义的相同。只是它们的表现形式不同而已。

3. 直接定义结构体类型变量

在定义结构体时，不出现结构体类型名，这种形式虽然简单，但是不能在再次需要定义该类型的变量时使用所定义的结构体类型，例如：

```
struct
{
int num;
    char name[20];
    char sex;
    char addr[30];
} student1, student2;
```

在这里对结构体说明两点：

(1)结构体类型的变量在内存依照其成员的顺序排列，所占内存空间的大小是其全体成员所占空间的总和。

(2)在进行编译时，系统仅对变量分配空间，不对类型分配空间。

6.2.3 结构体变量的引用

对于结构体变量的引用有两种方式：通过结构体变量名或指向结构体变量的指针引用变量成员。与之对应的标记形式也有两种，分别是用运算符. 和 -> 表达。而结构体中各个成员可以单独地引用和赋值，它们的作用与变量等同。

1. 用结构体变量名引用成员

其格式为：变量名. 成员名

例如，student1. num 表示引用结构体变量 student1 中的 num 成员，因为它是 int 类型，所以可以对它进行任何的 int 型变量可以进行的运算。

```
student1.num =15;
```

2. 用指向结构体变量的指针引用其成员

其格式为：指针变量名 -> 成员名

一个指向结构体变量的指针就是该变量所占据的内存段的起始地址。如果要通过结构体变量的指针来引用结构体变量的成员，必须使用“ -> ”运算符。

```
struct student
{intx, y; }stu1, * stu2;
stu2 -> x =12;
```

上面的结构体定义了一个结构体变量和一个指向该结构体变量的指针，然后对变量 stu2

的成员 x 进行赋值。

关于结构类型变量的使用，说明以下几点：

(1)结构体的成员可以是另一个结构体类型。例如以下代码段是允许的。

```
struct student                  struct date
{                               {
    int num;                        int month;
    char name[20];                  int day;
    struct date birthday;           int year;
};                              };
```

(2)成员名可以与程序中的变量名相同，二者分别占用不同的内存单元，互不干扰。例如，在程序中已经有了以上代码段仍可以定义变量 int num;。

(3)同类型的结构体变量之间可以直接赋值。这种赋值等同于各个成员的依次赋值。

(4)结构体变量不能直接进行输入输出，它的每一个成员能否直接进行输入输出，取决于其成员的类型，若是基本类型或是字符数组，则可以直接输入输出。

(5)结构体变量可以作为函数的参数，函数也可以返回结构体的值。当函数的形参与实参为结构体类型的变量时，这种结合方式属于值调用方式，即属于值传递。

6.3　类的创建与使用

6.3.1　类的定义

类是一种复杂的数据类型，它是将不同类型的数据和与这些数据相关的运算封装在一起的集合体，从而使类中的数据得到很好的“保护”。

类的定义格式：

```
class 类名
{
    private:
    成员数据的声明或成员函数的原型;
    public:
    成员数据的声明或成员函数的原型;
    protected:
    成员数据的声明或成员函数的原型;
};
```

关键字 class 引导类的声明，接着就是类的名字。类体被括在大括号内，它支持两种数据类型的成员，一是数据成员，它描述问题的属性；二是成员函数，它描述的是问题的行为。最后以“;”结尾。

类中不仅可以包含函数声明，也可以包含函数的完整定义。类中的函数可以根据需要写得很长或很复杂。类中声明的变量属于该类，某些情况下，变量可以被该类的不同实例所共享。关键字 public，private 和 protected 表示类成员的访问权限，表明类成员在类外部的可见性。

类成员有 3 种不同的访问权限：公有(public)成员可以在类外访问；私有(private)成员只能被该类的成员函数访问；保护(protected)成员只能被该类的成员函数或派生类的成员函数访问。有关基类和派生类的概念将在 6.5 节中介绍。数据成员通常是私有的。这样类内部的数据结构整个隐蔽在类中，在类的外部根本无法看到，这使得数据得到很好的保护，也不会对该类以外的其余部分造成影响，程序模块之间的相互作用被降低到最小。而成员函数通常是公有的。公有的成员函数可以在类外被访问，这也被称为类的外界接口，来自类外部的访问通过这种接口来进行。

类定义的成员与它们在类中出现的先后顺序无关，并且允许出现多次。若私有部分处于类体的最开始，关键字 private 可以省略。

下面是类的一个实例，它只写出了类成员函数的声明，未写出成员函数的实现。

```
class Student
{
    char Name[20];
    float Math;
    float Chinese;
public :
    float average;
    void SetName(char  * name);
    void SetMath(float math);
    void SetChinese(float ch);
protected:
    float GetAverage(void);
};
```

注意在类的外部实现类的成员函数时，前面必须加上“类名::”，以说明所定义的函数是哪一个类的成员。“::”称为作用域运算符。

在定义一个类时，要注意如下几点：

(1)类具有封装性，并且类只是定义了一种结构(样板)，所以类中的任何成员数据均不能使用关键字 extern，auto 或 register 限定其存储类型。

(2)在定义类时，只是定义了一种导出的数据类型，并不为类分配存储空间，所以，在定义类中的数据成员时，不能对其初始化。

下面的 Test 类就说明了这点：

```
class Test
{
    int x=5, y=6;                   //是不允许的
    extern float x;                 //是不允许的
}
```

在 C++ 语言中，结构体类型只是类的一个特例。结构体类型与类的唯一的区别在于：在类中，其成员的缺省的存取权限是私有的；而在结构体类型中，其成员的缺省的存取权限是公有的。

6.3.2　类对象的创建与使用

定义了类以后，就可以定义以类为数据类型的变量，这种变量称为对象。类定义仅仅提供了一种数据类型定义，其语法地位等同于结构体类型的定义。类定义本身不占用存储空间，只有在定义了以类为数据类型的变量后，系统才会为变量分配存储空间。对象是类的实例，在定义对象之前，一定要先说明该对象的类。

1. 对象定义

对象定义的形式如下：

　　类名对象名表;

其中对象名表代表有多个对象名，各个对象之间以逗号分隔。例如在 6.3.1 中定义了一个 student 的类，则我们可以定义名为 stu1，stu2 的对象，其语句为：

```
student stu1, stu2;
```

2. 对象成员的引用

对象成员包括对象所属类中定义的数据成员和成员函数。已经知道，结构体变量通过“.”运算符访问其数据成员，对象成员的引用形式与结构体变量成员的引用形式相同，其具体形式为：

　　对象名.数据成员名(或成员函数名)

例如在上面定义了一个 stu1 对象，我们就可以用 stu1.SetMath 来调用 stu1 对象的 void SetMath(float math)函数。

但是我们要注意的是用成员选择运算符“.”只能访问对象的公有成员，而不能访问对象的私有成员或保护成员。若要访问对象的私有的数据成员，只能通过对象的公有成员函数来获取。上面已经定义过对象 stu1，而下面这种访问是不允许的：

```
stu1.math=91.5;
```

而同类型的对象之间可以整体赋值，这种赋值与对象的成员的访问权限无关。

6.3.3 成员函数

前面我们已经讲过成员函数与成员数据的定义不分先后，可以在类的内部定义成员函数的函数体；也可以先说明函数原型，再在类体外定义函数体。

其中在类外定义函数体的格式为：

```
<type> <class_name> :: <func_name> (<参数表>)
{
    …… //函数体
}
```

【例6-1】 定义成员函数。下面是一个在类内部定义成员函数函数体的实例。

```
class A
{
    float x, y;
public:
    void Setxy(float a, float b)
    { x = a; y = b; }
    void Print(void)
{cout < <x < <'\t' < <y < <endl; }
};
```

【例6-2】 在类外定义成员函数的函数体。

```
class A
{
    float x, y;
public:
    void Setxy(float a, float b);
    void Print(void);
};
void A:: Setxy(float a, float b)
{
    x = a; y = b;
}
void A:: Print(void)
{
    cout < <x < <'\t' < <y < <endl;
}
```

在上述定义中要注意以下几个问题：

(1)函数的返回值，类型一定要与函数声明时的类型相匹配。

(2)在定义成员函数时，对函数所带的参数，仅仅说明它的类型是不够的，还需要指出它的参数名。

6.3.4　内联函数

我们知道当定义一个类时，可以在类中直接定义函数体。这时成员函数在编译时是作为内联函数来实现的。内联函数在编译时直接插入代码，无需通过地址寻找，做压栈出栈等操作，因此运行效率非常高。

同时，我们也可以在类体外定义类的内联成员函数，在类体内说明函数；也可以在类体内定义，在类体外定义时，在成员函数的定义前面加上关键字 inline。在类体内说明我们已经讲过，下面我们用实例来说明一下。

【例 6-3】 内联函数的体外定义。

```
class A
{
    float x, y;
public:
    void Setxy(float a, float b);
    void Print(void);
};
inline void A:: Setxy(float a, float b)
{
    x = a;
    y = b;
}
inline void A:: Print(void)
{
    cout < <x < <'\t' < <y < <endl;
}
```

6.3.5　构造函数与析构函数

1. 构造函数

数据成员多为私有的，要对它们进行初始化，必须用一个公有函数来进行。同时这个函数应该在且仅在定义对象时自动执行一次，这种函数被称为构造函数。构造函数是一种特殊的成员函数，与其他成员函数不同，不需要用户来调用它，而是在建立对象时自动执行。构造函数的名字必须与类名同名，而不能由用户任意命名，以便编译系统能识别它并把它作为构造函数处理。它不具有任何类型，不返回任何值。构造函数的功能是由用户定义的，用户根据初始化的要求设计函数体和函数参数。

在前面我们已经讲过以下几种数据类型的初始化方法：

(1)简单类型变量的初始化方法

```
int x = 5;
float y = 10.0;
```

(2)数组的初始化

```
float a[ ] = {10.5, 11, 21.0, 30.0};
char str[ ] = "China";
```

(3)结构体变量的初始化

```
struct Triangle
{
float a, b, c;
};
Triangle Tri = {30, 40, 50};
```

类定义中有私有成员(无论是数据成员还是函数成员)，则无法直接初始化，因为类并不是一个实体，而是一种抽象类型，并不占存储空间，显然无处容纳数据。对于类对象的初始化方法就是构造函数。

【例 6-4】 下面这样初始化类对象就会造成编译错误，这是不允许的。

```
Class CTrianle
{
private:
    int a, b, c;
public:
    ……
};
int main(int argc, char * argv[ ])
{
    int x;
    CTrianle Tri = {30, 40, 50};
}
```

而正确的初始化类对象如例 6-5 所示。

【例 6-5】 类对象正确的初始化实例。

```
Class CTriangle
{
private:
    int a, b, c;
public:
    CTriangle(double x, double y, double z)
    {
        a = x;
        b = y;
        c = z;
    }
    CTriangle(void);
    ~CTriangle(void);
}
```

构造函数的几点说明：

(1)函数名与类名相同。

(2)构造函数无函数返回类型说明。注意是没有而不是 void，即什么也不写，也不可写 void！实际上构造函数有返回值，返回的就是构造函数所创建的对象。

(3)在程序运行时，当新的对象被建立，该对象所属的类的构造函数自动被调用，在该对象生存期中也只调用这一次。

(4)构造函数可以重载，但要满足重载的规则。

(5)构造函数可以在类中定义，也可以在类外定义。

(6)如果类说明中没有给出构造函数，则 C++ 编译器自动给出一个缺省的构造函数：类名(void) {}，但只要我们定义了一个构造函数，系统就不会自动生成缺省的构造函数。

(7)构造函数的参数可以有缺省值。

构造函数与 new 运算符之间有着紧密的联系，我们知道可以使用 new 运算符来动态地建立对象。建立时要自动调用构造函数，以便完成初始化对象的数据成员。最后返回这个动态对象的起始地址。用 new 运算符产生的动态对象，在不再使用这种对象时，必须用 delete 运算符来释放对象所占用的存储空间。

【例 6-6】 用 new 动态开辟对象空间。

```
class A
{
    float x, y;
public:
    A(float a, float b){x = a; y = b; }
    A(){x = 0; y = 0; }
    void Print(void){cout < < x < < '\t' < < y < < endl; }
};
```

```
void main(void)
{
    A *pa1, *pa2;
    pa1 = new A(3.0, 5.0);          //用new动态开辟对象空间, 初始化
    pa2 = new A;                    //用new动态开辟空间, 调用构造函数初始化
    pa1 -> Print();
    pa2 -> Print();
    delete pa1;                     //用delete释放空间
    delete pa2;                     //用delete释放空间
}
```

2. 析构函数

构造函数和析构函数是在类体中说明的两种特殊的成员函数。构造函数是在创建对象时，使用给定的值来将对象初始化。析构函数的功能正好相反，即在对象的生命期结束时，释放系统为对象所分配的空间，即要撤销一个对象。

析构函数也是类的成员函数，定义析构函数的格式为：

```
ClassName:: ~ClassName()
{
    函数体;
}
```

同样析构函数也有几点值得注意的地方：

(1)析构函数名与类名相同，但在前面加上字符~，如~CTrianle()。

(2)析构函数无函数返回类型，与构造函数在这方面是一样的。但析构函数不带任何参数。

(3)一个类有一个也只有一个析构函数，这与构造函数不同。析构函数可以缺省。

(4)对象注销时，系统自动调用析构函数。

在定义一个对象时，系统会给出一个析构函数。但是我们有的时候，在程序的执行过程中，对象如果用new运算符开辟了空间，则在类中应该定义一个析构函数，并在析构函数中使用delete删除由new分配的内存空间。因为在撤消对象时，系统自动收回为对象所分配的存储空间，而不能自动收回由new分配的动态存储空间。

【例6-7】 重写析构函数实例。

```
class Str
{
    char *Sp; int Length;
public:
    Str(char *string)
    {
        if(string)
        {
            Length = strlen(string);
```

```
                Sp = newchar[ Length + 1 ];
                strcpy(Sp, string);
                }
            else Sp = 0;
        }
        ~ Str()
        {
            if(Sp)delete [ ]Sp;
        }
    void Show(void){cout < < Sp < < endl; }
    };
    void main(void)
    {
        Str s1("Study C++ ");
        s1.Show();
    }
```

用 new 运算符为对象分配动态存储空间时，调用了构造函数，用 delete 删除这个空间时，调用了析构函数。当使用运算符 delete 删除一个由 new 动态产生的对象时，它首先调用该对象的析构函数，然后再释放这个对象占用的内存空间。

下面归纳一下什么时候调用构造函数和析构函数：

(1)在全局范围中定义的对象(即在所有函数之外定义的对象)，它的构造函数在文件中的所有函数(包括 main 函数)执行之前调用。但如果一个程序中有多个文件，而不同的文件中都定义了全局对象，则这些对象的构造函数的执行顺序是不确定的。当 main 函数执行完毕或调用 exit 函数时(此时程序终止)，调用析构函数。

(2)如果定义的是局部自动对象(例如在函数中定义对象)，则在建立对象时调用其构造函数。如果函数被多次调用，则在每次建立对象时都要调用构造函数。在函数调用结束、对象释放时先调用析构函数。

(3)如果在函数中定义静态(static)局部对象，则只在程序第一次调用此函数建立对象时调用构造函数一次，在调用结束时对象并不释放，因此也不调用析构函数，只在 main 函数结束或调用 exit 函数结束程序时，才调用析构函数。

3. 拷贝构造函数

在建立对象时可用同一类的一个对象来初始化另一个对象，这时所用的构造函数称为拷贝初始化构造函数，简称为拷贝构造函数。

有三种情况时我们使用到了拷贝构造函数：

(1)以类对象作为函数参数传值调用时。

(2)函数返回值为类对象。

(3)用一个已定义的对象去初始化一个新对象时。

拷贝构造函数的定义格式如下：

类名:: 拷贝构造函数名(const 类名 & 对象名){ 函数体; }

拷贝构造函数与类同名，const 是类型修饰符，被其修饰的对象是个不能被更新的常量。例如矩阵类中的拷贝函数：

```
ClassCMatrix
{
    ......
    CMatrix (const CMatrix& m) ;
}
```

如果没有定义完成拷贝功能的构造函数，编译器自动生成一个隐含的完成拷贝功能的构造函数，依次完成类中对应数据成员的拷贝。但是，当类中的数据成员中使用 new 运算符，动态地申请存储空间进行赋初值时，必须在类中显式地定义一个完成拷贝功能的构造函数，以便正确实现数据成员的复制。

6.3.6 对象数组和对象指针

对象可以看作是一个特殊的变量，既然有简单数据类型的数组，也应该有对象数组，同样指针可以用来指向一般的变量，也可以指向对象。

1. 对象数组

数组不仅可以由简单变量组成(例如整型数组的每一个元素都是整型变量)，也可以由对象组成(对象数组的每一个元素都是同类的对象)。

定义对象数组的一般格式：

类名数组名［第一维数组的大小］［第二维数组的大小］

关于对象数组有以下几点说明：

(1)定义数组，有多少个元素在建立数组时，同样要调用多少次构造函数。如果有 50 个元素，需要凋用 50 次构造函数。

(2)如果构造函数只有一个参数，在定义数组时可以直接在等号后面的花括号内提供实参。如 Student stu[3] = {60, 70, 78};。

(3)构造函数有多个参数，则不能用在定义数组时直接提供所有实参的方法，因为一个数组有多个元素，对每个元素要提供多个实参，如果再考虑到构造函数有默认参数的情况，很容易造成实参与形参的对应关系不清晰，出现歧义。

和普通数组一样，在使用对象数组时也只能访问单个数组元素，也就是一个对象，通过这个对象，可以访问它的公有成员。

一般的形式如下：

数组名[下标].成员名

【例 6-8】 对象数组的应用示例。

```
#include <iostream>
using namespace std;
class Box
{
public:
    Box(int h=10, int w=12, int len=15): height(h), width(w), length(len){ }
    //声明有默认参数的构造函数, 用参数初始化表对数据成员初始化
    int volume();
private:
    int height;
    int width;
    int length;
};
int Box:: volume()
{
    return(height * width * length);
}
int main()
{
    Box a[3] =
    {//定义对象数组
        Box(10, 12, 15),              //调用构造函数 Box, 提供第 1 个元素的实参
        Box(15, 18, 20),              //调用构造函数 Box, 提供第 2 个元素的实参
        Box(16, 20, 26)               //调用构造函数 Box, 提供第 3 个元素的实参
    };
    cout<<"volume of a[0] is "<<a[0].volume()<<endl; //调用 a[0]的 volume 函数
    cout<<"volume of a[0] is "<<a[1].volume()<<endl; //调用 a[1]的 volume 函数
    cout<<"volume of a[0] is "<<a[2].volume()<<endl; //调用 a[2]的 volume 函数
    return 0;
}
```

运行结果如下：

volume of a[0] is 1800

volume of a[1] is 5400

volume of a[2] is 8320

2. 对象指针

在建立对象时，编译系统会为每一个对象分配一定的存储空间，以存放其成员。对象空间的起始地址就是对象的指针。可以定义一个指针变量，用来存放对象的指针。

定义指向类对象的指针变量的一般形式为：

类名 * 对象指针名；

对象成员也可以通过指向对象的指针来引用，引用数据成员的具体形式如下：

指向对象的指针> 数据成员名　或　(＊指向对象的指针). 数据成员名

引用成员函数的具体形式如下：

指向对象的指针> 成员函数名(实参表)　或　(＊指向对象的指针). 成员函数名(实参表)

【例 6-9】　对象指针的应用示例。

```
#include <iostream>
using namespace std;
class Time
{
public:
    Time(int, int, int);
    int hour;
    int minute;
    int sec;
    void get_time();                    //声明公有成员函数
};
Time:: Time(int h, int m, int s)       //定义构造函数
{
    hour = h;
    minute = m;
    sec = s;
}
void Time:: get_time()                  //定义公有成员函数
{ cout << hour << ": " << minute << ": " << sec << endl; }
int main()
{
    Time t1(10, 13, 56);               //定义 Time 类对象 t1
    int * p1 = &t1.hour;               //定义指向整数数据的指引变量 p1, 并使 P1.hour
    cout << * p1 << endl;              //输出 p1 所指的数据成员 t1.hour
    t1.get_time();                     //调用对象 t1 的成员函数 get_time
    Time * p2 = &t1;                   //定义指向 Time 类对象的指引变量 P2, 并使 P2 指向 t1
    p2 -> get_time();                  //调用 p2 所向对象(即 t1)的 get_time 函数
    ( * p2). get_time();
    void (Time:: * p3)();              //定义指向 Time 类公用成员函数的指针变量 p3
    p3 = &Time:: get_time;             //使 p3 指向 Time 类公用成员函数 ge_time
    (t1. * p3)();                      //调用对象 t1 中 P3 所指的成员函数(即 t1.get_time())
    return 0;
}
```

程序运行结果为：

10

10：13：56

10：13：56

10：13：56

10：13：56

6.3.7　this 指针

每个对象中的数据成员都分别占有存储空间，如果对同一个类定义了 n 个对象，则有 n 组同样大小的空间来存放 n 个对象中的数据成员。但是，不同的对象都调用同一个函数代码段。那么，当不同对象的成员函数引用数据成员时，怎么能保证引用的是所指定的对象的数据成员呢？在每一个成员函数中都包含一个特殊的指针，这个指针的名字是固定的，称为 this。它是指向本类对象的指针，它的值是当前被调用的成员函数所在的对象的起始地址。

需要说明的几点：

(1) this 指针一般是隐藏的，但是在需要时候，也可以显式地使用 this 指针。如在例 6－8 中 Box 类的 volume 函数中，下面两种表示方法都是合法的、相互等价的。

```
return(height * width * length); //隐含使用 this 指针
return(this -> height * this -> width  *  this -> length); //显式使用 this 指针
```

(2) this 两侧的括号不能省略，不能写成 * this. height。因为成员运算符“.”的优先级别高于指针运算符“*”，因此，* this. height 就相当于 *（this. height），而 this. height 是不合法的，编译会出错。

6.4　运算符重载

运算符的重载实际是一种特殊的函数重载，必须定义一个函数，并告诉 C++ 编译器，当遇到该重载的运算符时调用此函数。这个函数叫做运算符重载函数，通常为类的成员函数。

运算符的重载从另一个方面体现了面向对象程序设计的多态性，且同一运算符根据不同的运算对象可以完成不同的操作。

在基本数据类型中，系统提供了许多预定义的运算符，它们可以用一种简洁的方式工作，例如“+”运算符：

```
int x, y;
y = x + y;
```

这是表达的两个整数相加的方法，很简单。但是如果有下面一个类：

```
class A
{
    float x, y;
public:
    A(float a = 0, float b = 0)
```

```
        {  x = a; y = b; }
}
void main(void)
{
    A a(2, 3), b(3, 4), c;
    c = a + b;                  // 两个对象不能使用"+", 必须重定义"+"
}
```

编译系统中的运算符"+"本身不能做这种运算，若使上式 c = a + b 可以运算，必须重新定义"+"运算符，这种重新定义的过程称为运算符的重载。

在 C++ 中大多数系统预定义的运算符都能重载，如表 6-1 所示。

表 6-1 可重载的运算符

+	-	*	/	%	^	&	l
~	!	=	<	>	+=	-=	*=
/=	%=	^=	&	I=	<<	>>	>>=
<<=	==	!=	<=	>=	&&	ll	++
--	[ ]	( )	new	delete			

但是也有一些运算符是不能被重载的，如：.,::,? #等。重载运算符时，不能改变这些运算符的优先级，不能改变它们所操作的数目。

6.4.1 成员函数重载运算符

运算符的重载实际上是一种函数调用的形式。用成员函数重载运算符就是将运算符重载定义成一个类的成员函数的形式。通常将重载运算符的成员函数称为运算符函数。

其标准格式如下：

```
<类名> operator <运算符>(<参数表>)
{函数体}
```

其中：operator 是定义运算符重载函数的关键字，它与其后的运算符一起构成函数名。例如 A operator +(A &)；这就重载了类 A 的"+"运算符。

下面是一个没有重载运算符的示例，请大家和重载运算符的示例作一下比较。

【例 6-10】 没有重载运算符的示例。

```
class A
{
    int i;
public: A(int a = 0){i = a; }
    void Show(void){cout < < "i = " < < i < < endl; }
    void Add(A &a, A &b)                        //利用函数进行类之间的运算
      {
        i = a.i + b.i;
      }
};
void main(void)
{
    A a1(10), a2(20), a3;
    a1.Show ();
    a2.Show ();
    a3.Add(a1, a2);                             //a3 = a1 + a2; 不可直接运算, 调用专门的功能函数
    a3.Show ();
}
```

【例 6 - 11】 重载“ + ”运算符示例。

```
class A
{
    int i;
public:
    A(int a = 0){ i = a; }
    void Show(void){cout < < "i = " < < i < < endl; }
    void Add(A &a, A &b)                      //利用函数进行类之间的运算
    {
        i = a.i + b.i;
    }
    A operator + (A &a)                       //重载运算符 +
    {
        A t;
        t.i = i + a.i;
        return t;
    }
};
void main(void)
{
    A a1(10), a2(20), a3;
```

```
    a1.Show ();
    a2.Show ();
    a3 = a1 + a2;              //重新解释了加法,可以直接进行类的运算
    a3.Add(a1, a2);            //调用专门的功能函数
    a3.Show ();
}
```

由例 6 - 10 和例 6 - 11 两个示例我们可以看出：

(1)它们都是通过类的成员函数来实现类的加法运算，前者通过对象 a3 来调用，即 a3. Add(a1，a2)；后者通过对象 a1 来调用，即 a3 = a1. operator + (a2)；它们实现了相同的功能。

(2)重新定义运算符，由左操作符调用右操作符。最后将函数返回值赋给运算结果的对象。

当用成员函数实现运算符的重载时，运算符重载函数的参数只能有两种情况：没有参数或带有一个参数。对于只有一个操作数的运算符(如 + +)，在重载这种运算符时，通常不能有参数；而对于有两个操作数的运算符，只能带有一个参数。这参数可以是对象，对象的引用，或其他类型的参数。在 C++ 中不允许重载有三个操作数的运算符。

6.4.2　单目运算符的重载

只具有一个操作数的运算符为单目运算符，最常用的为 + + 及 - -。它在 C++ 中用得非常广泛。它对于整形变量是进行加 1 和减 1 的操作。但是先自加或后自加的重载运算符函数的返回值不一致，必须在重载时予以区分。

+ + 为前置运算时，它的运算符重载函数的一般格式为：

```
<type> operator + +()
{    ......; }
```

+ + 为后置运算时，它的运算符重载函数的一般格式为：

```
<type>  operator + +(int)
{    ......: }
```

【例 6 - 12】 下面我们就用一个示例来说明它们的不同。

```
class A
{
    float x, y;
public:
    A(float a=0, float b=0){x=a; y=b; }
    A operator + +(){ A t; t.x= + + x; t.y= + +y; return t; }
    A operator + +(int) {A t; t.x=x+ +; t.y=y+ +; return t; }
};
void main(void)
{
```

```
    A a(2, 3), b;
    b = + + a;
    b = a + +;
}
```

注意用成员函数实现运算符的重载时，运算符的左操作数为当前对象，并且要用到隐含的 this 指针。运算符重载函数不能定义为静态的成员函数，因为静态的成员函数中没有 this 指针。

6.4.3　友元函数

在面向对象程序设计中，有时候需要定义一些函数，这些函数不是类的一部分，但是又需要访问类的数据成员，为了解决这类问题，我们可以将此函数说明为友元函数。

友元函数是在类定义中由关键字 friend 修饰的非成员函数。友元函数可以是一个普通的函数，也可以是其他类的成员函数，它不是本类的成员函数，但是在它的函数体中可以通过“对象. 成员名”来访问类的私有成员和保护成员。

友元函数的声明格式为

```
friend <类型说明> operator <运算符> ( <参数表> )
```

【例 6 – 13】　友元函数的应用示例。

```
class A
{
    int i;
public:
        A(int a = 0){ i = a; }
    void Show(void){cout < < "i = " < < i < < endl; }
    friend A operator  + (A &, A &);                //友元函数, 两个参数, 为引用
};
A operator  + (A &a, A &b)
{
    A t;
    t.i = a.i + b.i;
    return t;
}
void main(void)
{
    A a1 (10), a2 (20), a3;
    a1 .Show ();
    a2 .Show ();
    a3 = a1  + a2;                                  //重新解释了加法, 可以直接进行类的运算
    a3 .Show ();
}
```

程序运行结果如下：

i=30

对双目运算符，友元函数有2个参数，对单目运算符，友元函数有一个参数。有些运算符不能重载为友元函数，它们是：=，()，[ ]，->等。

对双目运算符，重载为成员函数时，仅一个参数，另一个被隐含；重载为友元函数时，有两个参数，没有隐含参数。一般来说，单目运算符最好被重载为成员函数；双目运算符最好被重载为友元函数。

友元函数提供了一种非诚意函数访问私有成员的方法，这在某些情况下为程序设计提供了一定的方便，但是在面向对象程序设计中要求类的接口和类的实现分开，对对象的访问通过其接口函数进行。如果直接访问对象的私有成员，就破坏了面向对象程序的数据隐藏和封装特性，所以我们要谨慎使用友元函数。

在使用友元函数的时候，我们应该还要注意：

(1)友元关系不能传递，且是单向性的。

(2)友元函数要使用时，必须在类的说明中说明友元函数，说明时以关键字 friend 开头，后跟友元函数的函数原型，友元函数的说明可以出现在类的任何地方，包括在 private 和 public 部分。

(3)友元函数不能直接访问类的成员，只能访问对象成员。

(4)友元函数可以访问对象的私有成员，但普通函数不行。

(5)调用友元函数时，在实际参数中需要指出要访问的对象。

6.5 继承与派生

继承与派生性是面向对象程序设计中最重要的机制。这种机制提供了无限重复利用程序资源的一种途径。通过C++语言中的继承机制，可以扩充和完善旧的程序设计以适应新的需求。这样不仅可以节省程序开发的时间和资源，并且为未来程序增添了新的资源。

6.5.1 继承与派生的概念

1. 继承与派生

在生活中，对于继承和派生，大家应该都不会陌生。例如：每个人都从父母那里继承了一定的特征，包括姓氏，种族等，但是随着时间的推移，每个孩子都会发展出一些自己的特性，如外貌，理想等。这就是每个人在继承了父母的某些特征后，派生出来的新的特征。

在面向对象程序设计中，继承与派生表达了类与类之间的联系，这种关系使得类既可以继承另一个类的特征，也可以发展自己独特的能力。如果类之间有继承和派生的关系，那么它们之间应具有以下特点：

(1)类之间应具有共同的特征。

(2)类之间应该有差别或某些新增加的特征。

(3)类之间是一种层次结构。

图6-1给我们展示了继承和派生的关系。交通工具是人类用来提供运输的总称。而车是交通工具的一种，它继承了交通工具的特性(能够提供运输的功能)，而自行车、大货车、

大客车都继承了车的特性，但是又都有自己独有的特征。

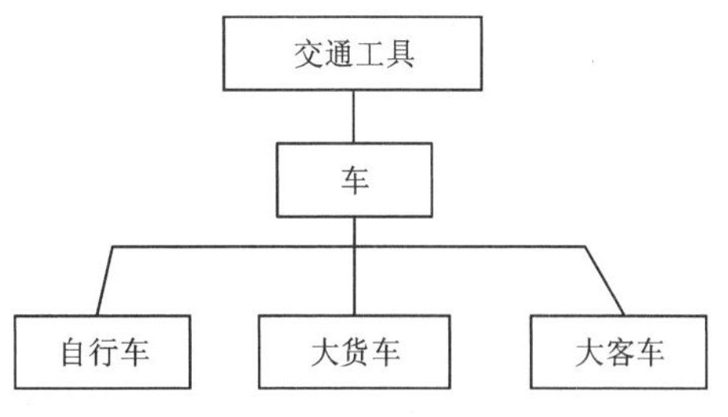

图6-1　继承与派生的关系

2. 基类和派生类

在理解继承和派生的概念的基础上，下面来看看基类和派生类的概念。在C++中所谓“继承”就是在一个已存在的类的基础上建立一个新的类。已存在的类称为“基类(base class)”或“父类(father class)”。新建立的类称为“派生类(derived class)”或“子类(son class)”。例如：多边形和三角形，三角形首先是一个多边形，但并不是所有的多边形都是三角形，所以可以定义多边形为基类，而三角形为派生类。

基类和派生类之间，通过继承和派生，形成了一个树状的层次结构，因此基类与派生类之间存在着层次关系，一个类可以独立存在，但一旦它与其他类存在继承和派生的关系，那么这个类不是供给其他类属性和行为的基类，就是继承了基类属性和行为的派生类，甚至是兼而有之。

3. 继承和派生的作用

在以前使用函数库进行软件开发的时代，程序员已经开发了一些函数，但是现在要开发一个新的程序，以前开发的程序中都没有完全符合要求的，所以程序员只能重新编写新的函数。现在有了继承和派生，程序员就无需每次都从头编写新的类，而可以从以前开发并测试过的类中找到相近的类作为基类，通过继承和派生，形成自己的符合要求的程序。继承和派生有很多优点，下面我们来看看实例。

【例6-14】　下面是一个student的类。

```
class Student
{
    int num;
    char name[30];
    char sex;
public:
    void display()                          //对成员函数 display 的定义
    {
        cout<<"num: "<<num<<endl;
        cout<<"name: "<<name<<endl;
        cout<<"sex: "<<sex<<endl;
    }
};
class Studend1
{
    int num;                                //此行原来已有
    char name[20];                          //此行原来已有
```

```
    char sex;                                   //此行原来已有
    int age;
    char addr[ ];
public:
    void display()                              //此行原来已有
    {
        cout<<"num: "<<num<<endl;               //此行原来已有
        cout<<"name: "<<name<<endl;             //此行原来已有
        cout<<"sex: "<<sex<<endl;               //此行原来已有
        cout<<"age: "<<age<<endl;
        cout<<"address: "<<addr<<endl;
    }
};
```

为了避免出现上面类似的情况，我们可以利用原来定义的类Student作为基础，再加上新的内容即可，以减少重复的工作量。C++提供的继承机制就是为了解决这个问题。例如，我们可以将上面的student1改为下面的代码：

```
class Student1: public Student                  //声明基类是Student
{
private:
    int age;                                    //新增加的数据成员
    string addr;                                //新增加的数据成员
public:
    void display_1()                            //新增加的成员函数
    {
        cout<<"age: "<<age<<endl;
        cout<<"address: "<<addr<<endl;
    }
};
```

继承和派生不仅仅只有以上的优点，它还可以增强代码的一致性来减少模块间的接口和界面。可以通过层次关系来组织对象，使得高层类作为低层类的抽象，有利于程序员掌握对象的共性，在此基础上，就能给编写代码提供方便。

6.5.2 派生类

在例6-14中，我们已经用到了继承和派生，但是继承和派生究竟遵循什么原则呢？

在C++语言中，一个派生类可以从一个基类派生(单继承)，也可以从多个基类派生(多继承)。而且派生类除了继承基类的所有可引用的成员变量和成员函数外，还可另外定义本身的成员变量和处理这些变量的函数。但是必须加上合法的存取说明符，公有派生的合法存取说明符为 public，私有派生为 private，而保护派生为 protected，它们都有各自的访问权限。

从一个基类派生一个类的一般格式为：

```
class 派生类名 : <派生的存取说明符> 基类
{
…;                    //派生类新增的数据成员和成员函数
}
```

下面我们来介绍一下三种派生方式。

1. 公有派生

公有派生时，基类中所有成员在派生类中保持各个成员的访问权限。即基类的 public 成员在派生类和类外可以使用；protected 成员在派生类中使用；private 成员不能在派生类中使用。如表 6 - 2 所示。

表 6 - 2　公有派生的访问机制

基类成员属性	派生类中	派生类外
公有	可以引用	可以引用
保护	可以引用	不可以引用
私有	不可以引用	不可以引用

其格式为：

```
class 派生类名 : <public> 基类
{… }
```

【例 6 - 15】　公有派生的类成员访问控制实例。

```
class A
{
    int x;
protected:
    int y;
public:
    int z;
    A(int a, int b, int c){x = a; y = b; z = c; }          //基类初始化
    int Getx(){return x; }                                  //返回 x
    int Gety(){return y; }                                  //返回 y
    void ShowA(){cout < <"x = "< <x< <'\t'< <"y = "< <y< <'\t'< <"z = "< <z< <'\n'; }
};
class B: public A
{
    int m, n;
```

```
public:
    B(int a, int b, int c, int d, int e): A(a, b, c){m = d; n = e; }
    void Show()
    {
    cout<<"m="<<m<<'\t'<<"n="<<n<<'\n';
    cout<<"x="<<Getx()<<'\t'<<"y="<<y<<'\t'<<"z="<<z<<'\n';
    }
    int Sum()
    {
        return (Getx()+y+z+m+n);
    }
};
void main(void)
{
    B b1(1,2,3,4,5);
    b1.ShowA();
    b1.Show();
    cout<<"Sum="<<b1.Sum()<<'\n';
    cout<<"x="<<b1.Getx()<<'\t';
    cout <<"y="<<b1.Gety()<<'\t';
    cout <<"z="<<b1.z<<'\n';
}
```

2. 私有派生

私有派生时，基类中公有成员和保护成员在派生类中均变为私有的，在派生类中仍可直接使用这些成员，但在类外不可使用；基类中的私有成员，在派生类中以及类外都不可直接使用。如表 6-3 所示。

表 6-3 私有派生的访问机制

基类成员属性	派生类中	派生类外
公有	可以引用	不可以引用
保护	可以引用	不可以引用
私有	不可以引用	不可以引用

其格式为：

```
class 派生类名：<private>基类
{ … }
```

在例 6-15 中，类 B 是由类 A 公有派生得到的，所以在主函数中可以直接使用从类 A 继承过来的 b1.ShowA()，b1.Gety()等成员函数，但是如果改为私有派生，这样使用就是不允许的，因为基类的公有成员函数在经过私有派生后，在派生类外是不允许使用的。

3. 保护派生

保护派生时，基类中的公有成员和保护成员在派生类中均变为保护的和私有的，在派生类中仍可直接使用这些成员，但在派生类外不可使用；基类中的私有成员，在派生类中不可直接使用。如表 6 –4 所示。

表 6 –4　保护派生的访问机制

基类成员属性	派生类中	派生类外
公有	可以引用	不可以引用
保护	可以引用	不可以引用
私有	不可以引用	不可以引用

其格式为：

```
class 派生类名：<protected>基类
{ … }
```

protected 成员是一种具有血缘关系内外有别的成员。它对派生类的对象而言，是公开成员，可以访问，对血缘外部而言，与私有成员一样被隐蔽。

6.6　多态性

面向对象的软件开发语言具有三个重要的特点分别为封装性、继承性、多态性。封装性即意味着对象封装其内部的数据，使其对外不可见，以保证数据的安全性。继承性是代码复用的一个很好的解决方案，但是继承关系是编译器在编译阶段就为所有的对象决定的，因而在软件工程过程中，继承性太过死板，存在很大的局限性。而多态性，它是将多种不同的特殊行为进行抽象的一种能力，通过结合继承性，多态性很好地解决了面向对象程序设计中遇到的很多麻烦，使得面向对象的编程方式最终得到淋漓尽致的推广。

多态性的特点：简单来说，多态是具有表现多种形态的能力的特征，在面向对象程序设计中是指，语言具有根据对象的类型以不同方式处理，即指同样的消息被不同类型的对象接收时导致完全不同的行为，是对类的特定成员函数的再抽象。多态性在不同的编程语言中拥有不同的解决方案，但多态性的最终目标却始终不变，都是“以不变应万变”。

一般来说，多态主要是存在两种类型：编译时的多态和运行时的多态。

(1)编译时的多态主要是通过函数重载来实现的。所谓函数重载是指保持函数名不变，主要通过更改函数形参的个数以及形参的类型来定义出多个同名函数来实现对多种类型数据的逻辑处理。这种类型的多态关系是编译器在编译阶段就已经在函数调用的地方确定的，因而运行过程中速度较快，但功能比较局限。

(2)运行时的多态在不同的语言中拥有不同的实现方案。C++ 通过虚函数的晚捆绑来实现，而 Java 通过面向接口编程和面向抽象编程来实现动态调用相应的函数实现。但归根结点，这些语言都是通过将多种特殊实现的类抽象为一个泛化类来实现运行多态。本书不详细介绍 C++ 通过虚函数实现多态性，感兴趣的读者可以参考相关书籍。

6.7 类对象作用域与生命周期

类体的区域称为类作用域。类的成员函数与成员数据，其作用域都是属于类的作用域，仅在该类的范围内有效，故不能在主函数中直接通过函数名和成员名来调用函数。

类的作用域：在函数定义之外定义的类，其类名的作用域为文件作用域；而在函数体内定义的类，其类名的作用域为块作用域。

对象的作用域与前面介绍的变量作用域完全相同，可以分为全局对象、局部对象、局部静态对象等。

前面我们讲过全局对象在 main 开始前被创建，main 退出后被销毁。静态对象在第一次进行作用域时被创建，在 main 退出后被销毁(若程序不进入其作用域，则不会被创建)。而局部对象在进入作用域时被创建，在退出作用域时被销毁。而类对象则是在构造函数运行时被创建，而在类对象使用结束时，通过调用析构函数来对类对象进行一些清除工作。但它们是类的特殊成员函数，用户不能直接调用它们，而是由系统自动调用。

6.8 测绘程序举例

【例 6－16】 设计一个多边形类，要求能够实现的功能有：计算多边形面积；计算多边形边长；计算两点之间的距离。还要注意的是，该类能够随时增加多边形点的数量。

多边形面积计算公式：

$$P = \frac{1}{2}\sum_{i=1}^{n}(X_{i+1} + X_i)(Y_{i+1} - Y_i)(i = 1, 2, \cdots, n;\text{当 } i = n \text{ 时}, i + 1 = 1)$$

下面是多边形类的头文件代码如下：

```
class CPolygon
{
public:
    CPolygon(void);
    CPolygon(int n);
    ~CPolygon(void);
private:
    HPOINT * pPointData;                          //保存多边形顶点数据的数组
    int iPointCount;                              //多边形顶点个数
public:
    bool SetPoint(int pos, HPOINT p);
    bool SetPoint(int pos, double x, double y);   // 重载 SetPoint 函数
    bool GetPoint(int pos, HPOINT& p);            //获取顶点坐标
    bool SetSize(int n);                          //设置顶点个数, 并改变顶点数据大小
```

```
    double Area(void);                                  //计算面积
    double Perimeter(void);                             //计算周长
protected:
    double TwoPointDist(HPOINT p1, HPOINT p2);          //计算两点距离
};
```

多边形类的源代码文件如下：

```
#include"StdAfx.h"
#include"Polygon.h"
#include"math.h"
CPolygon:: CPolygon(void)
{
    pPointData = NULL;
    iPointCount = 0;
}
CPolygon:: CPolygon(int n)                              //重载构造函数
{
    pPointData = new HPOINT[n];
    iPointCount = n;
}
//设置第 pos 顶点(从开始)数据(重载)
//请思考: 如果改用逐点增加, 如 AddPoint()该怎么做? 怎样做效率高?
bool CPolygon:: SetPoint(int pos, double x, double y)
{
    if(pos > = iPointCount)
    {
        Return false;
    }
    pPointData[pos].x = x;
    pPointData[pos].y = y;
    return true;
}
//获取第 pos 顶点(从开始)数据
bool CPolygon:: GetPoint(int pos, HPOINT& p)
{
    if(pos > = iPointCount)
    {
        Return false;
    }
```

```
    p = pPointData[pos];
    return true;
}
//设置多边形大小(改变顶点个数)
//如果新设置的顶点个数小于原有顶点个数,则只保留前面的顶点数据
//反之,在这基础上扩充,原有顶点数据不变
bool CPolygon:: SetSize(int n)
{
    if(n<3)                                   //多边形顶点数至少 3 个
    {
        return false;
    }
    HPOINT *pTmp = new HPOINT[n];
    int min = (iPointCount < n)? iPointCount: n;
    memcpy(pTmp, pPointData, sizeof(HPOINT) * min);
    delete[] pPointData;
    pPointData = pTmp;
    iPointCount = n;
    return true;
}
//计算并返回多边形面积
double CPolygon:: Area(void)
{
    double dArea = 0;
    for(int i = 0; i < iPointCount; i++)
    {
        if(i == iPointCount - 1)
        {
            dArea += 0.5 * (pPointData[0].x + pPointData[i].x)
                  * (pPointData[0].y - pPointData[i].y);
        }
        else
        {
            dArea += 0.5 * (pPointData[i+1].x + pPointData[i].x)
                      * (pPointData[i+1].y - pPointData[i].y);
        }
    }
    return dArea;
}
//计算并返回多边形周长
double CPolygon:: Perimeter(void)
{
```

```
    double dDist;
    double p = 0;
    for(int i = 0; i < iPointCount; i + +)
    {
        if(i = = iPointCount - 1)
        {
            dDist = TwoPointDist(pPointData[i], pPointData[0]);
        }
        else
        {
            dDist = TwoPointDist(pPointData[i], pPointData[i + 1]);
        }
        p = p + dDist;
    }
    return p;
}
//计算两点间的距离
double CPolygon:: TwoPointDist(HPOINT p1, HPOINT p2)
{
    double d;
    d = sqrt((p1.x - p2.x) * (p1.x - p2.x) + (p1.y - p2.y) * (p1.y - p2.y));
    return d;
}
```

【例 6－17】 定义一个矩阵类，要求能实现的功能为：计算矩阵类的加法，减法，乘法。以及能够调整矩阵的大小。

矩阵类的头文件代码如下：

```
#pragmaonce
class CMatrix
{
public:
    CMatrix(int row, int col);
    // copy constructor
CMatrix (const CMatrix& m);
    ~CMatrix(void);
```

矩阵类的源代码文件如下：

```
// copy constructor,
//拷贝构造函数的作用:
//(1)以类对象作为函数参数传值调用时;
//(2)函数返回值为类对象;
//(3)用一个已定义的对象去初始化一个新对象时;
CMatrix:: CMatrix (const CMatrix& m)
{
    iRow = m.Row();
    iCol = m.Col();
    dMatData = new double * [iRow];

    for (int i = 0; i < iRow; i + +)
    {
        dMatData[i] = new double[iCol];
        for(int j = 0; j < iCol; j + +)
        {
            memcpy(dMatData[i], m.dMatData[i], sizeof(double) * iCol);
        }
    }
}
CMatrix:: ~CMatrix(void)
{
    for (int i = 0; i < iRow; i + +)
    {
        delete dMatData[i];
    }
    delete dMatData;
}
//返回数组元素(引用返回)
double& CMatrix:: operator () (int row, int col)
{
    if (row > = iRow || col > = iCol)
    {
        throw("CMatrix:: operator(): Index out of range!");
    }
    return dMatData[row][col];
}

//返回数组元素(重载)
double CMatrix:: operator () (int row, int col) const
{
    if (row > = iRow || col > = iCol)
```

```
    {
        throw("CMatrix:: operator(): Index out of range!");
    }
    return dMatData[row][col];
}
//重载预算符 +
CMatrix operator +(const CMatrix& m1, const CMatrix& m2)
{
    if((m1.Col()! =m2.Col()) ||(m1.Row()! =m2.Row()))
    {
        throw("CMatrix:: operator +: The two matrix have different size!");
    }
    CMatrix matTmp(m1.Row(), m1.Col());
    for(int i =0; i <m1.Row(); i + +)
    {
        for(int j =0; j <m1.Col(); j + +)
        {
            matTmp(i, j) =m1(i, j) +m2(i, j);
        }
    }
    return matTmp;
}
//重载预算符 =
CMatrix &CMatrix:: operator =(const CMatrix& m)
{
    if(iRow! =m.Row()||iCol! =m.Col())
    {
        throw("CMatrix:: operator =: The two matrix have different size!");
    }
    for (int i =0; i < iRow; i + +)
    {
        for(int j =0; j <iCol; j + +)
        {
            dMatData[i][j] =m(i, j);
        }
    }
    return * this;
}
//调整矩阵大小, 原有值不变
void CMatrix:: SetSize (int row, int col)
{
    if (row = = iRow && col = = iCol)
```

```
    {
        return;
    }
    double * * rsData = new double * [row];
    for (int i = 0; i < row; i + +)
    {
        rsData[i] = new double[col];
        for(int j = 0; j < col; j + +)
        {
            rsData[i][j] = 0;
        }
    }
    int minRow = (iRow > row)? row: iRow;
    int minCol = (iCol > col)? col: iCol;
    int colSize = minCol * sizeof(double);
    for (int i = 0; i < minRow; i + +)
    {
        memcpy(rsData[i], dMatData[i], colSize);
    }
    for (int i = 0; i < minRow; i + +)
    {
        delete[] dMatData[i];
    }
    delete[] dMatData;
    dMatData = rsData;
    iRow = row;
    iCol = col;
    return;
}
```

6.9 小结

面向对象程序设计使用类来封装数据和方法。

类的定义分为声明和实现两个部分。类的声明部分用来声明该类中的成员，类的实现部分是用来对成员函数进行定义的，即声明部分告诉类“干什么”，实现部分告诉类“怎么做”。

关键字 private、public 和 protected 是成员访问修饰符。使用 private 声明的成员是类的私有成员，只有类本身可以存取私有成员。使用 public 声明的成员是共有成员，允许被其他对象存取。而 protected 声明的成员是类的保护成员，只能被派生类中的函数存取。

当创建一个类对象时，它的成员用类的构造函数进行初始化。如果类中没有定义构造函数，那么编译器将提供一个默认的构造函数，该构造函数没有代码和参数。对于没有被类的构造函数显示初始化的成员变量，编译器自动初始化，数字变量被初始化为 0，bool 型变量初始化为 false，指针变量被初始化为 NULL。

继承是面向对象程序中的一个非常有用的语法机制，它让程序员可以在基类的基础上通过增加少量代码或修改少量的代码的办法得到新的类。

第 7 章　MFC 界面设计

7.1　对话框和控件的基本概念

7.1.1　对话框的基本概念

对话框(dialog)是一种用户界面，它的主要功能是输出信息和接收用户的输入。对话框与控件是密不可分的，在每个对话框内一般都有一些控件，对话框依靠这些控件与用户进行交互。一个典型的对话框例子是选择了 File-Open 命令后弹出的文件对话框，如图 7－1 所示。

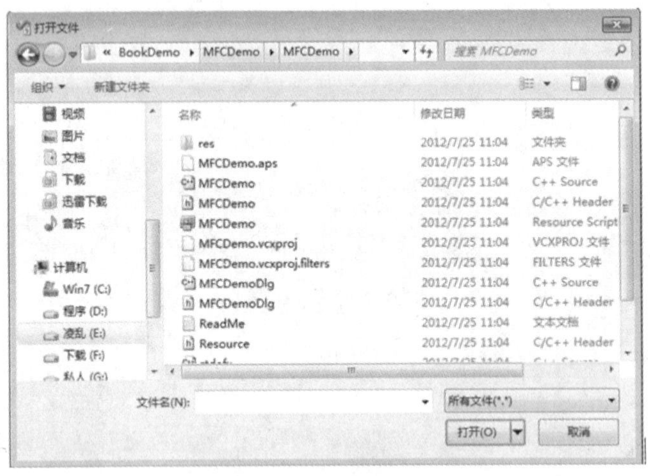

图 7－1　打开文件对话框

对话框实际上是一个窗口。在 MFC 中，对话框的功能被封装在了 CDialog 类中，CDialog 类是 CWnd 类的派生类。

对话框分为模态对话框和非模态对话框两种。大部分读者都会有这样的经历，当你通过 File-Open 命令打开一个文件对话框后，鼠标将无法对原主程序界面进行操作，这是因为文件对话框是一个模态对话框。模态对话框垄断了用户的输入，当一个模态对话框打开时，用户只能与该对话框进行交互，而其他用户界面对象收不到输入信息。我们平时所遇到的大部分对话框都是模态对话框。非模态对话框的典型例子是 Windows 提供的写字板程序中的搜索对话框，搜索对话框不垄断用户的输入，打开搜索对话框后，仍可与其他用户界面对象进行交互，用户可以一边搜索，一边修改文章，这样就大大方便了使用。

本章主要介绍模态对话框，在第 5 节将介绍非模态对话框。

从 MFC 编程的角度来看，一个对话框由两部分组成：

(1)对话框模板资源。对话框模板用于指定对话框的控件及其分布，Windows 根据对话框模板来创建并显示对话框。

(2)对话框类。对话框类用来实现对话框的功能，由于对话框行使的功能各不相同，因此一般需要从 CDialog 类派生一个新类，以完成特定的功能。

7.1.2　控件的基本概念

控件(control)是独立的小部件，在对话框与用户的交互过程中，控件担任着主要角色。控件的种类较多，图 7-2 显示了对话框中的一些基本的控件。MFC 的控件类封装了控件的功能，表 7-1 介绍了一些常用的控件及其对应的 MFC 控件类。

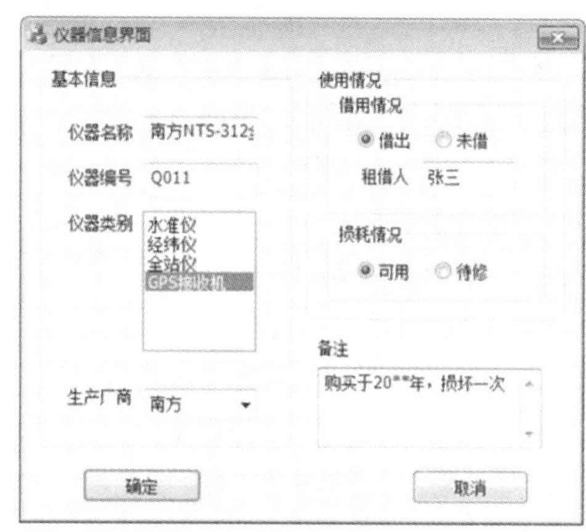

图 7-2　对话框中的控件

表 7-1　常用控件

控件	功能	MFC 类
命令按钮(Button)	响应用户的输入，触发相应的事件	CButton
检查框(Check Box)	用作选择标记，可以有选中、不选中和不确定三种状态	CButton
编辑框(Edit Box)	输入并编辑正文，支持单行和多行编辑	CEdit
组合框(Combo Box)	是一个编辑框和一个列表框的组合，分为简易式、下拉式和下拉列表式	CComboBox
列表框(List Box)	显示一个列表，用户可以从该列表中选择一项或多项	CListBox
组框(Group Box)	显示正文和方框，主要用来将相关的一些控件聚成一组	CButton
单选按钮(Radio Button)	用来从两个或多个选项中选中一项	CButton
静态正文(Static Text)	显示正文，一般不能接受输入信息	CStatic
图片(Picture)	显式位图、图标、方框和图元文件，一般不能接受输入信息	CStatic
滚动条(Horizontal/Vertical Scroll Bar)	主要用来从一个预定义范围值中迅速而有效地选取一个整数值	CScrollBar
滑块(SliderControl)	包括一个有可选标记的滑块的窗口，用于在大量信息中进行浏览，或用于以可视的形式调整数字设置	CSliderCtrl
数值调节钮(Spin Control)	提供一对可用于增减某个值的箭头	CSpinButtonCtrl
进度条(Progress Control)	用于在一较长操作中提示用户所完成的进度	CProgressCtrl
热键(Hot Key)	用于通过按下某一组合键来很快地执行某些常用的操作	CHotKeyCtrl
列表(List Control)	显示文本及其图标列表的窗口	CListCtrl
树(Tree Control)	用于显示一系列的项的继承结构	CTreeCtrl
选项卡(Tab Control)	在选项卡对话框或属性页中提供具有类似笔记本中使用的分隔标签的外观的选项卡	CTabCtrl

控件实际上都是窗口，所有的控件类都是 CWnd 类的派生类。控件通常是作为对话框的子窗口而创建的，控件也可以出现在视窗口，工具条和状态条中。

对话框的设计包括对话框模板的设计和对话框类的设计两个主要方面:

(1)与对话框有关的消息主要包括 WM_INITDIALOG 消息和控件通知消息。在对话框创建时，会收到 WM_INITDIALOG 消息，对话框对该消息的处理函数是 OnInitDialog 。

(2)OnInitDialog 的主要用处是初始化对话框。对话框的控件会向对话框发送控件通知消息，以表明控件的状态发生了变化。

7.2 对话框模板的设计

利用 Visual Studio 提供的可视化设计工具，用户可以方便地设计对话框模板。

按前面章节介绍的方法利用 MFC 应用程序向导建立一个基于对话框的 MFC 应用程序，即可进入基于对话框的 MFC 应用程序的主对话框编辑模式。

如果新建一个对话框，则可以切换至资源视图，选中“文件名.rc”，选择“编辑→添加资源”命令(或右键点击“文件名.rc”再单击“添加资源”选项)，并在添加资源对话框中双击 Dialog 项。完成后在资源视图中会出现一个名为 IDD_DIALOG1 的新的对话框模板资源。双击 IDD_DIALOG1，则会打开该对话框模板的编辑窗口，如图 7-3 缺省的对话框模板所示。缺省的对话框模板有“确定”和“取消”两个按钮，在窗口的旁边有一个控件面板，在控件面板上用鼠标选择一个控件，然后在对话框中点击，则相应的控件就被放置到了对话框模板中。图7-4控件面板显示了控件面板上的按钮所代表的控件。读者不用记忆图 7-4 控件面板的内容，如果不能确定控件的类型，可将鼠标在某个控件按钮上停留片刻，则会显示一个工具提示，指出该按钮所代表控件的名称。若看不到工具箱面板，请在视图菜单中点击工具箱。

图 7-3 缺省的对话框模板

读者可以在对话框模板中随意加几个控件试试。当用鼠标选择对话框或控件时，会出现一个围绕它的虚框，拖动虚框的边界可以改变对话框或控件的大小，在 Developer Studio 的状态条中会显示出所选对象的坐标和尺寸。控件可以被拖动，也可以按箭头键来移动选中的控件。在拖动控件时若按住 Ctrl 键，则控件会被复制。

用户可以一次选择多个控件，选择的方法有两个：①在对话框的空白处拖动鼠标，则拖动出来的虚线框内的控件将被选中。②在选择控件时按住 Ctrl 键，则可以多重选择。

选中控件或对话框后按回车键，属性工具栏则会显示所选中的控件或对话框的各种属性。一个典型的属性工具栏如图 7－5 所示。如果对属性对话框中的选项的意思不明白，可以按 F1 键获得帮助。

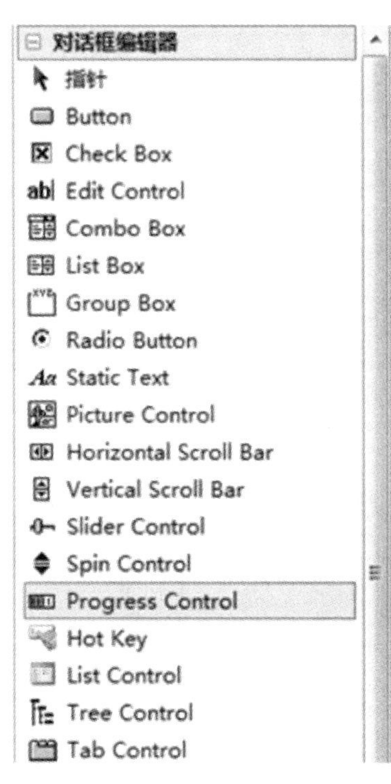

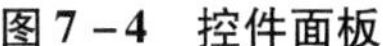
图 7－4　控件面板

图 7－5　控件属性对话框

在控件属性对话框的常规属性中，有一些控件共同的属性：

(1)ID 属性。用于指定控件的标识符，Windows 依靠 ID 来区分不同的控件。

(2)Caption(标题)属性。静态正文、组框、按钮、检查框、单选按钮等控件可以显示标题，用来对控件进行文字说明。控件标题中的字符使紧跟其后的字符有下划线，按 Alt＋下划线将启动该控件。若控件是一个单选按钮，则 Alt＋下划线字符将选择该按钮；若是检查框，则相当于对该检查框按空格键；若是按钮，则将激活按钮命令；若控件是一个静态正文，则将激活按 tab 顺序紧随其后的下一个控件。

(3)Visible 属性。用来指定控件是否是可见的。

(4)Disable 属性。使控件允许或禁止，一个禁止的控件呈灰色显示，不能接收任何输入。

(5)Tabstop 属性。用户可以按 Tab 键移动到具有 Tabstop 属性的控件上。Tab 移动的顺序可以由用户指定。按 Ctrl＋D 则 Tab 顺序会显示出来，如图 7－8 设置控件的 Tab Order，用户可以用鼠标来重新指定 Tab 顺序。缺省的 Tab 顺序是控件的创建次序。

(6)Group 属性。用来指定一组控件，用户可以用箭头键在该组控件内移动。在同一组内的单选按钮具有互斥的特性，即在这些单选按钮中只能有一个是选中的。如果一个控件具有 Group 属性，则这个控件以及按 Tab 顺序紧随其后的所有控件都属于一组的，直到遇到另一个有 Group 属性的控件为止。

在模板编辑完成后需要测试对话框。按 Ctrl + T，则会弹出一个当前模板的测试对话框，这个对话框的外观和基本行为与程序中将要弹出的对话框一样。这样，读者不用编译运行程序，通过测试对话框就可以评估对话框是否合乎要求。如果发现了错误或不满意的地方，可按 ESC 键退出测试对话框并重新修改对话框模板。

7.3 常用控件使用

7.3.1 按钮控件

在本节中要讲述的实际包括四种控件：按钮、单选按钮、复选框和组框，它们之间无论在外观还是在使用上都有较大的差异。在 MFC 中之所以使用一个类 CButton 来封装这四种不同控件纯粹出于历史的原因。按钮控件已经在第一章介绍过了，下面我们分别讲述其余三种按钮控件：

1. 组框

组框也是一种按钮控件。它常常用来在视觉上将控件(典型情况下是一系列的单选钮和复选框)进行分组，从而使对话框中的各个控件看起来比较有条理。

相对于其他控件来说，组框的使用非常简单。这里我们需要强调的是，组框仅仅是在视觉上将控件进行分组，事实上控件在编程上的分组依赖于其 Group 属性的设置。

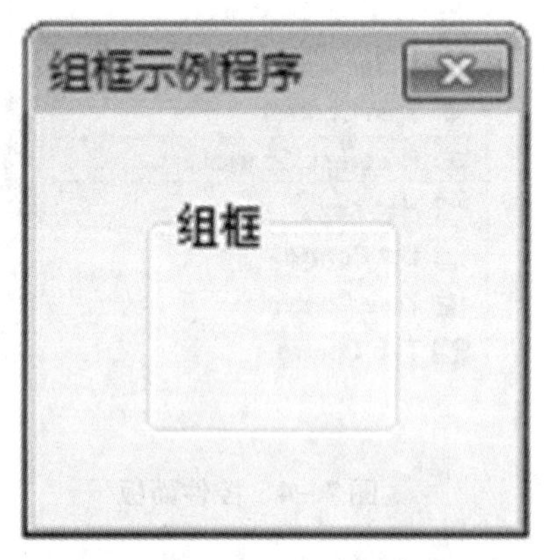

图 7-6 组框(Group box)控件

组框也可以发送 BN _ CLICKED 和 BN _ DOUBLECLICKED 命令消息。但是在一般情况下我们都不对这些命令作响应。此外，组框也可以设置 Icon 或 Bitmap 属性(注意它们之间是互斥的)，即我们可以使用图标或位图来代替默认情况下的文本。但是在绝大多数情况下，我们仅使用纯文本来作为组框的标题。

对于如何将控件进行分组的方法在讲述单选钮和复选框时再作介绍。

2. 单选钮

单选钮用来表示一系列的互斥选项，这些互斥选项常常被分成若干个组。下面的示例程序说明了单选按钮的使用。

在对单选按钮进行设置时应注意 Group 属性，首先应用“Ctrl + D”对控件的 Tab Order 进行排序以保证单选按钮的连贯性，如图 7-7 所示，然后设置包含有一组单选按钮的组中的第一个控件 Group 属性为 True，组中其他控件 Group 属性均设置为 False，如图 7-8 所示。

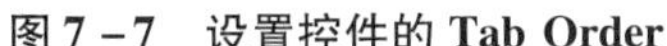
图 7-7　设置控件的 Tab Order

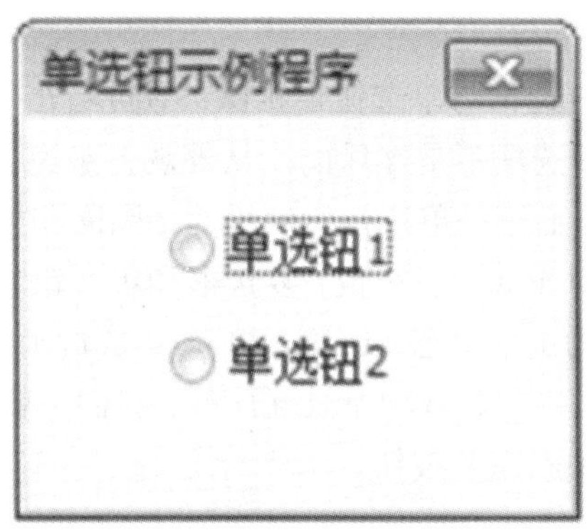

图 7-8　单选钮示例程序

以 Tab Order 为序，从 Group 属性为真的控件开始(包括该控件)，到下一个 Group 属性为真的控件结束(不包括该控件)，所有的这些控件将组成一个组。对于单选钮，同一组内同时只能有(也应该有)一个处于被选中的状态。当其中一个控件被置于选中状态时，同组的其他单选钮应该清除其选中状态。对于由资源编辑器生成的单选钮控件，在默认情况由 Windows 自动处理同组控件之间的互斥关系。

在判断单选按钮状态时，应调用类 CWnd 的成员函数 GetCheckedRadioButton。该成员函数原型如下：

```
int GetCheckedRadioButton(int nIDFirstButton, int nIDLastButton);
```

第一个参数 nIDFirstButton 是同一组中的第一个单选钮控件的 ID，nIDLastButton 是同一组中最后一个单选钮控件的 ID。成员函数 GetCheckedRadioButton 返回指定组中第一个所选中的单选钮(在正常情况下仅应当有一个单钮被选中)的 ID，如果没有按钮被选中，则返回 0。

这里需要注意的是，成员函数 GetCheckedRadioButton 没有要求两个参数 nIDFirstButton 和 nIDLastButton 所指定的控件一定位于同一组中。

单选按钮使用示例：

```
//从单选框中得到具体的选项的 ID
iRadioButton = GetCheckedRadioButton(IDC_RADIO1, IDC_RADIO4);
//根据 ID 来确定所代表的影像存储格式, 其中 1 代表 JPEG, 2 代表 PNG, 3 代表 BMP, 4 代表 TIFF
switch(iRadioButton)
{
    case IDC_RADIO1: iImageSave = 1; break;
    case IDC_RADIO2: iImageSave = 2; break;
    case IDC_RADIO3: iImageSave = 3; break;
    default: iImageSave = 4; break;
}
```

3. 复选框

复选框与单选钮很相像，不同之处在于在同一组控件中，通常使用复选框来代表多重选择，即选项不是互斥的。从外观上来说，复选框所使用的选中标记是一个方框和方框里面的小叉，而不是单选钮所使用的小圆圈和里面的小点。

对于编程者来说，复选框和单选钮非常相似。我们通过 SetCheck 成员函数来设置某一复选框的选中状态，通过 GetCheck 成员函数来获取某一复选框的选中状态。一般来说，对于复选框，由于其选项不是互斥的，我们一般不通过 GetCheckedRadioButton 之类的函数来获得处于选中状态的按钮。

7.3.2 静态控件

静态控件一般用来显示静态的文本、图标、位图或图元文件，它不能用来接受用户的输入，也很少用来显示输出，而在更多的情况下用作那些没有固定的标题文本属性的控件(如文本编辑控件、列表框等)的标签，或者用来进行控件的分组，或者用来显示一些提示性文本。MFC 类 CStatic 封装了标准的 Windows 静态控件。

7.3.3 列表框控件

列表框控件通常用来列出一系列可供用户从中进行选择的项，这些项一般来说都以字符串的形式给出，但也可以采用其他的形式，如图形等。列表框可以只允许单一选择，也就是说用户同时只能选择所有列表项中的一项；除此之外，列表框也可以是多项选择的，用户可以在多项选择列表框中选择多于一项的列表项。当用户选择了某项时，该项被反白显示，同时列表框向父窗口发送一条通知消息。MFC 类 CListBox 封装了 Windows 标准列表框控件，其成员函数(参见表 7-2)提供了对标准列表框的绝大多数操作。

表 7-2 在类 CListBox 中定义的成员函数

成员函数	描述
AddString	向列表框中添加字符串
CharToItem	为不包含字符串的自绘制列表框提供对 WM_CHAR 的定制处理
CListBox	构造一个 CListBox 对象
CompareItem	由框架调用以决定新添加的项在有序自绘制列表框中的位置
Create	创建一个 Windows 列表框控件，并将它与 CListBox 对象相关联
DeleteItem	当用户从自绘制列表框中删除一项时由框架调用
DeleteString	从列表框中删除字符串
Dir	从当前目录向列表框中添加文件名
DrawItem	当自绘列表框的可视部分改变时由框架调用
FindString	在列表框中查询指定的字符串
FindStringExact	查找与指定字符串相匹配的第一个列表框字符串
GetAnchorIndex	返回列表框中当前"锚点"项的基于零的索引
GetCaretIndex	在多重选择列表框中获得当前拥有焦点矩形的项的索引

续表 7－2

成员函数	描　述
GetCount	返回列表框中字符串的数目
GetCurSel	返回列表框中当前选择字符串的基于零的索引值
GetHorizontalExtent	以象素为单位返回列表框横向可滚动的宽度
GetItemData	返回下列表框项相关联的 32 位值
GetItemDataPtr	返回指向列表框项的指针
GetItemHeight	决定列表框中项的高度
GetLocale	获得列表框使用的区域标识符
GetSel	返回列表框项的选定状态
GetSelItems	返回当前选定字符串的索引
GetSelCount	在多重选择列表框中获得当前选定字符串的数目
GetText	拷贝列表框项到缓冲区
GetTextLen	以字节为单位返回列表框项的长度
GetTopIndex	返回列表框中第一个可视项的索引
InitStorage	为列表框项和字符串预先分配内存
InsertString	在列表框中的指定位置插入一个字符串
ItemFromPoint	返回与指定点最接近的列表框项的索引
MeasureItem	当自绘列表框创建时由框架调用以获得列表框的尺寸
ResetContent	从列表框中清除所有的项
SelectString	从单项选择列表框中查找并选定一个字符串
SelItemRange	在多重选择列表框中选中某一范围的字符串或清除某一范围的字符串的选定状态
SetAnchorIndex	在多重选择列表框的设置扩展选定的起点（“锚点”项）
SetCaretIndex	在多重选择列表框中设置当前拥有焦点矩形的项的索引
SetColumnWidth	设置多列列表框的列宽
SetCurSel	在列表框中选定一字符串
SetHorizontalExtent	以象素为单位设置列表框横向可滚动的宽度
SetItemHeight	设置列表框中项的高度
SetItemRect	返回列表框项当前显示的边界矩形
SetLocale	为列表框指定区域标识符
SetSel	在多重选择列表框中选定一列表框项或清除某一列表框项的选定状态
SetTabStops	设置列表框的制表位
SetTopIndex	设置列表框中第一个可视项的基于零的索引
VKeyToItem	为具有 LBS_WANTKEYBOARDINPUT 样式的列表框提供定制的 WM_KEYDOWN 消息处理

列表框使用示例：

```
void CControlDemoDlg:: OnBnClickedButton3()
{
    int index = m_cListBoxCtrl.GetCount();
    CString tempStr;
    tempStr.Format(_T("Index: % d"), index);
    m_cListBoxCtrl.InsertString(index, tempStr);
    m_cListBoxCtrl.SetTopIndex(index);
}

void CControlDemoDlg:: OnBnClickedButton4()
{
    int itemCount = m_cListBoxCtrl.GetCount();
    if (itemCount < = 0)
    {
        AfxMessageBox(_T("没有数据。"));
        return;
    }
    CString tempStr;
    m_cListBoxCtrl.GetText(itemCount - 1, tempStr);
    tempStr = _T("确定要删除") + tempStr + _T(" 吗?");
    if (AfxMessageBox(tempStr, 65) = = IDOK)
    {
        m_cListBoxCtrl.DeleteString(itemCount - 1);
    }
}
```

7.3.4 组合框

组合框(combobox)可以看作是一个编辑框或静态文本框与一个列表框的组合，组合框的名称也正是由此而来。当前选定的项将显示在组合框的编辑框或静态文本框中。如果组合框具有下拉列表(drop-down list)样式，则用户可以在编辑框中键入列表框中某一项的首字母，在列表框可见时，与该首字母相匹配的最近的项将被加亮显示。

组合框对应于 Controls 工具箱内的按钮为 。在绘制组合框的同时可以使用控件的 Properties 对话框设置控件的各种属性样式。

组合框的常用属性有以下几种：

(1)DropDownStyle 属性

该属性用于控制显示界面。该值有以下几种形式：Simple 简单下拉列表框(始终显示列表)、DropDownList 下拉列表框(文本部分不可编辑，并且必须选择一个箭头才能查看下拉框)或 DropDown 默认下拉列表框(文本部分可编辑，并且用户必须按箭头键才能查看列表)。

(2) Items 属性

该属性可以获取对当前存储在列表框中的项列表的引用。通过此引用，可以在集合中添加项、移除项和获得项的计数。

(3) MaxDropDownItems 属性

该属性决定了在组合框中显示的最多选项数。默认值是 8，指用户可以不用滚动条能够看到组合框中 8 个选项。如果该属性的值大于组合框中选项数目时，下拉列表框的高度为仅仅能容纳这些选项的高度。如果该属性的值小于组合框中选项数目时，下拉列表框就会显示一个滚动条。

在组合框属性中可以添加组合框中的数据，每项用"；"分割开。

组合框使用示例：

```
void CControlDemoDlg:: OnBnClickedButton9()
{
    int index = m_cComboBoxCtrl.GetCount();
    CString tempStr;
    tempStr.Format(_T("Index: % d"), index);
    m_cComboBoxCtrl.InsertString(index, tempStr);
    m_cComboBoxCtrl.SetCurSel(index);
}

void CControlDemoDlg:: OnBnClickedButton10()
{
    CString tempStr;
    m_cComboBoxCtrl.GetWindowText(tempStr);
    AfxMessageBox(tempStr);
}
```

7.3.5　滚动条

滚动条(ScrollBar)通常用来附在窗体上协助观察数据或确定位置。滚动条有水平和垂直两种。滚动条中有滑块，滑块用于鼠标拖放以变化数据或位置。水平滚动条的滑块在最左端代表最小值，在最右端代表最大值。垂直滚动条的滑块在最上端代表最小值，在最下端代表最大值。

滚动条的常用属性有以下几种：

(1) 基本属性

ScrollBar 的基本属性有：name、Height 、Width、Top、Left、Enabled、Visible、Index 等。

(2) Max(最大值)属性

Max 属性表示当滑块处于滚动条最大位置时所代表的值。

(3) Min(最小值)属性

Min 属性表示滑块处于滚动条最小位置时所代表的值。

(4)SmallChange(最小变动值)属性

SmallChange 属性表示鼠标单击滚动条两端箭头时，滑块移动的增量值。

(5)LargeChange(最大变动值)属性

LargeChange 属性表示鼠标单击滚动条的空白处时，滑块移动的增量值。

(6)Value 属性

Value 属性值表示滚动条内滑块所处的位置。

滚动条的常用事件有 Scroll 事件和 Change 事件。每当拖动滑块时会触发滚动条的 Scroll 事件，改变 Value 值属性时会触发滚动条的 Change 事件。

由于篇幅有限，在本章中我们不打算介绍更多的 MFC 控件。事实上，MFC 控件的使用是有规律可寻的。只需要弄清楚几种控件的用法，以及 MFC 在处理控件时的机制，就很容易借助 Visual C++ 所提供的丰富的联机文档来学习其他控件的使用。本章中所介绍的控件，还只是所有控件中很小的一个部分，我们的目的不在于详尽地罗列各种控件的使用方法，而在于起到“抛砖引玉”的作用。

7.4 对话框类的设计

第 1 章已经讲过了一个简单的 MFC 程序的设计编写过程，基于对话框的 MFC 程序 Visual Studio 会自动生成一个主对话框的类，并在程序主函数自动添加了一个该类的对象，程序启动主对话框就会被自动调用，我们所要做的只是在这个类里面添加成员变量和成员函数就可以了。但是如果我们的程序需要两个以上的对话框，又或者要在文档 MFC 程序中添加对话框，显然就不会像第 1 章所讲的那样简单了。前面给出了界面的设计，那么接下来就要详细介绍如何实现这些对话框和控件功能。

完成对话框模板的设计后，就需要设计一个对话框类以实现对话框的功能。设计对话框类主要包括下面几步：

(1)创建对话框类。该类应从 CDialog 类派生。

(2)为对话框类加入与控件相对应的成员变量。

(3)为对话框进行初始化工作。

(4)增加对控件通知消息的处理。

7.4.1 对话框类的创建

对话框类的创建十分简单，可以在资源视图中添加，进行可视化向导模式的对话框类的创建。请读者按以下几步操作：

打开对话框的资源视图，右键点击对话框的空白区域，会弹出菜单，点击【添加类】，如图 7-9 所示。当对话框未添加类时，【添加变量】和【添加事件处理程序】选项均为不可用状态，当对话框已添加类时，【添加变量】为可用状态。

进入添加类后会出现 MFC 类向导，添加类名会根据类名自动填写头文件和源文件，基类选择 CDialog 类，点击完成按钮完成类的添加，如图 7-10 所示，类向导会自动使对话框类和对话框模板联系起来。

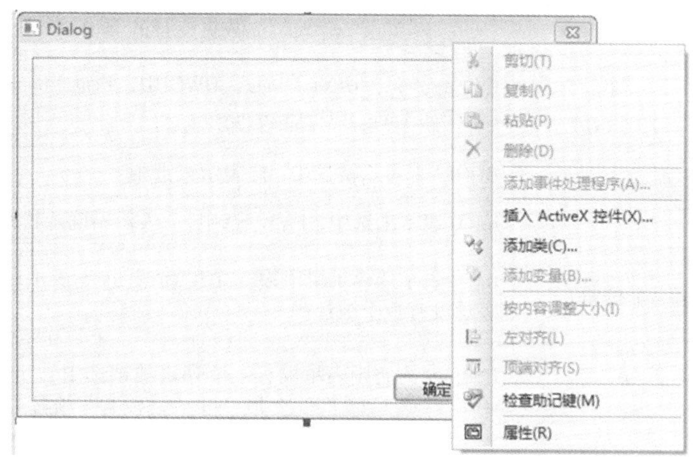

图7－9　对话框类创建

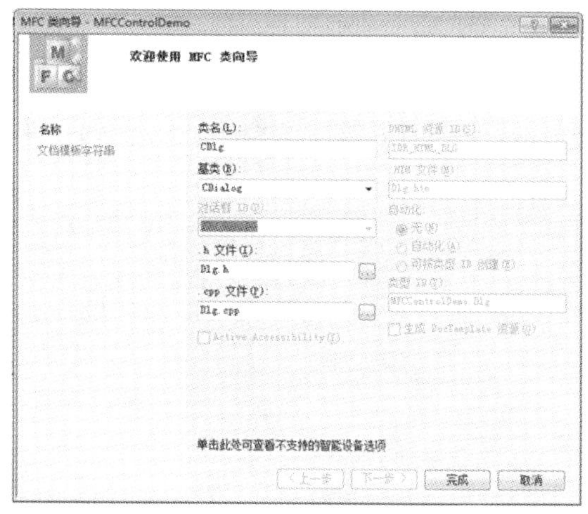

图7－10　类向导对话框

7.4.2　为对话框类加入成员变量

对话框的主要功能是输出和输入数据，对话框需要有一组成员变量来存储数据。在对话框中，控件用来表示或输入数据，因此，存储数据的成员变量应该与控件相对应。

与控件对应的成员变量既可以是一个数据，也可以是一个控件对象，这将由具体需要来确定。例如，可以为一个编辑框控件指定一个数据变量，这样就可以很方便地取得或设置编辑框控件所代表的数据，如果想对编辑框控件进行控制，则应该为编辑框指定一个CEdit对象，通过CEdit对象，程序员可以控制控件的行为。需要指出的是，不同类的控件对应的数据变量的类型往往是不一样的，而且一个控件对应的数据变量的类型也可能有多种。表7－3说明了控件的数据变量的类型。

表 7-3　控件的数据变量类型

控件	数据变量的类型
编辑框	CString, int, UINT, long, DWORD, float, double, short, BOOL, COleDateTime, COleCurrency
普通检查框	BOOL(真表示被选中，假表示未选中)
三态检查框	int(0 表示未选中，1 表示选中，2 表示不确定状态)
单选按钮(组中的第一个按钮)	int(0 表示选择了组中第一个单选按钮，1 表示选择了第二个，-1 表示没有一个被选中)
不排序的列表框	CString(为空则表示没有一个列表项被选中)，int(0 表示选择了第一项，1 表示选了第二项，-1 表示没有一项被选中)
下拉式组合框	CString, int(含义同上)
其他列表框和组合框	CString(含义同上)

利用“添加成员变量向导”可以很方便地为对话框类加入成员变量。请读者按下列步骤操作：

打开资源视图，右键单击要添加成员变量的控件，弹出菜单，如图 7-11 所示。

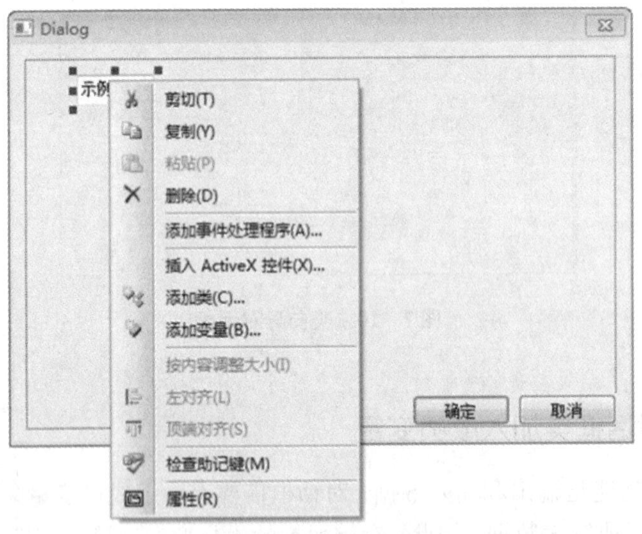

图 7-11　添加变量

选择【添加变量】，打开“添加成员变量向导”对话框，添加相应变量类型，如图 7-12 所示。当变量类型为数值类型时，可以选择数值范围，即填写最大值最小值；变量也可以为控件类的一个对象。

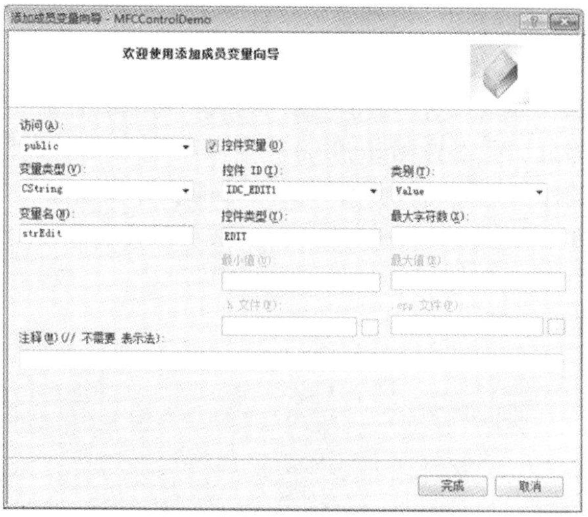

图 7-12　ClassWizard 对话框

7.4.3　对话框的初始化

对话框的初始化工作一般在构造函数和 OnInitDialog 函数中完成。在构造函数中的初始化主要是针对对话框的数据成员，例如下面两段代码：

```
CLineInsectionDlg:: CLineInsectionDlg(CWnd * pParent/ * =NULL * /)
: CDialog(CLineInsectionDlg:: IDD, pParent)
, dXa(1630.744), dYa(1834.562), dXb(1278.331), dYb(2408.885), dSidea(518.624), dSideb(360.081), dXp(0), dYp(0)
{

}
```

```
CLineInsectionDlg:: CLineInsectionDlg(CWnd * pParent/ * =NULL * /)
: CDialog(CLineInsectionDlg:: IDD, pParent)
{
    dXa = 1630.744;
    dYa = 1834.562;
    dXb = 1278.331;
    dYb = 2408.885;
    dSidea = 518.624;
    dSideb = 360.081;
    dXp = 0;
    dYp = 0;
}
```

两种方法是相同的，可以看出，这两种方法就是类的构造函数的初始化方法。

在对话框创建时，会收到 WM_INITDIALOG 消息，对话框对该消息的处理函数是 OnInitDialog。调用 OnInitDialog 时，对话框已初步创建，对话框的窗口句柄也已有效，但对话框还未被显示出来。因此，可以在 OnInitDialog 中做一些影响对话框外观的初始化工作。OnInitDialog 对对话框的作用与 OnCreate 对 CMainFrame 的作用类似。

提示：MFC 窗口的初始化工作一般在 OnCreate 成员函数中进行，但对话框的初始化工作最好在 OnInitDialog 中进行。

下面的代码即为界面外观的初始化：

```
BOOL CLineInsectionDlg:: OnInitDialog()
{
    CDialog:: OnInitDialog();
    ..................
    ..................
    // TODO: 在此添加额外的初始化代码
    // 插入图片
    //在图片控件中显示前方交会示意图
    CStatic  * pPic1 = (CStatic * )GetDlgItem(IDC_PictureLineSec);        //通过 ID 获取图片控件
    //定义位图句柄, 并把位图资源加入其中
    HBITMAP
    hBitmap1 = :: LoadBitmap(AfxGetApp()-> m_hInstance, MAKEINTRESOURCE(IDB_Linesection));
    //设置 Picture Control 的样式, 使其可以使用位图, 并使位图居中
    pPic1 -> ModifyStyle(0xF, SS_BITMAP | SS_CENTERIMAGE);
    pPic1 -> SetBitmap(hBitmap1);                                          //显示位图

    return TRUE;                         // 除非将焦点设置到控件, 否则返回 TRUE
}
```

提示：在 OnInitDialog 函数中会有“// TODO：在此添加额外的初始化代码”提示，在此行下添加代码即可。

CLineInsectionDlg::OnInitDialog()的主要任务是给对话框添加一个图片。除此以外，还可以为一些控件外挂进行初始化，例如 ListBox 列表内容的设置等。

7.4.4 对话框的数据交换机制

对话框的数据成员变量存储了与控件相对应的数据。数据变量需要和控件交换数据，以完成输入或输出功能。例如，一个编辑框既可以用来输入，也可以用来输出：用作输入时，用户在其中输入了字符后，对应的数据成员应该更新；用作输出时，应及时刷新编辑框的内容以反映相应数据成员的变化。对话框需要一种机制来实现这种数据交换功能，这对对话框来说是至关重要的。

MFC 提供了类 CDataExchange 来实现对话框类与控件之间的数据交换(DDX)，该类还提供了数据有效机制(DDV)。数据交换和数据有效机制适用于编辑框、检查框、单选按钮、列表框和组合框。

数据交换的工作由 CDialog::DoDataExchange 来完成。读者可以在对话框类成员函数中找到下列代码即为一段 DoDataExchange 函数代码。

```
void CDateSeqencingDlg:: DoDataExchange(CDataExchange * pDX)
{
    CDialog:: DoDataExchange(pDX);
    DDX_Control(pDX, IDC_FilesTab, tabFiles);
}
```

读者可以看出，该函数中的代码是自动加入的。DoDataExchange 只有一个参数，即一个 CDataExchange 对象的指针 pDX。在该函数中调用了 DDX 函数来完成数据交换，调用 DDV 函数来进行数据有效检查。

当程序需要交换数据时，不要直接调用 DoDataExchange 函数，而应该调用 CWnd::UpdateData。UpdateData 函数内部调用了 DoDataExchange。该函数只有一个布尔型参数，它决定了数据传送的方向。调用 UpdateData(TRUE)将数据从对话框的控件中传送到对应的数据成员中，调用 UpdateData(FALSE)则将数据从数据成员中传送给对应的控件。

在缺省的 CDialog::OnInitDialog 中调用了 UpdateData(FALSE)，这样，在对话框创建时，数据成员的初值就会反映到相应的控件上。若用户是按了 OK(确定)按钮退出对话框，则对话框认为输入有效，就会调用 UpdataData(TRUE)将控件中的数据传给数据成员。图 7－13 描绘了对话框的这种数据交换机制。

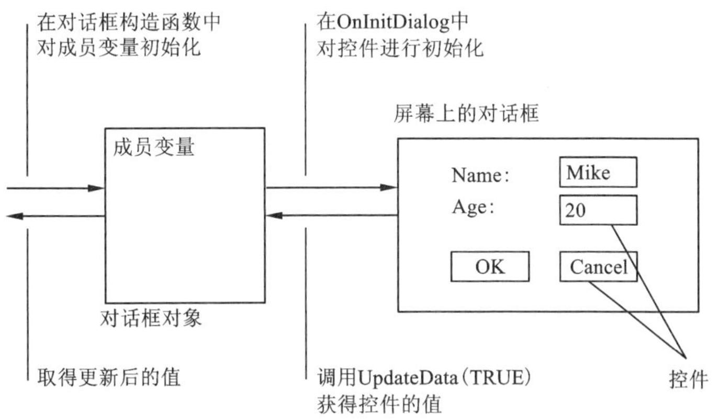

图 7－13　对话框的数据交换

7.4.5　对话框的运行机制

在程序中运行模态对话框有两个步骤：

(1)在堆栈上以变量的形式构建一个对话框对象。

(2)调用 CDialog::DoModal ()。

DoModal 负责模态对话框的创建和撤销。在创建对话框时，DoModal 的任务包括载入对话框模板资源、调用 OnInitDialog 初始化对话框和将对话框显示在屏幕上。完成对话框的创建后，DoModal 启动一个消息循环，以响应用户的输入。由于该消息循环截获了几乎所有的输入消息，使主消息循环收不到对对话框的输入，致使用户只能与模态对话框进行交互，而其他用户界面对象收不到输入信息。

若用户在对话框内点击了 ID 为 IDOK 的按钮(通常该按钮的标题是“确定”或“OK”)，或按了回车键，则 CDialog::OnOK 将被调用。OnOK 首先调用 UpdateData(TRUE)将数据从控件传给对话框成员变量，然后调用 CDialog::EndDialog 关闭对话框。关闭对话框后，DoModal 会返回值 IDOK。

若用户点击了 ID 为 IDCANCEL 的按钮(通常其标题为“取消”或“Cancel”)，或按了 ESC 键，则会导致 CDialog::OnCancel 的调用。该函数只调用 CDialog::EndDialog 关闭对话框。关闭对话框后，DoModal 会返回值 IDCANCEL。

程序根据 DoModal 的返回值是 IDOK 还是 IDCANCEL 就可以判断出用户是确定还是取消了对对话框的操作。

下列代码即为调用 DoModal 的方法。

```
void CIntersectionDlg:: OnBnClickedEnterlinesection()
{
    // 进入测边交会程序
    CLineInsectionDlg Dlg;
    OnOK();
    Dlg.DoModal();
}
```

7.4.6　处理控件通知消息

有时在程序应用过程中，一个选项的更改会导致其他项目的同时更改，以及界面的更换，这就要求在运行程序过程中，对各个控件间添加一定的关联消息以完成上述实时改变。

要解决上述问题，就必须对控件通知消息进行处理。当控件的状态因为输入等原因而发生变化时，控件会向其父窗口发出控件通知消息。例如，如果用户在录入数据对话框中的某一按钮(包括普通按钮、检查框和单选按钮)上单击鼠标，则该按钮会向对话框发送 BN_CLICKED 消息。对话框根据按钮的 ID

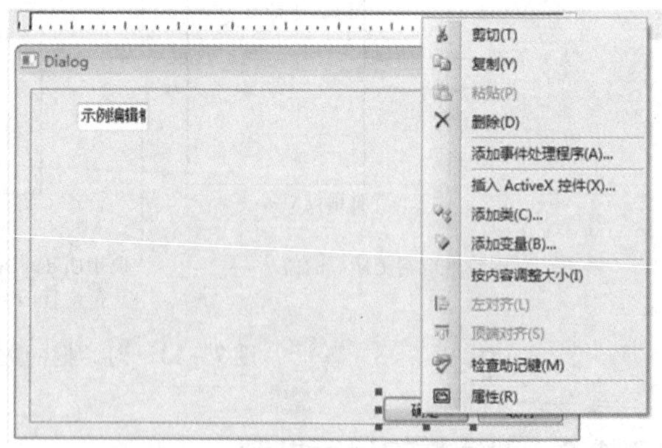

图 7－14　添加事件处理程序

激活相应的 BN_CLICKED 消息处理函数，以对单击按钮这一事件作出反应。通过对按钮的 BN_CLICKED 消息的处理，我们可以完成上述功能。

第 1 章我们讲过双击按钮控件即可添加单击事件，那么按钮的其他事件以及其他控件的消息函数如何添加呢?

下面我们就介绍最一般的添加事件处理程序方法。

首先进入资源视图界面，右键点击要添加事件处理程序的控件，弹出菜单，如图7 - 14所示。

单击【添加事件处理程序】，打开事件处理程序向导，选择相应消息类型，点击【添加编辑】如图 7 - 15 所示。

之后自动转入源代码页面，在函数中添加相应代码即可，如图 7 - 16 所示。

表 7 - 4 列出了管理对话框控件的 Cwnd 成员函数。

图 7 - 15　添加编辑

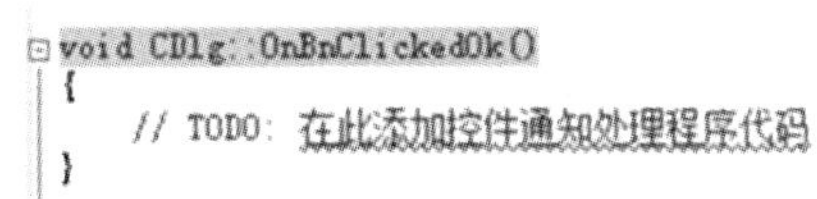

图 7 - 16　添加代码

表 7 - 4　用来管理对话框控件的 CWnd 成员函数

函数名	功　　能
CheckDlgButton	选中或不选中按钮控件
CheckRadioButton	选择一个指定的单选按钮并使同组内的其他单选按钮不被选择
DlgDirList	往一个列表框中添加文件、目录或驱动器的列表
DlgDirListComboBox	往一个组合框中的列表框内添加文件、目录或驱动器的列表
DlgDirSelect	从一个列表框中获得当前选择的文件、目录或驱动器
DlgDirSelectBomboBox	从一个组合框中获得当前选择的文件、目录或驱动器
GetCheckedRadioButton	返回指定的单选按钮组中被选择的单选按钮的 ID
GetDlgItem	返回一个指向一给定的控件的临时对象的指针
GetDlgItemInt	返回在一个指定的控件中由正文表示的数字值
GetDlgItemText	获得在一个控件内显示的正文
GetNextDlgGroupItem	返回一个指向一组控件内的下一个或上一个控件的临时对象的指针
GetNextDlgTabItem	返回下一个 tab 顺序的控件的临时对象的指针
IsDlgButtonChecked	返回一个按钮控件的状态
SendDlgItemMessage	把一个消息传送给一个控件
SetDlgItemInt	将一个整数转换为正文，并将此正文赋给控件
SetDlgItemText	设置一个控件显示的正文

编译并运行 Register 看看，现在的登录数据对话框已经比较令人满意了。

7.5 非模态对话框

7.5.1 非模态对话框的特点

与模态对话框不同，非模态对话框不垄断用户的输入，用户打开非模态对话框后，仍然可以与其他界面进行交互。

非模态对话框的设计与模态对话框基本类似，也包括设计对话框模板和设计 CDialog 类的派生类两部分。但是，在对话框的创建和删除过程中，非模态对话框与模态对话框相比有下列不同之处：

非模态对话框的模板必须具有 Visible 风格，否则对话框将不可见，而模态对话框则无需设置该项风格。更保险的办法是调用 CWnd::ShowWindow(SW_SHOW)来显示对话框，而不管对话框是否具有 Visible 风格。

非模态对话框对象是用 new 操作符在堆中动态创建的，而不是以成员变量的形式嵌入到别的对象中或以局部变量的形式构建在堆栈上。通常应在对话框的拥有者窗口类内声明一个指向对话框类的指针成员变量，通过该指针可访问对话框对象。

通过调用 CDialog::Create 函数来启动对话框，而不是 CDialog::DoModal，这是非模态对话框的关键所在。由于 Create 函数不会启动新的消息循环，对话框与应用程序共用同一个消息循环，这样对话框就不会垄断用户的输入。Create 在显示了对话框后就立即返回，而 DoModal 是在对话框被关闭后才返回的。众所周知，在 MFC 程序中，窗口对象的生存期应长于对应的窗口，也就是说，不能在未关闭屏幕上窗口的情况下先把对应的窗口对象删除掉。由于在 Create 返回后，不能确定对话框是否已关闭，这样也就无法确定对话框对象的生存期，因此只好在堆中构建对话框对象，而不能以局部变量的形式来构建。

必须调用 CWnd::DestroyWindow 而不是 CDialog::EndDialog 来关闭非模态对话框。调用 CWnd::DestroyWindow 是直接删除窗口的一般方法。由于缺省的 CDialog::OnOK 和 CDialog::OnCancel 函数均调用 EndDialog，故程序员必须编写自己的 OnOK 和 OnCancel 函数并且在函数中调用 DestroyWindow 来关闭对话框。

因为是用 new 操作符构建非模态对话框对象，因此必须在对话框关闭后，用 delete 操作符删除对话框对象。在屏幕上一个窗口被删除后，框架会调用 CWnd::PostNcDestroy，这是一个虚拟函数，程序可以在该函数中完成删除窗口对象的工作，具体代码如下：

```
void CModelessDialog:: PostNcDestroy
{
    delete this;                        //删除对象本身
}
```

这样，在删除屏幕上的对话框后，对话框对象将被自动删除。拥有者对象就不必显式的调用 delete 来删除对话框对象了。

必须有一个标志表明非模态对话框是否是打开的。这样做的原因是用户有可能在打开一个模态对话框的情况下，又一次选择打开命令。程序根据标志来决定是打开一个新的对话框，还是仅仅把原来打开的对话框激活。通常可以用拥有者窗口中的指向对话框对象的指针作为这种标志，当对话框关闭时，给该指针赋 NULL 值，以表明对话框对象已不存在了。

提示：在 C++ 编程中，判断一个位于堆中的对象是否存在的常用方法是判断指向该对象的指针是否为空。这种机制要求程序员将指向该对象的指针初始化为 NULL 值，在创建对象时将返回的地址赋给该指针，而在删除对象时将该指针置成 NULL 值。

7.5.2　窗口对象的自动清除

一个 MFC 窗口对象包括两方面的内容：一是窗口对象封装的窗口，即存放在 m_hWnd 成员中的 HWND（窗口句柄）；二是窗口对象本身是一个 C++ 对象。要删除一个 MFC 窗口对象，应该先删除窗口对象封装的窗口，然后删除窗口对象本身。

删除窗口最直接方法是调用 CWnd:: DestroyWindow 或:: DestroyWindow，前者封装了后者的功能。前者不仅会调用后者，而且会使成员 m_hWnd 保存的 HWND 无效（NULL）。如果 DestroyWindow 删除的是一个父窗口或拥有者窗口，则该函数会先自动删除所有的子窗口或被拥有者，然后再删除父窗口或拥有者。在一般情况下，在程序中不必直接调用 DestroyWindow 来删除窗口，因为 MFC 会自动调用 DestroyWindow 来删除窗口。例如，当用户退出应用程序时，会产生 WM_CLOSE 消息，该消息会导致 MFC 自动调用 CWnd:: DestroyWindow 来删除主框架窗口，当用户在对话框内按了 OK 或 Cancel 按钮时，MFC 会自动调用 CWnd:: DestroyWindow 来删除对话框及其控件。

窗口对象本身的删除则根据对象创建方式的不同，分为两种情况。在 MFC 编程中，会使用大量的窗口对象，有些窗口对象以变量的形式嵌入在别的对象内或以局部变量的形式创建在堆栈上，有些则用 new 操作符创建在堆中。对于一个以变量形式创建的窗口对象，程序员不必关心它的删除问题，因为该对象的生命期总是有限的，若该对象是某个对象的成员变量，它会随着父对象的消失而消失，若该对象是一个局部变量，那么它会在函数返回时被清除。

对于一个在堆中动态创建的窗口对象，其生命期却是任意长的。初学者在学习 C++ 编程时，对 new 操作符的使用往往不太踏实，因为用 new 在堆中创建对象，就不能忘记用 delete 删除对象。读者在学习 MFC 的例程时，可能会产生这样的疑问，为什么有些程序用 new 创建了一个窗口对象，却未显式地用 delete 来删除它呢？这是因为有些 MFC 窗口对象具有自动清除的功能。

如前面讲述非模态对话框时所提到的，当调用 CWnd:: DestroyWindow 或:: DestroyWindow 删除一个窗口时，被删除窗口的 PostNcDestroy 成员函数会被调用。缺省的 PostNcDestroy 什么也不干，但有些 MFC 窗口类会覆盖该函数并在新版本的 PostNcDestroy 中调用 delete this 来删除对象，从而具有了自动清除的功能。此类窗口对象通常是用 new 操作符创建在堆中的，但程序员不必操心用 delete 操作符去删除它们，因为一旦调用 DestroyWindow 删除窗口，对应的窗口对象也会紧接着被删除。

不具有自动清除功能的窗口对象通常是以变量的形式创建的，无需自动清除功能，这些窗口类如下所示。

(1)所有标准的 Windows 控件类;

(2)从 CWnd 类直接派生出来的子窗口对象(如用户定制的控件);

(3)切分窗口类 CSplitterWnd;

(4)缺省的控制条类(包括工具条、状态条和对话条);

(5)模态对话框类。

具有自动清除功能的窗口对象通常是在堆中创建的,这些窗口类如下所示:

(1)主框架窗口类(直接或间接从 CFrameWnd 类派生);

(2)视图类(直接或间接从 CView 类派生)。

读者在设计自己的派生窗口类时,可根据窗口对象的创建方法来决定是否将窗口类设计成可以自动清除的。例如,对于一个非模态对话框来说,其对象是创建在堆中的,因此应该具有自动清除功能。

综上所述,对于 MFC 窗口类及其派生类来说,在程序中一般不必显式删除窗口对象。也就是说,既不必调用 DestroyWindow 来删除窗口对象封装的窗口,也不必显式地用 delete 操作符来删除窗口对象本身。只要保证非自动清除的窗口对象是以变量的形式创建的,自动清除的窗口对象是在堆中创建的,MFC 的运行机制就可以保证窗口对象的彻底删除。

如果需要手工删除窗口对象,则应该先调用相应的函数(如 CWnd::DestroyWindow)删除窗口,然后再删除窗口对象。对于以变量形式创建的窗口对象,窗口对象的删除是框架自动完成的。对于在堆中动态创建了的非自动清除的窗口对象,必须在窗口被删除后,显式地调用 delete 来删除对象(一般在拥有者或父窗口的析构函数中进行)。对于具有自动清除功能的窗口对象,只需调用 CWnd::DestroyWindow 即可删除窗口和窗口对象。注意,对于在堆中创建的窗口对象,不要在窗口还未关闭的情况下就用 delete 操作符来删除窗口对象。

提示:在非模态对话框的 OnCancel 函数中可以不调用 CWnd::DestroyWindow,取而代之的是调用 CWnd::ShowWindow(SW_HIDE)来隐藏对话框。在下次打开对话框时就不必调用 Create 了,只需调用 CWnd::ShowWindow(SW_SHOW)来显示对话框。这样做的好处在于对话框中的数据可以保存下来,供以后使用。由于拥有者窗口在被关闭时会调用 DestroyWindow 删除每一个所属窗口,故只要非模态对话框是自动清除的,程序员就不必担心对话框对象的删除问题。

7.6 标签式对话框

在设计较为复杂的对话框时,常常会遇到这种情况:对某一事物的设置或选项需要用到大量的控件,以至于一个对话框放不下,而这些控件描述的是类似的属性,不能分开。用普通的对话框技术,这一问题很难解决。

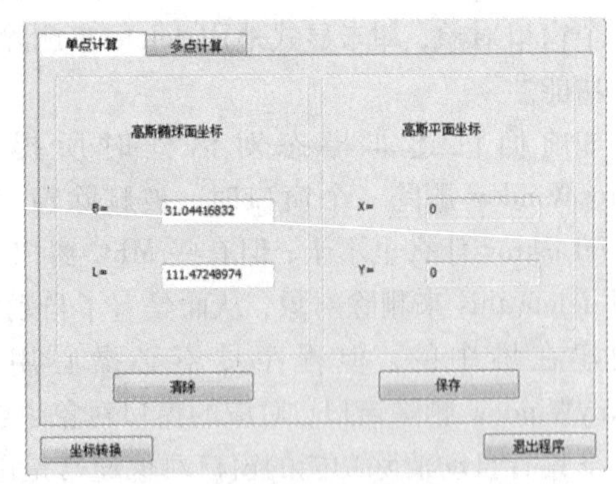

图 7-17 典型的标签式对话框

MFC 提供了对标签式对话框的支持,可以很好地解决上述问题。标签式对话框实际上是一个包含了多个子对话框的对话框,这些子对话框通常被称为页(Page)。每次只有一个页是可见的，在对话框的顶端有一行标签，用户通过单击这些标签可切换到不同的页。显然，标签式对话框可以容纳大量的控件。在像 Office 和 Visual Studio 这样复杂的软件中，用户会接触到较多的标签式对话框，一个典型的标签式对话框如图 7 - 17 所示。

7.6.1　标签式对话框的创建

为了支持标签式对话框，MFC 提供了 CPropertySheet 类和 CPropertyPage 类。前者代表对话框的框架，后者代表对话框中的某一页。CPropertyPage 是 CDialog 类的派生类，而 CPropertySheet 是 CWnd 类的派生类。虽然 CPropertySheet 不是 CDialog 类的派生类，但使用 CPropertySheet 对象的方法与使用 CDialog 对象是类似的。标签式对话框是一种特殊的对话框，因此，和普通对话框相比，它的设计与实现既有许多相似之处，又有一些不同的特点。

创建一个标签式对话框一般包括以下几个步骤：

分别为各个页创建对话框模板，去掉缺省的 OK 和 Cancel 按钮。每页的模板最好具有相同的尺寸，如果尺寸不统一，则框架将根据最大的页来确定标签对话框的大小。在创建模板时，需要在模板属性对话框中指定下列属性：

指定标题(Caption)的内容。标题的内容将显示在该页对应的标签中。

选择 TitleBar、Child、ThinBorder 和 Disable 属性。

根据各个页的模板，用 ClassWizard 分别为每个页创建 CPropertyPage 类的派生类。这一过程与创建普通对话框类的过程类似，不同的是在创建新类对话框中应在 Base class 一栏中选择 CPropertyPage 而不是 CDialog。

用 ClassWizard 为每页加入与控件对应的成员变量，这个过程与为普通对话框类加入成员变量类似。

程序员可直接使用 CPropertySheet 类，也可以从该类派生一个新类。除非要创建一个非模态对话框，或要在框架对话框中加入控件，否则没有必要派生一个新类。如果直接使用 CPropertySheet 类，则一个典型的标签式对话框的创建代码如下所示，该段代码也演示了标签式对话框与外界的数据交换。这些代码通常是放在显示对话框的命令处理函数中。可以看出，对话框框架的创建过程及对话框与外界的数据交换机制与普通对话框是一样的，不同之处是还需将页对象加入到 CPropertySheet 对象中。如果要创建的是模态对话框，应调用 CPropertySheet::DoModal，如果想创建非模态对话框，则应该调用 CPropertySheet::Create。

若从 CPropertySheet 类派生了一个新类，则应该将所有的页对象以成员变量的形式嵌入到派生类中，并在派生类的构造函数中调用 CPropertySheet::AddPage 函数来把各个页添加到对话框中。这样，在创建标签式对话框时就不用做添加页的工作了。

```
void CMyView:: DoModalPropertySheet()
{
    CPropertySheet propsheet;
    CMyFirstPage pageFirst; // derived from CPropertyPage
    CMySecondPage pageSecond; // derived from CPropertyPage
```

```
    // Move member data from the view (or from the currently
    // selected object in the view, for example).
    pageFirst.m_nMember1 = m_nMember1;
    pageFirst.m_nMember2 = m_nMember2;

    pageSecond.m_strMember3 = m_strMember3;
    pageSecond.m_strMember4 = m_strMember4;

    propsheet.AddPage(&pageFirst);
    propsheet.AddPage(&pageSecond);

    if (propsheet.DoModal() = = IDOK)
    {
        m_nMember1 = pageFirst.m_nMember1;
        m_nMember2 = pageFirst.m_nMember2;
        m_strMember3 = pageSecond.m_strMember3;
        m_strMember4 = pageSecond.m_strMember4;
    }
}
```

7.6.2 标签式对话框的运行机制

标签式对话框的初始化包括框架对话框的初始化和页的初始化。页的初始化工作可在 OnInitDialog 函数中进行，而框架对话框的初始化应该在 OnCreate 函数中完成。

根据 CPropertySheet::DoModal 返回的是 IDOK 还是 IDCANCEL，程序可判断出关闭对话框时按的是 OK 还是 Cancel 按钮，这与普通对话框是一样的。

如果标签式对话框是模态对话框，在其底部会有三个按钮，依次为 OK、Cancel 和 Apply (应用)按钮，如果对话框是非模态的，则没有这些按钮。OK 和 Cancel 按钮的意义与普通对话框没什么两样，Apply 按钮则是标签对话框所特有的。普通的模态对话框只有在用户按下了 OK 按钮返回后，对话框的设置才能生效，而设计 Apply 按钮的意图是让用户能在不关闭对话框的情况下使对话框中的设置生效。由此可见，Apply 的作用与前面例子中登录数据的“添加”按钮类似，用户不必退出对话框，就可以反复进行设置，这在某些应用场合下是很有用的。

为了对上述三个按钮作出响应，CPropertyPage 类提供了 OnOK、OnCancel 和 OnApply 函数，用户可覆盖这三个函数以完成所需的工作。需要指出的是这三个函数并不是直接响应按钮的 BN_CLICKED 消息的，但在按钮按下后它们会被间接调用。这些函数的说明如下：

(1) virtual void OnOK( );

在按下 OK 或 Apply 按钮后，该函数将被调用。缺省的 OnOK 函数几乎什么也不干，像数据交换和关闭对话框这样的工作是在别的地方完成的，这与普通对话框的 OnOK 函数是不同的。

(2) virtual void OnCancel();

在按下 Cancel 按钮后，该函数将被调用。缺省的 OnCancel 函数也是几乎什么都不干。

(3) virtual BOOL OnApply();

在按下 OK 或 Apply 按钮后，该函数将被调用。缺省的 OnApply 会调用 OnOK 函数。函数的返回值如果是 TRUE，则对话框中的设置将生效，否则无效。

按理说，CPropertySheet 类也应该提供上述函数，特别是 OnApply。但奇怪的是，MFC 并未考虑 CPropertySheet 类的按钮响应问题。读者不要指望能通过 ClassWizard 来自动创建按钮的 BN_CLICKED 消息处理函数，如果需要用到这类函数，那么只好手工创建了。

下列几个 CPropertyPage 类的成员函数也与标签对话框的运行机制相关。

(1) void SetModified(BOOL bChanged = TRUE);

该函数用来设置修改标志。若参数 bChanged 为 TRUE，则表明对话框中的设置已改动，否则说明设置未改动。该函数的一个主要用途是允许或禁止 Apply 按钮。在缺省情况下，Apply 按钮是禁止的。只要一调用 SetModified(TRUE)，Apply 按钮就被允许，而调用 SetModified(FALSE)并不一定能使 Apply 按钮禁止，只有在所有被标为改动过的页都调用了 SetModified(FALSE)后，Apply 按钮才会被禁止。另外，该函数对 OnApply 的调用也有影响，当 Apply 按钮被按下后，只有那些被标为改动过的页的 OnApply 函数才会被调用。在调用该函数之前，程序需要判断页中的内容是否已被修改，可以通过处理诸如 BN_CLICKED、EN_CHANG 这样的控件通知消息来感知页的内容的改变。

(2) virtual BOOL OnSetActive();

当页被激活或被创建时，都会调用该函数。该函数的缺省行为是若页还未创建，就创建之，若页已经创建，则将其激活，并调用 UpdateData(FALSE)更新控件。用户可覆盖该函数完成一些刷新方面的工作。

(3) virtual BOOL OnKillActive();

当原来可见的页被覆盖或被删除时，都会调用该函数。该函数的缺省行为是调用 UpdateData(TRUE)更新数据。用户可覆盖该函数完成一些特殊数据的有效性检查工作。

需要说明的是，标签对话框中的所有页不一定都会被创建。实际上，那些从未打开过的页及其控件是不会被创建的。因此，在 CPropertyPage 类的派生类中，只有在确定了页已存在后，才能调用与对话框及控件相关的函数(如 UpdateData)。如果收到控件通知消息，或 OnSetActive 函数被调用，则说明页已经存在。正是由于上述原因，使得标签式对话框的内部数据交换只能在 OnSetActive 和 OnKillActive 函数中进行。

7.7　菜单设计

对于单文档、多文档的 MFC 应用程序功能的实现，需要依靠菜单实现。基于对话框的 MFC 应用程序也可以通过"添加资源"添加菜单栏。菜单分为主菜单和弹出式菜单两种，主菜单是指显示在主窗体菜单栏中的菜单，弹出式菜单是指当用户单击鼠标右键时出现的上下菜单。

MFC 程序窗体上的菜单是使用主菜单对象创建的，该对象是一个 MenuItem 对象集合。可以在设计时向 MFC 程序窗体添加菜单，方法是添加 MainMenu 控件然后使用菜单编辑器向其追加菜单项。还可以用编程方法添加菜单，方法是向窗体添加一个或多个 MainMenu 对象并向该集合中添加 MenuItem 对象。

7.7.1 菜单编辑器

Visual C++.net 为程序员提供了一个可视化的菜单设计器，利用此编辑器可以方便地添加、删除、插入和移动其中的菜单项。

单文档、多文挡 MFC 应用程序进行菜单编辑，需要在资源视图中打开 Menu→MAINFRAME 启动菜单编辑器，基于对话框的 MFC 应用程序也可以在资源视图中添加。

为了使用菜单编辑器添加菜单，需要将 MainMenu 或 ContextMenu 控件添加到窗体上。添加了其中的任何一种控件(并且在 Windows 窗体设计器底部的控件栏中将其选定)之后，将会在窗体的标题栏下面看到文本“请在此处输入”或“上下文菜单”。单击该文本并键入名称，将创建一个菜单项，其 Text 属性由键入的名称指定。

此外，通过右击菜单设计器，可以插入新菜单项，将分隔条添加到正在设计的菜单，或者打开名称编辑器(这样可以修改正在创建的菜单项的 Name 属性)。

最后，可以使用菜单设计器将选中标记和其他的菜单增强添加到窗体菜单。

7.7.2 菜单的基本操作

1. 获取菜单指针

通过 CMenu *GetMenu() const; 函数可以获取到菜单指针。但是该函数在 VC++2008 MFC 创建的 BCGControlBar 菜单栏中获取到的值始终为 NULL，原因是 BCGControlBar 的菜单工具栏代替了标准工具栏，所以 GetMenu 失效。

2. 标记菜单

通过 UINT CheckMenuItem(UINT nIDCheckItem, UNIT nCheck) 进行操作。

nIDCheckItem 的值可以是菜单项 ID，也可以是菜单项的位置，通过 nCheck 来确定。

nCheck 的值可以是以下的值或组合：

MF_CHECKED：命令旁显示默认复选标志

MF_UNCHECKED：清除命令旁的复选标志

MF_BYPOSITION：菜单位置标志

MF_BYCOMMAND：菜单 ID 标志

3. 设置默认菜单

SetDefaultItem(UINT uItem, BOOL fByPos = FALSE);

uItem ：当 fByPos 为 FALSE 时为菜单项位置，为 TRUE 时为菜单 ID。

4. 设置位图标题菜单

```
BOOL SetMenuItemBitmaps();              //CMenu::SetMenuItemBitmaps
```

5. 使菜单项有效，无效，或变灰

```
UINT EnableMenuItem();                  //CMenu::EnableMenuItem
```

6. 在当前窗口上设置新菜单或移除菜单

```
BOOL SetMenu(CMenu * pMenu);            //CWnd::SetMenu 在当前窗口上设置新菜单
SetMenu(NULL);                          //移除菜单
```

7. 分离菜单与 CMenu 并返回菜单句柄

HMENU Detach();

8. 获取菜单的宽和高

GetSystemMetrics(SM_CXMENUCHECK)//获取宽

GetSystemMetrics(SM_CYMENUCHECK)//获取高

7.8 工具栏

工具栏(ToolBar)控件用作窗体上的控制条，用于显示一行下拉菜单和一些可激活命令的位图按钮。因此，单击工具栏按钮相当于选择菜单命令。可将按钮配置为以普通按钮、下拉菜单或分隔符等形式来显示和使用。通常情况下，工具栏包含的按钮和菜单与应用程序菜单结构中的项相对应，以提供对应用程序的常用功能和命令的快速访问。

ToolBar 控件通常沿其父窗口顶部“停靠”，但是也可以将它停靠到窗口的任一边上。当用户将鼠标指针指向工具栏按钮时，工具栏可以显示工具提示。工具提示是一个小的弹出式窗口，用以简述按钮或菜单的用途。若要显示工具提示，必须将 ShowToolTips 属性设置为 true。

当 Appearance 属性设置为 Normal 时，工具栏按钮以凸起和三维方式显示。可以将工具栏的 Appearance 属性设置为 Flat，以使工具栏及其按钮按平面方式显示。当鼠标指针移动到平面按钮时，该按钮的外观变为三维形状。可以使用分隔符将工具栏按钮划分成多个逻辑组。分隔符是 Style 属性设置为 Separator 的工具栏按钮，它在工具栏上显示为空白。当工具栏具有平面外观时，按钮分隔符显示为直线而不是按钮之间的空白。

ToolBar 允许您通过将 Button 对象添加到 Buttons 集合中来创建工具栏。可以使用“集合编辑器”将按钮添加到 ToolBar 控件中；每个 Button 对象都应分配有文本或图像，不过也可同时分配文本和图像。图像由一个关联的 ImageList 组件提供。运行时，可使用 Add 和 Remove 方法从 ToolBarButtonCollection 中添加或移除按钮。若要对 ToolBar 的按钮进行编程，请向 ToolBar 的 ButtonClick 事件中添加代码，使用 ToolBarButtonClickEventArgs 类的 Button 属性来确定所单击的按钮。

7.9 界面设计基本原则

我们采用 MFC 开始编程时，首先考虑的往往是一些技术性的问题：采用何种数据结构、算法如何实现、怎样提高效率等，而程序界面则容易被忽视。尽管多数编程工具都能通过简单的控件拖动来创建用户界面，不过了解编程界面设计的基本原则并遵循它，能使应用软件的操作性有较大的提高。

1. 保持界面简明

界面设计最重要的原则是简明化。对于应用软件而言，如果界面看上去很复杂，很可能使用户感觉软件本身也难以使用；另外，从美学的角度来讲，整洁、简单的界面常常更可取。在界面设计中，一个普遍易犯的错误是：编程者往往希望将所有的功能控制都安排在主界面中，以方便用户的操作，但实际上，太多的信息和按钮并不能给用户带来操作上的任何便利，相反会让人感到繁杂。正确的做法是将不同的功能分组，以浮动工具栏或菜单的形式提供给用户自主选择。

2.界面元素的一致性

在用户界面设计中，一致性是一种优点。一致的外观可以在应用软件中创造一种和谐的氛围，任何东西看上去都那么协调。如果界面缺乏一致性，则很可能引起混淆，并使应用软件看起来非常混乱、没有条理，甚至可能引起对应用软件可靠性的怀疑。

为了保持视觉上的一致性，在开发应用软件之前应先进行标准约定：诸如控件的类型、控件的尺寸、分组的标准以及字体的选取等设计元素都应该在事先确定好。在为控件设置属性时请保持一致，如果在一个地方为可编辑的文本使用白色背景，除非有很好的理由，否则不要在别的地方又使用灰色。

还有，尽量恰当地使用控件。例如：文本框控件可以设置成只读并用来显示文本，但标签控件通常更适合该用途。在Windows编程工具中有大量的控件可供使用，建议在面对可实现同一任务的多种类型控件时，最好只使用其中一种。

3.控件的位置

在大多数界面设计中，并非所有的元素都有相同的重要性，合理布置控件位置是很有必要的，应确保重要的元素更快地显现给用户。重要的、频繁访问的元素应当放在显著的位置上，而不太重要的元素就应当降级到次要的位置。

我们的习惯是从左到右、自上而下地阅读。对于计算机屏幕也如此，大多数用户的眼睛会首先注视屏幕的左上部，所以最重要的元素应当放在屏幕的左上部。例如，如果窗体上的信息与用户有关，则他的相关信息应当显示在能最先被看到的地方；而按钮，如“确定”或“取消”，应当放置在屏幕的右下部，用户在未完成对窗体的浏览之前，通常不会点击这些按钮。

把元素与控件分成组也很重要，尽量把信息按功能或关系进行逻辑分组。例如编写数据库应用软件时，通常把姓名字段与地址分在一组，因为它们联系紧密。在许多情况下，可以使用框架来加强控件之间的联系。

各控件之间一致的间隔以及垂直与水平方向的对齐也可以使设计更美观。编程工具中一般都提供了“排列”、“按相同大小制作”、“水平间距”、“垂直间距”和“在窗体中央”等命令可供方便使用。

4.菜单项的安排

大多数基于Windows的应用程序都遵循这样的标准：“文件”菜单在最左边，然后是“编辑”、“工具”等可选的菜单，最右边是“帮助”菜单。如果你认为“文档”会比“文件”更贴切，或者“帮助”菜单要放在最前面，这就值得商榷了。没有任何规定禁止你这样做，但这样做会引起用户使用的不便，降低软件的可操作性。

子菜单的位置也很重要。用户本期望在“编辑”菜单下找到“复制”、“剪切”与“粘贴”等子菜单，若将它们移到“文件”菜单下，当然会引起操作不便。不要偏离已经建立的准则太远，除非有很好的理由这样做。

7.10　小结

(1)控件是带有可视化表示形式的组件，是 Visual C++. net 窗体应用程序的基本组成部分。恰当地使用控件有助于应用程序界面的美观和方便。

(2)在 Visual C++ 中，创建用户界面(UI)最为快捷方便的方法就是使用"Windows 窗体设计器"和"工具箱"，以直观方式创建。创建所有用户界面都有三个基本步骤：

①将控件添加到设计图面。

②设置控件的初始属性。

③为指定事件编写处理程序。

第8章　文件

在测绘应用程序设计中，文件操作使用非常频繁，因为通过测量获取的数据一般都是以不同的数据格式存储于文件中，而处理后的结果也通常以文件的形式输出给用户。因此，文件操作在测绘程序设计中具有重要的地位。

8.1　文件类型和操作

文件是存储在外部介质上数据的集合，每个文件有一个包括设备及路径信息的文件名。操作系统中的文件系统能够为用户提供按名存取的方式。在操作系统中有两种文件：字符流无结构文件和记录式有结构文件。磁盘文件是由数据记录组成。记录是计算机处理数据的基本单位，它由一组具有共同属性相互关联的数据项组成。

8.1.1　文件分类

根据文件的存储方式将文件分成两类：文本文件和二进制文件。

1. 文本文件

文本文件以字节为单位，每字节为一 ASCII 码，代表一个字符，故又称为字符文件。文本文件中的记录按顺序一个接一个地排列。读写文件存取记录时，都必须按记录顺序逐个进行。一行一条记录(一项数据)，记录可长可短，以换行字符为分隔符号。

文本文件结构简单，但不能灵活存取，适用于不经常修改的文件。

2. 二进制文件

二进制文件(Binaryfile)是字节的集合，直接把二进制码存放在文件中。除了没有数据类型或者记录长度的含义以外，它与随机访问很相似。

二进制访问模式是以字节数来定位数据，在程序中可以按任何方式组织和访问数据，对文件中各字节数据直接进行存取。所以，二进制文件灵活性很大，但相对的，程序更复杂。

文本文件保存的是一串 ASCII 字符，可用文本编辑器对其进行编辑，输入输出过程中系统要对内外存的数据形式进行相应转换。二进制文件在输入输出过程中，系统不对相应数据进行任何转换。

8.1.2　VC++.net 的文件操作方式

文件操作的基本过程如下：

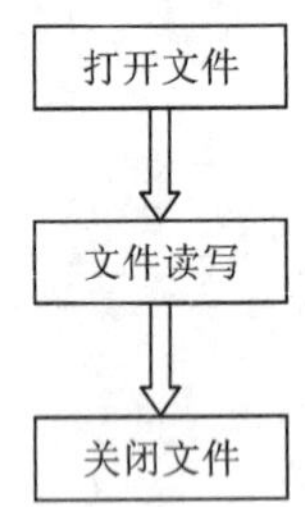

图8-1　文件操作基本过程

VC++.net 中有四种操作文件的方法：第一种是使用 C++ 文件函数(C)；第二种是 I/O 流类 fstream；第三种是 MFC 文件类 CFile、CStdioFile；第四种是.net Framework 的文件操作类 System::IO。本章主要介绍前三种文件操作方式。

8.2　标准 C++ 文件操作函数

8.2.1　文件的打开和关闭

使用一个文件必须在程序中先打开一个文件，其目的是将一个文件流与一个具体的磁盘文件联系起来，然后使用文件流提供的成员函数，进行数据的读/写操作。打开文件可以调用 fopen( )函数，函数格式如下：

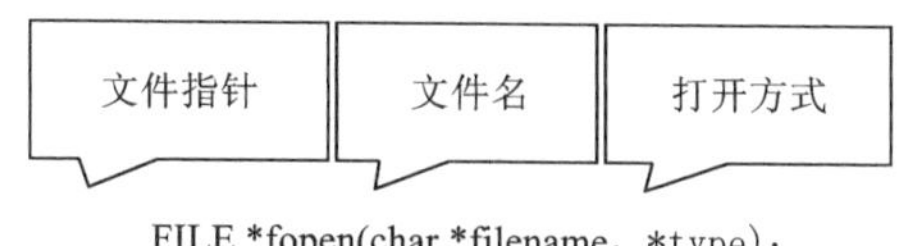

FILE *fopen(char *filename，*type)；

文件名可以包含路径和文件名两部分。如："TEST. DAT"、"C：\\TC\\TEST. DAT"。如果成功地打开一个文件，则 fopen( )函数返回文件指针，否则返回空指针(NULL)，由此可判断文件打开是否成功。

常用的文件打开方式如下：

"r"打开文字文件只读。

"w"创建文字文件只写。

"a"增补，如果文件不存在则创建一个。

"r +"打开一个文字文件读/写。

"w +"创建一个文字文件读/写。

"a +"打开或创建一个文件增补。

"b"二进制文件(可以和上面每一项合用)。

"t"文本文件(默认项)。

例如：

fopen("c：\\ccdos\\clib"，"rb")；//打开一文件名为 clib 的二进制文件

打开一个文件且对文件进行读或写操作后，应该调用文件流的成员函数(fclose( ))来关闭相应的文件，释放系统为该文件分配的资源(如缓冲区等)。函数格式如下：

```
int fclose(FILE  * stream);
```

当文件关闭成功时，返回 0，否则返回一个非零值。

8.2.2　文件读写操作

1. 文件的顺序写函数

fprintf( )、fputs( )和 fputc( )函数均为文件的顺序写操作函数，其调用格式分别如下：

```
int fprintf(FILE  * stream, char  * format,  <variable-list>);
int fputs(char  * string, FILE  * steam);
int fputc(int ch, FILE  * steam);
```

【例 8-1】 文件的顺序写操作。

```
char  * s = "That's good news";                //定义字符串指针并初始化
int i = 617;                                   //定义整型变量并初始化
FILE  * fp;                                    //定义文件指针
fp = fopen("test.dat", "w");                   //建立一个文字文件只写
fputs("Your score of TOEFLis", fp);            //向文件写入一串字符
fputc(': ', fp);                               //向文件写冒号:
fprintf(fp, "% d\n", i);                       //向文件写一整型数
fprintf(fp, "% s", s);                         //向文件写一字符串
fclose(fp);                                    //关闭文件
```

程序运行结果为：Your score of TOEFL is：617That's good news。

2. 文件的顺序读操作函数

文件的顺序读函数有 fscanf()、fgets()和 fgetc()函数其调用格式如下：

```
int fscanf(FILE  * stream, char  * format, <address-list>);
char fgets(char  * string, int n, FILE  * steam);
int fgetc(FILE  * steam);
```

【例 8-2】 文件的顺序读操作。

```
char  * s, m[20];
int i;
FILE  * fp;
fp = fopen("test.dat", "r");                   //打开文字文件只读
fgets(s, 24, fp);                              //从文件中读取 24 个字符
printf("% s", s);                              //输出所读的字符串
fscanf(fp, "% d", &i);                         //读取整型数
printf("% d", i);                              //输出所读整型数
putchar(fgetc(fp));                            //读取一个字符同时输出
fgets(m, 17, fp);                              //读取个字符
puts(m);                                       //输出所读字符串
fclose(fp);                                    //关闭文件
```

程序运行结果为：Your score of TOEFL is：617That's good news。

3. 二进制文件的读写(随机读写)

常用二进制文件的读写方法如下：

```
int fseek (FILE  * stream, long offset, int fromwhere);
int fread(void  * buf, int size, int count, FILE  * stream);
int fwrite(void  * buf, int size, int count, FILE  * stream);
long ftell(FILE  * stream);
```

常用的判断文件是否结束的方法：

```
while(! feof(fp))
fgetc(fp);
```

4. feof( )和 rewind( )函数

```
int feof(FILE * stream);
int rewind(FILE * stream);
```

8.3　I/O 文件流类 fstream

文件流是在磁盘文件和内存数据(如程序中的变量、数组、链表等)之间建立一条数据流通的管道，数据可以通过这条管道在内存和文件之间进行流动。

文件流分为输入流和输出流两类。输入流是以文件为源头，以内存为目的地的流，即从磁盘文件读取数据到内存中的流。输出流以内存为源头，以磁盘文件为目的地的流，即将内存数据写入磁盘文件的流。如图 8－2 文件流，在“fstream. h”中说明，其中“fstream. h”中定义了各种文件操作运算符及函数。

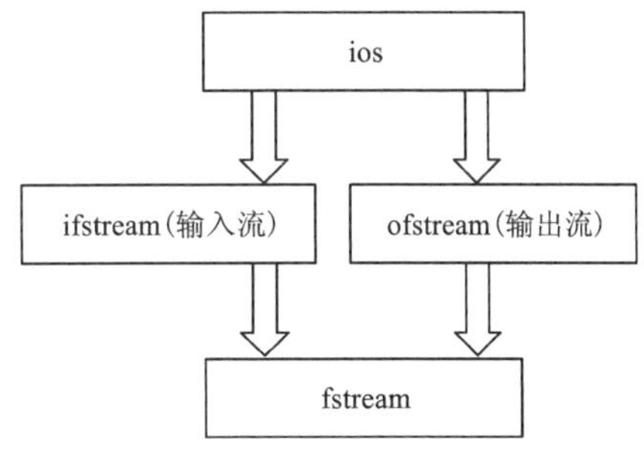

图 8－2　文件流

在涉及文本文件的操作时，将输入文件看成键盘，将输出文件看成显示器，格式不变。只需在程序中增加打开与关闭文件的语句。利用文件流进行文本文件的操作时，在程序内定义一个文件类的对象，由该对象与文件发生联系，程序内所有的与文件的操作都是对该对象的操作。

(1)建立文件类的对象，打开文件，使文件类对象与欲操作的文件发生联系。用对象打开文件：

```
ifstream infile;                    //定义输入文件类对象
infile.open("myfile1.txt");         //利用函数打开某一文件
ofstream outfile;                   //定义输出文件类对象
outfile.open("myfile1.txt");        //打开某一文件供输出
```

在打开文件后，都要判断打开是否成功。若打开成功，则文件流对象值为非零值；若打开不成功，则其值为 0。

(2)文本文件读写(文件流的数据输入输出)

```
ifstream infile;                        //定义输入文件类对象
infile.open("myfile1.txt");             //利用函数打开某一文件
float x, y;
infile > >x > >y;                       // 用 infile 代替 myfile1.txt 进行操作
ofstream outfile;                       //定义输出文件类对象
outfile.open("myfile2.txt");            //利用函数打开某一文件
float x = , y = ;
outfile < <x < <'\t' < <y < <endl;      //用 outfile 代替 myfile2.txt 进行操作
```

(3)关闭文件

```
ifstream infile;
ofstream outfile;
infile.open("myfile1.txt");
outfile.open("myfile2.txt");
float x, y;
infile > >x > >y;
outfile < <x < <'\t' < <y < <endl;
infile.close();
outfile.close();
```

当用类 fstream 定义文件对象时，该对象既能定义输入文件对象，又能定义输出文件对象，所以打开文件时，必须在成员函数 open( )中的参数中给出打开方式(读或写)。

```
fstream pfile1, pfile2;                   //定义了两个文件类的对象
pfile1.open("file1.txt", ios:: in);       //用于输入
pfile2.open("file2.txt", ios:: out);      //用于输出
char ch;
pfile1 > >ch;                             //输入
pfile2 < <ch;                             //输出
pfile1.close();
pfile2.close();
```

打开输入文件时，文件必须存在。打开输出文件时，若文件不存在，则建立文件；若文件存在，则删除原文件的内容，使其成为一个空文件。

8.4 利用 MFC 类进行文件操作

CStdioFile 是 CFile 的派生类，对文件进行流式操作，对于文本文件的读写很有用处，可按行读取写入。

使用 CFile 操作文件的流程如下：

(1)构造一个 CFile 对象。

(2)调用 CFile::Open()函数创建、打开指定的文件。

(3)调用 CFile::Read()和 CFile::Write ()进行文件操作。

(4)调用 CFile::Close()关闭文件句柄。

创建和打开文件时，文件打开模式可组合使用，用"|"隔开，常用的有以下几种：

```
file.Open(_T("test.txt"), CFile::modeCreate|CFile::modeNoTruncate|CFile::modeReadWrite);
```

CFile::modeCreate：以新建方式打开，如果文件不存在，新建；如果文件已存在，把该文件长度置零，即清除文件原有内容。

CFile::modeNoTruncate：以追加方式打开，如果文件存在，打开并且不将文件长度置零；如果文件不存在，会抛出异常。一般与 CFile::modeCreate 一起使用，如果文件不存在，则新建一个文件，存在就进行追加操作。

CFile::modeReadWrite：以读写方式打开文件。

CFile::modeRead：只读。

CFile::modeWrite：只写。

常用的 CFile 操作函数如表 8-1 所示：

表 8-1　CFile 操作函数

函数	含　义
Open	打开文件
Close	关闭文件
Flush	刷新待写的数据
Read	从当前位置读取数据
Write	向当前位置写入数据
GetLength	获取文件的大小
Seek	定位文件指针至指定位置
SeekToBegin	定位文件指针至文件头
SeekToEnd	定位文件指针至文件尾
GetFileName	获取文件名，如："NOTEPAD.EXE"
GetFilePath	获取文件路径，如："C:\WINDOWS\NOTEPAD.EXE"
GetFileTitle	获取文件标题，如："NOTEPAD"
GetPosition	获取当前文件指针
GetStatus	获取当前文件的状态，返回一个 CFileStatus
#Remove	静态方法，删除指定文件
#Rename	静态方法，重命名指定文件

注意：最后两个静态函数，其实它们封装了 Windows API 中关于文件管理的函数。

对文件进行读和写的代码如下所示:

```
char sRead[2];
CFile mFile(_T("user.txt"), CFile:: modeRead);
if(mFile.GetLength() <2)        return;
mFile.Read(sRead, 2);
mFile.Close();
CFile mFile(_T("user.txt "), CFile:: modeWrite | CFile:: modeCreate);
mFile.Write(sRead, 2);
mFile.Flush();
mFile.Close();
```

CStdioFile 的逐行读写操作函数:

```
BOOL ReadString(CString& rString);
```

读取一行文本到 rString 中,遇回车换行符停止读取,回车和换行符均不读到 rString 中,尾部也不添加“0x00”。如果文件有多行,则当文件没有读完时,返回 TRUE,读到文件结尾,返回 FALSE。

```
virtual void WriteString(CString rString);
```

将 rString 数据写入到与 CStdioFile 对象相关联的文件中,不支持 CString 类型数据写入,结束的“\0”不被写入到文件中,lpsz 缓冲区中的所有换行符被替换为回车换行符即:“\n”转换为“\r\n”。

【例 8-3】 用 CStdioFile 读写文本文件。

```
CStdioFile rfile, wfile;
if(rfile.Open(_T("c: \\dd.txt"), CFile:: modeRead | CFile:: typeText))
return 1;
if(! wfile.Open(_T("c: \\ee.txt"), CFile:: modeWrite | CFile:: modeCreate | CFile:: modeNoTruncate | CFile::
typeText))
return 1;                                //打开文件
CString buf = _T("");
while(rfile.ReadString(buf))             //读文件
{
    buf + = _T("\n");
    wfile.SeekToEnd();
}
wfile.WriteString(buf); }                //写文件
rfile.Close();
wfile.Close();                           //关闭文件
```

8.5　文件操作示例

【例 8－4】　分别利用文件函数、I/O 文件流和 MFC 进行文件读写程序的编写。界面设计如图 8－3 所示。

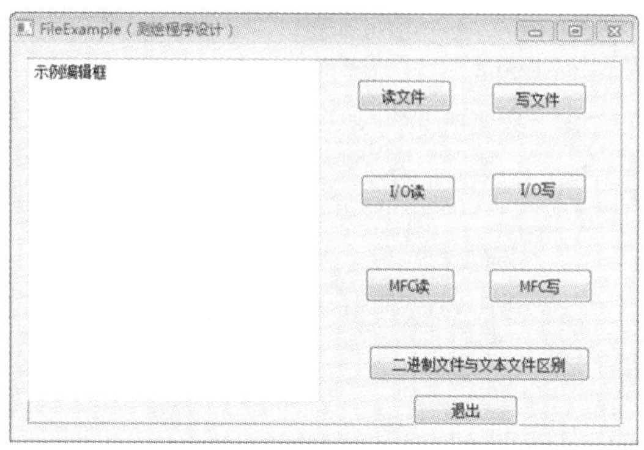

图 8－3　文件读写

主要程序代码：

(1) 利用文件函数读写文件

```
void CFileExampleDlg:: OnBnClickedBtnreadfunction()
{
    // TODO: 在此添加控件通知处理程序代码
    CFileDialog dlgFile(TRUE, _T("txt"));                //创建打开文件对话框
    if(dlgFile.DoModal() = = IDCANCEL) return;           //如果选择取消按钮则返回
    CString strFileName = dlgFile.GetPathName();         //获取打开文件文件名(含路径)

    //Sets the locale to the default, which is the user-default ANSI code page obtained from the operating
system.
    setlocale(LC_ALL, "");                               //加上这一句, 设置语言环境
    FILE * fp;                                           //定义文件指针
    _wfopen_s(&fp, strFileName.GetBuffer(), _T("r"));    //UNICODE 以读方式打开文件
    strFileContent.Empty();                              //清空字符串 strFileContent 中的内容
    wchar_t strBuf[100];                                 //注意是宽字节字符
    CString strTmp;
    if(fp! = NULL)
    {
        while(! feof(fp))                                //判断文件是否结束
        {
            fgetws(strBuf, 100, fp);                     //获取一行(含回车换行符)
```

```
            strFileContent + = strBuf;
            //fgetws 函数遇到"\r\n"时只读了"\r"
            if(strBuf[ wcslen(strBuf) - 2 ]! =13)
            {
                strFileContent + = _T("\r\n");
            }
            / * fwscanf(fp, _T("% s"), strBuf);
            strFileContent + = strBuf;
            strFileContent + = _T("\r\n"); * /
        }
        fclose(fp); //关闭文件
    }
    UpdateData(FALSE);
}
//利用文件函数写文件
void CFileExampleDlg:: OnBnClickedBtnwritefunction()
{
    UpdateData(TRUE);
    setlocale(LC_ALL, "");
    CFileDialog dlgFile(FALSE, _T("txt"));
    if(dlgFile.DoModal() = = IDCANCEL) return;
    CString strFileName = dlgFile.GetPathName();

    FILE * fp;
    //UNICODE 以写的方式打开文件, 当文件不存在时将创建新文件
    _wfopen_s(&fp, strFileName.GetBuffer(), _T("w + "));
    if(fp = = NULL) return;
    //把字符串 strFileContent 的内容写入文件
    fwprintf(fp, _T("% s"), strFileContent.GetBuffer());
    fclose(fp);
```

(2)利用 I/O 文件流进行文件读写操作

```
void CFileExampleDlg:: OnBnClickedBtnioread()
{   // TODO: 在此添加控件通知处理程序代码
    //_wsetlocale(LC_ALL, _T(""));
    //    locale lang("chs");
    //in.imbue(lang); 这个是 C++ 的
    CFileDialog dlgFile(TRUE, _T("txt"), NULL,
        OFN_ALLOWMULTISELECT| OFN_EXPLORER,
        _T("(文本文件)| * .txt"));
```

```
    if(dlgFile.DoModal() = = IDCANCEL) return;
    CString strFileName = dlgFile.GetPathName();

    wifstream wifs;
    wifs.open(strFileName.GetBuffer());
    locale lang("chs");
    wifs.imbue(lang);
    strFileContent.Empty();
    wchar_t strBuf[100];
    CString strTmp;
    while(! wifs.eof())
    {
        wifs.getline(strBuf, 100);
        strFileContent + = strBuf;
        if(! wifs.eof()) strFileContent + = _T("\r\n");
    }
    wifs.close();
    UpdateData(FALSE);
}
void CFileExampleDlg:: OnBnClickedBtniowrite()
{
    // TODO: 在此添加控件通知处理程序代码
    UpdateData(TRUE);
    CFileDialog dlgFile(FALSE, _T("txt"));
    if(dlgFile.DoModal() = = IDCANCEL) return;
    CString strFileName = dlgFile.GetPathName();

    wofstream wofs;
    wofs.open(strFileName.GetBuffer());
    locale lang("chs");
    wofs.imbue(lang);
    //wofs.write(strFileContent.GetBuffer(), 300);
    wofs < < strFileContent.GetBuffer();
    / * int iCount = strFileContent.GetLength();
    wofs < < _T("字符总数 = ") < < iCount < < endl; * /
    wofs.close();
}
```

(3)利用 CStdioFile 类读写文件

```
void CFileExampleDlg:: OnBnClickedBtnmfcread()
{
    // TODO: 在此添加控件通知处理程序代码
    CFileDialog dlgFile(TRUE, _T("txt"), NULL,
    OFN_ALLOWMULTISELECT|OFN_EXPLORER,
    _T("(文本文件)| *.txt"));
    if(dlgFile.DoModal() = =IDCANCEL) return;
    CString strFileName = dlgFile.GetPathName();
    setlocale(LC_ALL, "");
    CStdioFile sf;
    if(! sf.Open(strFileName, CFile:: modeRead)) return;
    CString strLine;
    strFileContent.Empty();
    BOOL bEOF = sf.ReadString(strLine);
    while(bEOF)
    {
        strFileContent + =strLine;
        bEOF = sf.ReadString(strLine);
        if(bEOF) strFileContent + =_T("\n");
    }
    sf.Close();
    UpdateData(FALSE);
}
void CFileExampleDlg:: OnBnClickedBtnmfcwrite()
{
    UpdateData(TRUE);
    CFileDialog dlgFile(FALSE, _T("txt"), NULL, OFN_EXPLORER,
        _T("(文本文件)| *.txt"));
    if(dlgFile.DoModal() = =IDCANCEL) return;
    CString strFileName = dlgFile.GetPathName();
    setlocale(LC_ALL, "");
    CStdioFile sf;
    if(! sf.Open(strFileName, CFile:: modeCreate|CFile:: modeWrite)) return;
    sf.WriteString(strFileContent);
    sf.Close();
```

8.6 测绘应用实例

【例 8-5】 读取测量文件数据，并计算多边形面积。首先打开多边形数据文件，读取已知测量数据文件中多边形顶点坐标数据，并存入顶点坐标数组中，然后利用多边形计算公式实现多边形面积的计算。

测量数据格式说明：

第一行：多边形顶点数；

第二行：点号，*X* 坐标，*Y* 坐标

……

```
多边形面积计算数据.dat - 记事本
文件(F) 编辑(E) 格式(O) 查看(V) 帮助(H)
36
1,95314.066,44196.631
2,95303.28,44227.59
3,95280.95,44226.21
4,95234.73,44271.09
5,95230.57,44269.1
6,95225.48,44264.57
7,95222.12,44268.17
8,95222.69,44270.81
```

图 8－3　多边形测量数据格式

主要程序代码如下所示，其中计算部分采用【**例 6－16**】中的多边形类：

```
void CPolygonClassExampleDlg:: OnBnClickedBtnfiletest()
{    // TODO: 在此添加控件通知处理程序代码
     CFileDialog dlgFile(TRUE, _T("txt"), NULL,
          OFN_EXPLORER, _T("(文本文件)| *.dat"));        //创建打开文件对话框
     if(dlgFile.DoModal() = = IDCANCEL) return;          //如果选择取消按钮，则退出
     CString strFileName = dlgFile.GetPathName();        //获取选择的文件的名称
     CStdioFile sf;                                      //创建文件对象
     //以读的形式打开文件，如果打开失败则返回
     if(! sf.Open(strFileName, CFile:: modeRead)) return;
     CString strLine;
     BOOL bEOF = sf.ReadString(strLine);                 //读取第一行
     if(! bEOF)                                          //如果读取失败，则说明数据格式有问题，退出
     {
          MessageBox(_T("数据有误，请检查数据文件!"));
          return;
     }
     int iPointCount;                                    //多边形顶点个数
     iPointCount =  _ttoi((strLine));                    //把读取的第一行字符串转换为数值型
     CPolygon pg(iPointCount);                           //定义多边形类对象
     int i = 0, n = 0;
     while(bEOF)                                         //开始读取顶点数据
     {
          bEOF = sf.ReadString(strLine);
```

```
        CString *pstrData = SplitString(strLine, ',', n);
        if(pstrData == NULL) continue;                              //如果是空行则下面不执行
        pg.SetPoint(i, _tstof(pstrData[1]), _tstof(pstrData[2])); //设置顶点数据
        i++;
        delete[] pstrData;                                          //释放分割字符串得到的字符串数组内存
        pstrData = NULL;
    }
    sf.Close();                                                     //关闭文件
    //计算面积和周长并输出结果
    CString strOutput;
    strOutput.Format(_T("多边形面积 = %.4f\r\n多边形周长 = %.4f"),
        pg.Area(), pg.Perimeter());
    MessageBox(strOutput);
```

程序运行结果如图8-4所示。

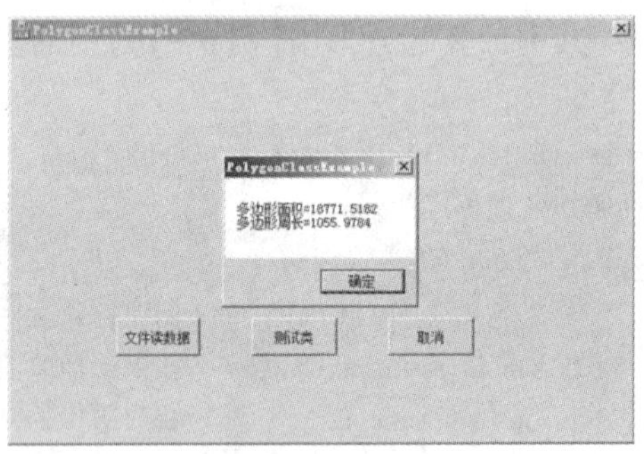

图8-4　多边形面积计算结果

8.7　小结

(1)文件操作主要包括文件的打开、关闭、读和写。

(2)VC++.net中有四种操作文件的方法：第一种是使用C++文件函数(C)；第二种是I/O流类fstream；第三种是MFC文件类CFILE、CStdioFile；第四种是.net Framework的文件操作类System::IO。

第 9 章　图形图像操作

支持图形图像操作是 Windows 编程的一个核心部分，因为在 Windows 当中，每一个屏幕输出，无论是文本、图像或图片，都是作为图形绘制到屏幕上的。Windows 提供了图形设备接口(Graphical Device Interface，简称 GDI)来实现绘制图形的功能。GDI 提供了一组预定义的 GDI 对象，如画笔、画刷等，让用户可以在任何设备上绘图。

在 VisuaL C++.net 编程开发里面，提供了一系列的处理图像的对象。利用这些对象，用户不需要考虑复杂的图像文件格式，就能对图像进行各种处理。

9.1　坐标系统

9.1.1　Windows 坐标系

Windows 坐标系分为逻辑坐标系和设备坐标系两种，GDI 支持这两种坐标系。一般而言，GDI 的文本和图形输出函数使用逻辑坐标，而在客户区移动或按下鼠标的鼠标位置是采用设备坐标。

逻辑坐标系是面向设备描述表(device context，DC)的坐标系，这种坐标不考虑具体的设备类型，在绘图时，Windows 会根据当前设置的映射模式将逻辑坐标转换为设备坐标。

设备坐标系是面向物理设备的坐标系，这种坐标以像素或设备所能表示的最小长度单位为单位，X 轴方向向右，Y 轴方向向下。默认的坐标原点是在其客户区的左上角，但是原点和坐标轴方向也可以改变，而度量单位不可以改变。

设备坐标系又可分为屏幕坐标系、窗口坐标系和客户区坐标系三种相互独立的坐标系。屏幕坐标系以屏幕左上角为原点，一些与整个屏幕有关的函数均采用屏幕坐标，如 GetCursorPos( )、SetCursorPos( )、CreateWindow( )、MoveWindow( )。弹出式菜单使用的也是屏幕坐标。

窗口坐标系以窗口左上角为坐标原点，它包括窗口标题栏、菜单栏和工具栏等范围。

客户区坐标系以窗口客户区左上角为原点，主要用于客户区的绘图输出和窗口消息的处理。鼠标消息的坐标参数使用客户区坐标，CDC 类绘图成员函数使用与客户区坐标对应的逻辑坐标。

9.1.2　坐标之间的转换

编程时，有时需要根据当前的具体情况进行三种设备坐标之间或与逻辑坐标的相互转换。

MFC 提供了两个函数 CDC:: DPtoLP( )和 CDC:: LPtoDP( )用于设备坐标与逻辑坐标之间的相互转换。同时 MFC 提供了两个函数 CWnd:: ScreenToClient ( ) 和 CWnd::

ClientToScreen()用于屏幕坐标与客户区坐标的相互转换。

在这里我们要了解坐标映射，它是为了能保证打印的结果不受设备的影响，Windows 定义了一些映射模式，这些映射模式决定了设备坐标和逻辑坐标之间的关系。表 9-1 就是 Windows 定义的 8 种映射模式。

表 9-1 Windows 定义的 8 种映射模式

映射方法(Mapping Mode)	逻辑单位	坐标轴方向
MM_TEXT(默认方式)	1 pixel	X 轴正方向朝右，Y 轴正方向朝下
MM_LOMETRIC	0.1 mm	X 轴正方向朝右，Y 轴正方向朝上
MM_HIMETRIC	0.01 mm	X 轴正方向朝右，Y 轴正方向朝上
MM_LOENGLISH	0.01 inch	X 轴正方向朝右，Y 轴正方向朝上
MM_HIENGLISH	0.001 inch	X 轴正方向朝右，Y 轴正方向朝上
MM_TWIPS	1/1440 inch	X 轴正方向朝右，Y 轴正方向朝上
MM_ANISOTROPIC	自定义(X! =Y)	自定义
MM_ISOTROPIC	自定义(X=Y)	自定义

当绘制的图形需要随着窗口的大小改变而自动改变的时候，一般选择 MM_ISOTROPIC 和 MM_ANISOTROPIC 映射方式。它们唯一的区别就是前者的 X 轴和 Y 轴的逻辑单位的大小是相同的，单词"isotropic"就是各个方向相等的意思，此映射方式适合绘制圆或正方形。而实际应用中，常常给 X 轴和 Y 轴取不同的比例，这时候选择 MM_ANISOTROPIC 映射方式。

窗口(Window)：对应逻辑坐标系上程序员设定的区域。

视口(Viewport)：对应实际输出设备上程序员设定的区域。

窗口原点是指逻辑窗口坐标系的原点在视口(设备)坐标系中的位置，视口原点是指设备实际输出区域的原点。

除了映射模式，窗口和视口也是决定一个点的逻辑坐标如何转换为设备坐标的一个因素。一个点的逻辑坐标按照下式转换为设备坐标：

设备(视口)坐标 = 逻辑坐标 - 窗口原点坐标 + 视口原点坐标

【例 9-1】 坐标映射与转换坐标系。

```
void CMyView:: OnDraw(CDC * pDC)
{
    CRect rectClient;
    GetClientRect(rectClient);                                    // 获得当前窗口的客户区大小
    pDC -> SetMapMode(MM_ANISOTROPIC); 设置 MM_ANISOTROIC 映射模式
    pDC -> SetWindowExt(1000, 1000);                              // 设置窗口范围
    pDC -> SetViewportExt(rectClient.right, - rectClient.bottom); // 设置视口范围
    pDC -> SetViewportOrg(rectClient.right/2, rectClient.bottom/2); // 设置视口原点
    pDC -> Ellipse(CRect( - 500, - 500, 500, 500));
}
```

9.2　GDI 绘图

GDI 可处理所有 Windows 程序的图形输出。要在屏幕或者其他输出设备上输出图形或文字，必须先获得一个称为设备描述表(DC：Device Context)的句柄，以它为参数，调用各种 GDI 函数实现各种文字或图形的输出。

设备描述表是 GDI 内部保存数据的一种数据结构，其属性值与特定的输出设备(显示器、打印机等)相关，属性定义了 GDI 函数的工作细节，如文字的颜色范围，*X* 坐标和 *Y* 坐标映射到窗口显示区域的方式等。

9.2.1　设备环境 CDC 类

在用 GDI 绘图的时候，绘图对象就好比是画家的画布，而图形对象好比是画家的画笔。用画笔在画布上绘画，不同的画笔将画出不同的画来。选择合适的图形对象和绘图对象，才能按照要求完成绘图任务。

1. CPaintDC 类

CPaintDC 类比较特殊，它的构造函数和析构函数都是针对 OnPaint 进行的。用户一旦获得相关的 CDC 指针，就可以将它当作任何设备环境(包括屏幕、打印机)指针来使用，CPaintDC 类的构造函数会自动调用 BeginPaint，而它的析构函数则会自动调用 EndPaint。

2. CClientDC 类和 CWindowDC 类

CWindowDC 和 CClientDC 构造函数分别调用 GetWindowDC 和 GetDC，但它们的析构函数都是调用 ReleaseDC 函数。CClientDC 只能在窗口的客户区(不包括边框、标题栏、选单栏以及状态栏)进行绘图，它的点(0，0)通常指的是客户区的左上角。而 CWindowDC 允许在窗口的任意位置中进行绘图，它的点(0，0)指整个窗口的左上角。

3. CMetaFileDC 类

CMetaFileDC 封装了在一个 Windows 图元文件中绘图的方法。图元文件是一系列与设备无关的图片的集合，由于它对图像的保存比像素更精确，因而往往在要求较高的场合下使用，例如：AutoCAD 的图像保存等。目前的 Windows 已使用增强格式(enhanced-format)的 32 位图元文件来进行操作。

9.2.2　GDI 对象

除了设备环境之外，Windows 也提供一套 GDI 对象。不同的绘图工具(如画笔和画刷)和绘图属性(如颜色和字体)都叫做 GDI 对象。

MFC 定义了几种 GDI 对象类型，包括画笔(CPen)、画刷(CBrush)、字体(CFont)、位图(CBitmap)、调色板(CPalette)、区域(CRgn)。

1. 画笔

画笔(CPen)：用于画线及绘制有形边框的工具，用户可以指定它的颜色及宽度，并且可以指定它画实线、点线或虚线等。

画笔有三种属性，即宽度、颜色、风格。

宽度：一个像素单位。

颜色：确定所画的线条颜色。

风格：线型有实线、虚线、点线、点划线等。

在 Windows 中画笔的风格都是以 PS_为前缀的预定义的标志，画笔的风格具体包括：PS_SOLID 实线、PS_DASH 虚线、PS_DOT 点线、PS_DASHDOT 点画线、PS_DASHDOTDOT 双点画线、PS_NULL 不可见线、PS_INSIDEFRAME 内框线。

但是请大家注意：当修饰画笔的宽度大于1个像素时，画笔的风格只能取 PS_NULL、PS_SOLID 或 PS_INSIDEFRAME 定义，若为其他风格将不会起作用。

画笔的创建函数有 BOOL CreatePen(int nPenStyle, int nWidth, COLORREF crColor)；BOOL CreatePenIndirect(LPLOGPEN lpLogPen)。同样画笔的创建工作也可在画笔的构造函数中进行：CPen(int nPenStyle, int nWidth, COLORREF crColor)。下面就是画笔创建的实例。

【例 9-2】 创建画笔。

```
void CMyView:: OnDraw(CDC * pDC)
{
    CPen penBlack;                                    // 定义一个画笔变量
    penBlack.CreatePen(PS_SOLID, 2, RGB(0, 0, 0));    // 创建画笔
    // 将此画笔选入当前设备环境并保存原来的画笔
    CPen * pOldPen = pDC -> SelectObject(&penBlack);
    // 用此画笔绘图
    pDC -> MoveTo(...);
    pDC -> LineTo(...);
    pDC -> SelectObject(pOldPen);                     // 恢复设备环境中原来的画笔
    penBlack -> DeleteObject();                       //释放绘图资源
}
```

2. *画刷*

画刷(CBrush)：定义了一种位图形式的像素，利用它可对区域内部填充颜色或样式。

画刷的属性也有三种：填充色、填充图案和填充样式。

填充色：使用 COLORREF 颜色类型。

填充图案：用户定义的 8 * 8 位图。

填充样式：CDC 内部定义的一些特性。

创建一个画刷可以用下面函数进行：

```
BOOL CreateSolidBrush(COLORREF crColor);
BOOL CreateHatchBrush(int nIndex, COLORREF crColor);
BOOL CreateBrushIndirect(const LOGBRUSH * lpLogBrush);
```

画刷的创建工作也可以在画刷的构造函数中进行：

```
CBrush(COLORREF crColor);
CBrush(int nIndex, COLORREF crColor);
CBrush(CBitmap * pBitmap);
```

3. 位图

Windows 用位图(Bitmap)来显示和保存图像，从单色到 24 位真彩色图像都可以储存到位图中。

位图实际上是一个像素值阵列。根据颜色精度的不同，每一个像素可以用 1、4、8 或 24 位来表示。黑白位图可以用 1 位代表一个像素，因为 1 位已经能标志两种颜色了；16 色位图用 4 位表示一个像素，256 色的位图每一个字节存储一个像素，而真彩色位图中每个像素用 3 个字节来表示，红、绿、蓝 3 种颜色分量分别占用一个字节。

位图分为设备相关位图(DDB)和与设备无关的位图(DIB)，二者有不同的用途。

4. 字体

Windows 字体的信息是用 LOGFONT 结构描述的。LOGFONT 结构使用了 14 个字段保存完整的字体信息描述，如表 9 - 2 所示。

表 9 - 2　LOGFONT 结构包含的字体信息

字　段	描　述
lfHeight	字体高度
lfWidth	字体宽度
lfEscapement	画文本的角度
lfOrientation	字体倾斜的角度
lfWeight	字体的粗细
lfItalic	是否斜体，非零表示斜体
lfUnderline	是否有下划线，非零表示有下划线
lfStrikeOut	是否镂空，非零表示字体镂空
lfCharSet	字体字符集
lfOutPrecision	如何匹配字体
lfClipPrecision	如何剪贴字体
lfQuality	字体的打印质量
lfPitchAndFamily	字体间距和字体族
lfFaceName	字体名称

CDC 的成员函数 SelectStockObject 可以把一个库存对象选入当前设备环境中，并返回原先被选中的对象指针，同时使原先被选中的对象从设备环境中分离出来。

在选择 GDI 对象进行绘图时，往往遵循下列步骤：

(1)在堆栈中定义一个 GDI 对象(如 Cpen，CBrush 对象)，然后用相应的函数(如 CreatePen，CreateSolidBrush)创建此 GDI 对象(也可以用构造函数创建对象)。

(2)将构造的 GDI 对象选入当前设备环境中，但不要忘记将原来的 GDI 对象保存起来。

(3)绘图结束后，恢复当前设备环境中原来的 GDI 对象。

(4)删除程序创建的 GDI 对象。

9.2.3 绘图数据类型

绘图数据一般包括以下几种类型：POINT 结构体，RECT 结构体，CPoint 类，CRect 类等。

1. POINT 结构体

POINT 结构体用于描述一个二维点，请注意 *x* 和 *y* 都是长整型数。它的具体形式如下：

```
typedef struct tagPOINT
{
    LONG x;
    LONG y;
} POINT, *PPOINT, NEAR *NPPOINT, FAR *LPPOINT;
```

【例 9-3】 运用 POINT 结构体画一条折线。

```
POINT pts[] = {{100, 100}, {200, 100}, {200, 200}};
pDC -> MoveTo(pts[0]);
for(int i =1; i <= 3; i++)
    pDC -> LineTo(pts[i%3]);
```

CPoint 是从 POINT 结构派生出来的，它提供了一组成员函数(参考 MFC 源代码)，请大家在运用的时候注意重载函数。

2. RECT 结构体

RECT 结构体是用来描述一个用左上角和右下角定义的矩形。它的具体形式如下：

```
typedef struct tagRECT
{
    LONG left;
    LONG top;
    LONG right;
    LONG bottom;
} RECT, *PRECT, NEAR *NPRECT, FAR *LPRECT;
```

同样的，CRect 类是一个从 RECT 结构派生的类。类似的还有 SIZE 结构和 CSize 类，CRect 类带参数的常用构造函数原型包括：CRect(int l, int t, int r, int b)；CRect(const RECT&srcRect)；CRect(LPCRECT lpSrcRect)；CRect(POINT point, SIZE size)；CRect(POINT topLeft, POINT bottomRight)等。

成员函数 InflateRect 和 DeflateRect 用来扩大和缩小一个矩形，而成员函数 IntersectRect 和 UnionRect 分别用来将两个矩形进行相交和合并。

9.2.4 GDI 绘图方法

在例 9-3 中，我们已经成功画出了一条折线，但在 GDI 绘图中，我们到底该怎样画出线，画出矩形，画出椭圆，画出连续线，画出多边形等图形来呢？现在我们来一一介绍下。

1. 画线

设置画笔的当前位置：

```
CPoint CDC::MoveTo(int x, int y); CPoint CDC::MoveTo(POINT point);
```

其中，x、y 和 point 为当前画笔位置的逻辑坐标。

从当前位置向指定坐标点画直线的函数：

```
BOOL CDC::LineTo(int x, int y); BOOL CDC::LineTo(POINT point);
```

画一组连续线段：

```
BOOL CDC::Polyline(LPPOINT lpPoints, intnCount);
```

画多组相连的线段：

```
BOOL CDC::PolyPolyline(const POINT * lpPoints, const DWORD * lpPolyPoints, intnCount);
```

其中，lpPoints 是指向一个 POINT 结构或 CPoint 对象数组的指针，其中包括多线的顶点，多线是连续指定的。lpPolyPoints 是一个指向变量数组的指针，各变量指定相对应的多边形在 lpPoints 数组中的点数。nCount 指 lpPolyPoints 数组中变量的数目。

2. 画矩形

前面我们讲过 RECT 类是用来描述一个用左上角和右下角定义的矩形，现在我们就利用当前画笔绘制一个矩形，并用当前画刷进行填充：

```
BOOL CDC::Rectangle(int x1, int y1, int x2, int y2);
BOOL CDC::Rectangle(LPCRECT lpRect);
```

其中，(x1, y1)和(x2, y2)分别为矩形的左上角和右下角的坐标，lpRect 用于指定矩形。

3. 画圆角矩形

我们可利用当前画笔绘制一个圆角矩形，并用当前画刷进行填充：

```
BOOL CDC:: RoundRect(int x1, int y1, int x2, int y2, int x3, int y3);
BOOL CDC:: RoundRect(LPCRECT lpRect, POINT point);
```

其中，(x1, y1, x2, y2)和 lpRect 用于指定一个矩形，x3 和 point 的 *X* 坐标指定画圆角的椭圆的逻辑宽度，y3 和 point 的 *Y* 坐标指定画圆角的椭圆的逻辑高度。

4. 画椭圆

我们可利用当前画笔绘制一个椭圆，并用当前画刷进行填充：

```
BOOL CDC:: Ellipse(int x1, int y1, int x2, int y2);
BOOL CDC:: Ellipse(LPCRECT lpRect);
```

其中，(x1, y1, x2, y2)和 lpRect 是用于指定椭圆的限定矩形。当限定矩形的宽度和高度相等时，则绘制一个圆。

5. 画多边形

我们可利用当前画笔绘制一个多边形，并用当前画刷进行填充：

```
BOOL CDC:: Polygon(LPPOINT lpPoints, intnCount);
```

其中，lpPoints 是一个指向多边形顶点的 POINT 结构或 CPoint 对象的数组指针，nCount 指数组中顶点的数目。

【例 9-4】 利用当前画笔画多边形。

```
POINT pts[] = {{100,100}, {100,200}, {200,300}, {300,200}, {200,170}};
pDC -> Polygon(pts, 5);
```

6. Bezier 曲线绘制

首先我们应该知道，曲线仍然是按线段绘制的。像画多边形一样，它也是把一个一个的点有序地连接起来的。

```
BOOL PolyBezier(const POINT * lpPoints, intnCount);
BOOL PolyBezierTo (const POINT * lpPoints, intnCount);
```

【例 9-5】 Bezier 曲线的绘制。

```
CPoint Pt[4] = { CPoint(20, 12), CPoint(88, 246), CPoint(364, 192), CPoint(250, 48)};
pDC -> PolyBezier(Pt, 4);
```

9.2.5 字符串输出

在 GDI 绘图中，CDC 类提供了 4 个输出文本的成员函数，它们是：

(1) TabbedTextOut：绘制的文本是一个多列的列表形式，启用制表位，可以使绘制出来的文本效果更佳。

(2) DrawText：在一个矩形区域绘制多行文本。

(3) ExtTextOut：文本和图形结合紧密，字符间隔不等，并要求有背景颜色或矩形剪裁特性。

(4) TextOut：一般没什么特殊要求，它是用于显示文字的最常用的 GDI 函数。下面我们来详细介绍一下 TextOut 成员函数，TextOut 语法是：

```
TextOut (hdc, x, y, psText, iLength) ;
```

第一个参数是设备内容句柄，它既可以是 GetDC 的传回值，也可以是在处理 WM_PAINT 消息时 BeginPaint 的传回值。

设备内容的属性控制了被显示的字符串的特征。例如，设备内容中有一个属性指定文字颜色，内定颜色为黑色；内定设备内容还定义了白色的背景。在程序向显示器输出文字时，Windows 使用这个背景色来填入字符周围的矩形空间。

该文字背景色与定义窗口类别时设置的背景并不相同。窗口类别中的背景是一个画刷，它是一种纯色或者非纯色组成的画刷，Windows 用它来擦除显示区域，它不是设备内容结构的一部分。在定义窗口类别结构时，大多数 Windows 应用程序使用 WHITE_BRUSH，以便内定设备内容中的内定文字背景颜色与 Windows 用以擦除显示区域背景的画刷颜色相同。

psText 参数是指向字符串的指针，iLength 是字符串中字符的个数。如果 psText 指向 Unicode 字符串，则字符串中的字节数就是 iLength 值的两倍。字符串中不能包含任何 ASCII 控制字符（如回车、换行、制表或退格），Windows 会将这些控制字符显示为实心块。TextOut 不识别作为字符串结束标志的内容为零的字节（对于 Unicode，是一个短整数型态的0），而需要由 nLength 参数指明长度。

TextOut 中的 X 和 Y 定义显示区域内字符串的开始位置，X 是水平位置，Y 是垂直位置。字符串中第一个字符的左上角位于坐标点（X，Y）。在内定的设备内容中，原点（X 和 Y 均为 0 的点）是显示区域的左上角。如果在 TextOut 中将 X 和 Y 设为 0，则将从显示区域左上角开始输出字符串。

9.2.6　GDI 绘图一般步骤

现在我们来总结下用 GDI 绘图的一般步骤：

（1）首先获得 CDC（画板）。

（2）再获得绘图区域（GetClientRect 等）。

（3）定义创建绘图工具（CPen 等）。

（4）选择工具（CDC：：SelectObject）。

（5）调用 CDC 的绘图方法进行绘图（CDC：：LineTo）。

（6）选择原有工具。

（7）最后释放删除新创建的工具，释放绘图资源。

9.3　GDI + 绘图

9.3.1　GDI + 的新功能简介

GDI + 是以前版本 GDI 的继承者，对以前的 Windows 版本中 GDI 进行了优化，并添加了许多新的功能。

1. 渐变的画刷（Gradient Brushes）

GDI + 允许用户创建一个沿路径或直线渐变的画刷，来填充外形（shapes），路径（paths），区域（regions），渐变画刷同样也可以画直线、曲线、路径，当你用一个线形画刷填充一个外形（shapes）时，颜色就能够沿外形逐渐变化。

2. 基数样条函数（Cardinal Splines）

GDI + 支持基数样条函数，而 GDI 不支持。基数样条是一组单个曲线按照一定的顺序连接而成的一条较大曲线。样条由一系列点指定，并通过每一个指定的点。由于基数样条平滑地穿过组中的每一个点（不出现尖角），因而它比用直线连接创建的路径更精确。

3. 持久路径对象（Persistent Path Objects）

在 GDI 中，路径属于设备描述表（DC），画完后路径就会被破坏。在 GDI + 中，绘图工作由 Graphics 对象来完成，你可以创建几个与 Graphics 分开的路径对象，绘图操作时路径对象不被破坏，这样你就可以多次使用同一个路径对象画路径了。

4. 变形和矩阵对象(Transformations & Matrix Object)

GDI+提供了矩阵对象，一个非常强大的工具，使得编写图形的旋转、平移、缩放代码变得非常容易。一个矩阵对象总是和一个图形变换对象联系起来，比方说，路径对象(PATH)有一个Transform方法，它的一个参数能够接受矩阵对象的地址，每次路径绘制时，它能够根据变换矩阵绘制。下面的图形是一个图形变换前后的例子，变换按照先缩放后旋转完成。

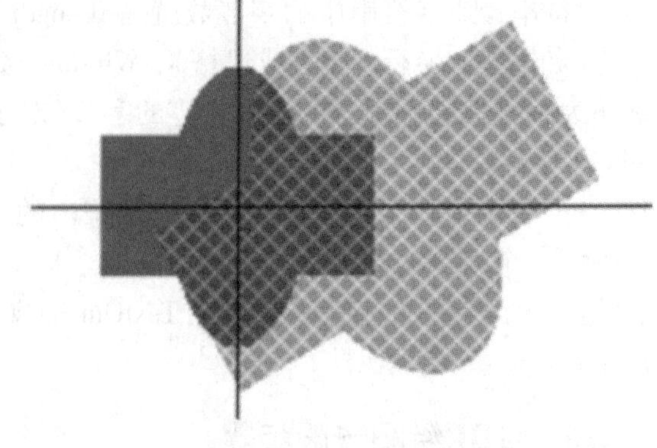

图9-1 区域变换前后示例

5. 可伸缩区域(Scalable Regions)

GDI+在区域(regions)方面对GDI进行了改进，在GDI中，Regions存储在设备坐标中，对Regions唯一可进行图形变换的操作就是对区域进行平移。而GDI+用世界坐标存储区域(Regions)，允许对区域进行任何图形变换，图形变换以变换矩阵存储，如图9-1是一个区域变换前后的例子(缩放、旋转、平移)。

6. 混合(Alpha Blending)

你可能会注意到上面显示的图形，红色未平移区域与变换后区域有一部分交叉区域，这一部分形成的梦幻效果就是由GDI+支持的Alpha Blending(混合)实现的利用alpha融合，你可以指定填充颜色的透明度，透明颜色与背景色相互融合，填充色越透明，背景色显示越清晰，图9-2所示的四个椭圆被填充了同样的颜色，但由于拥有不同的透明度而呈现不同的显示效果。

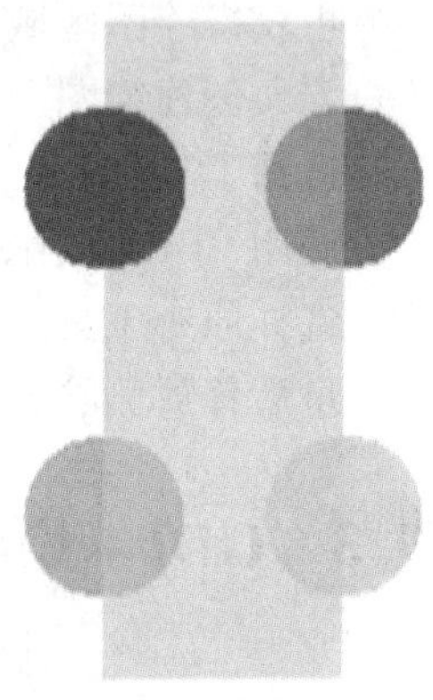

图9-2 混合示例

7. 多种图像格式支持

图像在图形界面程序中占有举足轻重的地位，GDI+除了支持BMP等GDI支持的图形格式外，还支持JPEG(Joint Photographic Experts Group)、GIF(Graphics Interchange Format)、PNG(Exchangeable Image File)、TIFF(Tag Image File Format)等图像格式，你可以直接在程序中使用这些图片文件，而无需考虑它们所用压缩算法。

除了以上介绍的7种功能外，CDI+还增加了其他的一些功能。

9.3.2 MFC下使用GDI+的基本步骤

1. 引入头文件和库

手动引入GDI+的头文件和库，引用方法是在stdafx.h文件中添加如下几行：

```
#include <GdiPlus.h>
using namespace Gdiplus;
#pragma comment(lib, "gdiplus.lib")
```

2. 全局变量设置

在 APP 类中(CXXXApp 类)，全局变量设置即添加下面这个全局变量。这个变量是用于 GDI + 的控制。

```
ULONG_PTR gdip_token;
```

3. 初始化 GDI + 对象

在 App 类初始化函数 InitInstance( ) 中添加下面代码，用于进行 GDI + 的初始化：

```
GdiplusStartupInputgsi;
GdiplusStartup(&gdip_token, &gsi, NULL);
```

4. 关闭 GDI + 的调用

到目前为止，已经可以正常使用 GDI + 了，但为了考虑周全些，我们还需要在程序结束时关闭 GDI + 的调用。即在 ExitInstance( ) 中添加：

```
GdiplusShutdown(gdiplusToken);
```

这样就完成了 MFC 框架下使用 GDI + 的准备工作，具体要执行的工作，就要在视图类的 OnDraw(CDC * pDC) 函数中完成了。

5. 利用 GDI + 对象绘图

GDI + 与 GDI 不同，它的绘制工作需要一个 Graphics 对象，而所有的绘制工作都要依靠这个 Graphics 对象来完成，即 Graphics graphics(pDC -> m_hDC)。我们通过调用其构造函数，从而获得了这个 Graphics 对象。

9.3.3　GDI + 主要绘图方法

GDI + 的主要绘图方法有以下几种：

DrawLines(Pen, Point( ))

DrawEllipse(Pen, x, y, width, height)

DrawArc(Pen, x, y, Swidth, height, StartAngle, SweepAngle)

DrawRectangle(pen, x, y, width, height)

DrawPolygon(pen, Points( ))

DrawCurve(pen, Point( ))

DrawPath(Pen, GraphicsPath)

DrawImage…

9.4　CImge 类

我们知道，Visual C++ 的 CBitmap 类和静态图片控件的功能是比较弱的，它只能显示出在资源中的图标、位图、光标以及图元文件的内容，而不像 VB 中的 Image 控件可以显示出绝大多数的外部图像文件(BMP、GIF、JPEG 等)。因此，想要在对话框或其他窗口中显示外部图像文件则只能借助于第三方提供的控件或代码。现在，MFC 和 ATL 共享的新类 CImage 为图像处理提供了许多相应的方法，这使得 Visual C++ 在图像方面的缺憾一去不复返了。

9.4.1 CImage 类概述

CImage 是 MFC 和 ATL 共享的新类，它能从外部磁盘中调入一个 JPEG、GIF、BMP 和 PNG 格式的图像文件加以显示，而且这些文件格式可以相互转换。由于 CImage 在不同的 Windows 操作系统中其某些性能是不一样的，因此在使用时要特别注意。例如，CImage::PlgBlt 和 CImage::MaskBlt 只能在 Windows NT 4.0 或更高版本中使用，但不能运行在 Windows 95/98 应用程序中。CImage::AlphaBlend 和 CImage::TransparentBlt 也只能在 Windows 2000/98 或更高版本中使用。即使在 Windows 2000 运行程序，还必须将 stdafx.h 文件中的 WINVER 和_WIN32_WINNT 的预定义修改成 0x0500 才能正常使用。

CImage 封装了 DIB(设备无关位图)的功能，因而可以让我们能够处理每个位图像素。它具有下列最酷特性：

(1) AlphaBlend 支持像素级的颜色混合，从而实现透明和半透明的效果。

(2) PlgBlt 能使一个矩形区域的位图映射到一个平行四边形区域中，而且还可能使用位屏蔽操作。

(3) TransparentBlt 在目标区域中产生透明图像，SetTransparentColor 用来设置某种颜色是透明色。

(4) MaskBlt 在目标区域中产生源位图与屏蔽位图合成的效果。

9.4.2 使用 CImage 的一般方法

使用 CImage 的一般方法是这样的过程：

(1) 打开应用程序的 stdafx.h 文件添加 CImage 类的包含文件：

```
#include <atlimage.h>
```

(2) 定义一个 CImage 类对象，然后调用 CImage::Load 方法装载一个外部图像文件。

(3) 调用 CImage::Draw 方法绘制图像。Draw 方法具有如下定义：

```
BOOL Draw(HDC hDestDC, int xDest, int yDest,
int nDestWidth, int nDestHeight, int xSrc, int ySrc,
int nSrcWidth, int nSrcHeight);
BOOL Draw(HDC hDestDC, const RECT& rectDest, const RECT& rectSrc);
BOOL Draw(HDC hDestDC, int xDest, int yDest);
BOOL Draw(HDC hDestDC, const POINT& pointDest);
BOOL Draw(HDC hDestDC, int xDest, int yDest,
int nDestWidth, int nDestHeight);
BOOL Draw(HDC hDestDC, const RECT& rectDest);
```

其中，hDestDC 用来指定绘制的目标设备环境句柄，(xDest, yDest)和 pointDest 用来指定图像显示的位置，这个位置和源图像的左上角点相对应。nDestWidth 和 nDestHeight 分别指定图像要显示的高度和宽度，xSrc、ySrc、nSrcWidth 和 nSrcHeight 用来指定要显示的源图像的某个部分所在的位置和大小。rectDest 和 rectSrc 分别用来指定目标设备环境上和源图像所要显示的某个部分的位置和大小。

需要说明的是，Draw 方法综合了 StretchBlt、TransparentBlt 和 AlphaBlend 函数的功能。默认时，Draw 的功能和 StretchBlt 相同。但当图像含有透明色或 Alpha 通道时，它的功能又和 TransparentBlt、AlphaBlend 相同。因此，在一般情况下，我们都应该尽量调用 CImage::Draw 方法来绘制图像。

例如，下面的示例 Ex_Image 是实现这样的功能：当选择【文件】【打开】菜单命令后，弹出一个文件打开对话框。当选定一个图像文件后，就会在窗口客户区中显示该图像文件内容。这个示例的具体步骤如下：

(1)创建一个默认的单文档程序项目 Ex_Image。

(2)打开 stdafx. h 文件中添加 CImage 类的包含文件 atlimage. h。

(3)在 CEx_ImageView 类添加 ID_FILE_OPEN 的 COMMAND 事件映射程序，并添加下列代码：

```
void CEx_ImageView:: OnFileOpen()
{
    CString strFilter;
    CSimpleArray < GUID > aguidFileTypes;
    HRESULT hResult;
    // 获取 CImage 支持的图像文件的过滤字符串
    hResult = m_Image.GetExporterFilterString(strFilter, aguidFileTypes,
        _T("All Image Files"));
    if (FAILED(hResult))
    {
        MessageBox("GetExporterFilter 调用失败!");
        return;
    }
    CFileDialog dlg(TRUE, NULL, NULL, OFN_FILEMUSTEXIST, strFilter);
    if(IDOK ! = dlg.DoModal())
        return;
    m_Image.Destroy();
    // 将外部图像文件装载到 CImage 对象中
    hResult = m_Image.Load(dlg.GetFileName());
    if (FAILED(hResult))
    {
        MessageBox("调用图像文件失败!");
        return;
    }
    // 设置主窗口标题栏内容
    CString str;
    str.LoadString(AFX_IDS_APP_TITLE);
    AfxGetMainWnd()-> SetWindowText(str + "- " + dlg.GetFileName());
    Invalidate();                              // 强制调用 OnDraw
}
```

(4)定位到 CEx_ImageView:: OnDraw 函数处，添加下列代码：

```
void CEx_ImageView:: OnDraw(CDC * pDC)
{
    CEx_ImageDoc * pDoc = GetDocument();
    ASSERT_VALID(pDoc);
    if (! m_Image.IsNull())
    {
        m_Image.Draw(pDC -> m_hDC, 0, 0);
    }
}
```

(5)打开 Ex_ImageView.h 文件，添加一个公共的成员数据 m_Image：

```
public:
    CImage m_Image;
```

(6)编译并运行。

至此，我们介绍了 GDI + 和 CImage 的一般使用方法和技巧。当然，它们本身还有许多更深入的方法，由于篇幅所限，这里不再一一讨论。

9.5　测绘程序实例

【例 9 -6】　误差椭圆的绘制。

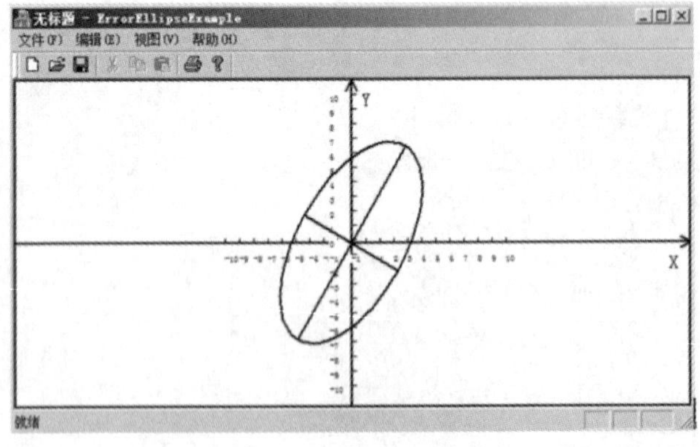

图 9 -3　误差椭圆的绘制

ErrorEllipseDraw 头文件源代码：

```
#pragma once
class CErrorEllipseDraw
{
public:
    CErrorEllipseDraw(void);
    ~CErrorEllipseDraw(void);
private:
    double dE;                  //长半轴
    double dF;                  //短半轴
    double dAlfa;               //长半轴方位角
    double dOrgX, dOrgY;        //误差椭圆中心位置, 即控制点平面坐标
    double dScale;              //绘图比例
public:
    void SetEllipseElement(double E, double F, double Alfa);
    void SetOrgCoord(double X, double Y);
    void DrawFrame(CDC * pDC, CRect& rect);
    void Draw(CDC * pDC, CRect& rect);
    void SetScale(double scale);
};
```

ErrorEllipseDraw. cpp 文件源代码：

首先我们要写构造函数和析构函数的实现，以及要编写椭圆参数设置的函数，其具体代码如下：

```
#include"StdAfx.h"
#include"ErrorEllipseDraw.h"
#include"math.h"
const double PI=3.1415926535897932;
CErrorEllipseDraw:: CErrorEllipseDraw(void)
{
    dScale =1.0;
    dOrgX =0;
    dOrgY =0;
}
CErrorEllipseDraw:: ~CErrorEllipseDraw(void)
{}
void CErrorEllipseDraw:: SetEllipseElement(double E, double F, double Alfa)
{
    dE = E;
    dF = F;
    dAlfa = Alfa;
```

```
}void CErrorEllipseDraw:: SetOrgCoord(double X, double Y)
{
    dOrgX = X;
    dOrgY = Y;
}
```

完成上述步骤之后，我们就要绘制坐标轴了，坐标轴包括 X 轴，Y 轴，以及坐标的刻度，其具体的代码如下：

```
void CErrorEllipseDraw:: DrawFrame(CDC * pDC, CRect& rect)
{
    CPen pen(PS_SOLID, 2, RGB(0, 0, 0));
    CPen * pOldPen = pDC -> SelectObject(&pen);
    pDC -> Rectangle(rect);
    pDC -> MoveTo(rect.left, rect.top + dOrgY);
    pDC -> LineTo(rect.right, rect.top + dOrgY);              //绘制 X 轴
    pDC -> MoveTo(rect.left + dOrgX, rect.bottom);
    pDC -> LineTo(rect.left + dOrgX, rect.top);               //绘制 Y 轴
    pDC -> MoveTo(rect.right - 10, rect.top + dOrgY - 5);
    pDC -> LineTo(rect.right, rect.top + dOrgY);              //绘制 X 轴箭头
    pDC -> LineTo(rect.right - 10, rect.top + dOrgY + 5);
    pDC -> MoveTo(rect.left + dOrgX - 5, rect.top + 10);
    pDC -> LineTo(rect.left + dOrgX, rect.top);               //绘制 Y 轴箭头
    pDC -> LineTo(rect.left + dOrgX + 5, rect.top + 10);
    pDC -> SelectObject(pOldPen);
    pen.DeleteObject();
    LOGFONT lf;
    memset(&lf, 0, sizeof(LOGFONT));
    lf.lfHeight = 16;
    _tcsncpy_s(lf.lfFaceName, LF_FACESIZE, _T("宋体"), 4);
    //绘制 X 轴, Y 轴标志
    CFont font; //创建字体
    font.CreateFontIndirect(&lf);
    CFont * pOldFont = pDC -> SelectObject(&font);
    pDC -> TextOut(rect.right - 20, rect.top + dOrgY + 10, _T("X"), 1);
    pDC -> TextOut(rect.left + dOrgX + 10, rect.top + 10, _T("Y"), 1);
    pDC -> SelectObject(pOldFont);
    font.DeleteObject();
    //绘制坐标刻度
    lf.lfHeight = 8;
    CFont fTick;
    fTick.CreateFontIndirect(&lf);
    pOldFont = pDC -> SelectObject(&fTick);
    CString str;
    int iTickWidth = (rect.Width() > rect.Height())? rect.Height(): rect.Width();
```

```
    iTickWidth = iTickWidth/22;
    for(int i = - 10; i < =10; i + +)
    {
        pDC -> MoveTo(iTickWidth *  (i +1) + dOrgX, rect.top + dOrgY);
        pDC -> LineTo(iTickWidth *  (i  +1) + dOrgX, rect.top + dOrgY - 5);
        str.Format(_T("% d"), i);
        if(i!  =0)
        {
            pDC -> TextOut(iTickWidth * (i  +1) + dOrgX,
                rect.top + dOrgY +10, str, 4);
        }
        pDC -> MoveTo(rect.left + dOrgX, iTickWidth * (i +10 +1));
        pDC -> LineTo(rect.left + dOrgX +5, iTickWidth * (i +10 +1));
        str.Format(_T("% d"), - i);
        pDC -> TextOut(rect.left + dOrgX - 20,
            iTickWidth * (i +10 +1), str, 4);
    }
    pDC -> SelectObject(pOldFont);
    fTick.DeleteObject();
}
```

在完成了坐标轴的绘制之后，我们就要开始画椭圆了，我们在绘制的时候要注意尺度的缩放、公式的输入以及转化关系等问题。其代码如下：

```
void CErrorEllipseDraw:: Draw(CDC *  pDC, CRect& rect)
{
    double dStartX, dStartY, dEndX, dEndY;
    //绘制短半轴
    dStartX = (dF * sin((dAlfa/180) * PI) + dOrgX) * dScale;
    dStartY = ( - dF * cos((dAlfa/180) * PI) + dOrgY) * dScale;
    dEndX = ( - dF * sin((dAlfa/180) * PI) + dOrgX) * dScale;
    dEndY = (dF * cos((dAlfa/180) * PI) + dOrgY) * dScale;
    CPen pen(PS_SOLID, 2, RGB(0, 0, 0));
    CPen *  pOldPen = pDC -> SelectObject(&pen);
    pDC -> MoveTo(dStartX, dStartY);
    pDC -> LineTo(dEndX, dEndY)
    //绘制长半轴
    dStartX = ( - dE * cos((dAlfa/180) * PI) + dOrgX) * dScale;
    dStartY = ( - dE * sin((dAlfa/180) * PI) + dOrgY) * dScale;
    dEndX = (dE * cos((dAlfa/180) * PI) + dOrgX) * dScale;
    dEndY = (dE * sin((dAlfa/180) * PI) + dOrgY) * dScale;
```

```
        pDC -> MoveTo(dStartX, dStartY);
        pDC -> LineTo(dEndX, dEndY);
        double ex, fy;
        ex = dE;
        fy = 0;
        //转换到长半轴方向上
        dStartX = (ex * cos((dAlfa/180) * PI) - fy * sin((dAlfa/180) * PI) + dOrgX) * dScale;
        dStartY = (fy * cos((dAlfa/180) * PI) + ex * sin((dAlfa/180) * PI) + dOrgY) * dScale;
        pDC -> MoveTo(dStartX, dStartY);
        for(int i = 6; i < = 360; i + = 6)
        {
            //在坐标轴方向的坐标
            ex = dE * cos((i/180.0) * PI);
            fy = dF * sin((i/180.0) * PI);
            //转换到长半轴方向上
            dEndX = (ex * cos((dAlfa/180) * PI) - fy * sin((dAlfa/180) * PI)
                    + dOrgX) * dScale;
            dEndY = (fy * cos((dAlfa/180) * PI) + ex * sin((dAlfa/180) * PI)
                    + dOrgY) * dScale;
            pDC -> LineTo(dEndX, dEndY);
        }
        pDC -> SelectObject(pOldPen);
        pen.DeleteObject();
    }
    void CErrorEllipseDraw:: SetScale(double scale)
    {   dScale = scale;
    }
```

【例 9-7】 一般曲线的绘制。

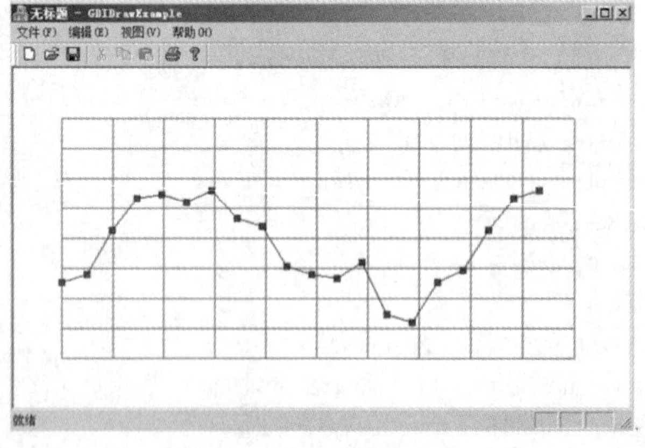

图 9-4 一般曲线的绘制

```
void CGDIDrawExampleView:: OnDraw(CDC * pDC)
{
    CGDIDrawExampleDoc * pDoc = GetDocument();
    ASSERT_VALID(pDoc);
    if (! pDoc)
        return;
    int data[20] = {19, 21, 32, 40, 41, 39, 42, 35, 33, 23, 21, 20, 24, 11, 9, 19, 22, 32, 40, 42};
    CRect rc;
    GetClientRect(rc);                              // 获得客户区的大小
    rc.DeflateRect(50, 50);                         // 将矩形大小沿 x 和 y 方向各减小
    int gridXnums = 10, gridYnums = 8;
    int dx = rc.Width()/gridXnums;
    int dy = rc.Height()/gridYnums;
    CRect gridRect(rc.left, rc.top, rc.left + dx * gridXnums, rc.top + dy * gridYnums);
    // 调整矩形大小
    CPen gridPen(0, 0, RGB(0, 100, 200));
    CPen * oldPen = pDC -> SelectObject(&gridPen);
    for (int i = 0; i < = gridXnums; i + +)         // 绘制垂直线
    {
        pDC -> MoveTo(gridRect.left + i * dx, gridRect.bottom);
        pDC -> LineTo(gridRect.left + i * dx, gridRect.top);
    }
    for(int j = 0; j < = gridYnums; j + +)          // 绘制水平线
    {
        pDC -> MoveTo(gridRect.left, gridRect.top + j * dy);
        pDC -> LineTo(gridRect.right, gridRect.top + j * dy);
    }
    pDC -> SelectObject(oldPen);                    // 恢复原来画笔
    gridPen.Detach(); // 将画笔对象与其构造的内容分离, 以便能再次构造画笔
    gridPen.CreatePen(0, 0, RGB(0, 0, 200));        // 重新创建画笔
    pDC -> SelectObject(&gridPen);
    CBrush gridBrush(RGB(255, 0, 0));               // 创建画刷
    CBrush * oldBrush = pDC -> SelectObject(&gridBrush);
    POINT ptRect[4] = {{- 3, - 3}, {- 3, 3}, {3, 3}, {3, - 3}}, ptDraw[4];
    int deta;
    POINT pt[256];
    int nCount = 20;
    deta = gridRect.Width()/nCount;
    for(int i = 0; i < nCount; i + +)
    {
        pt[i].x = gridRect.left + i * deta;
        pt[i].y = gridRect.bottom - (int)(data[i]/60.0 * gridRect.Height());
```

```
            for (int j=0; j<4; j++)
            {
                ptDraw[j].x=ptRect[j].x+pt[i].x;
                ptDraw[j].y=ptRect[j].y+pt[i].y;
            }
            pDC->Polygon(ptDraw, 4);                    // 绘制小方块
        }
        pDC->Polyline(pt, nCount);                      // 绘制折线
        // 恢复原来绘图属性
        pDC->SelectObject(oldPen);
        pDC->SelectObject(oldBrush);
}
```

【例9-8】 控制点展点。控制点展点就是将已知坐标的点画出来。具体的做法是将给出的坐标进行一定的转换，使之适合屏幕坐标，并对转换后的坐标进行加减画出选定的图形标记，如小三角形、圆形等。以下是一个程序中的展点部分的画图代码：

```
pDC->MoveTo(ml(j, 2)*dScaleX+52, rect.Height()-ml(j, 1)*dScaleX-50);
pDC->LineTo(ml(j, 2)*dScaleX+68, rect.Height()-ml(j, 1)*dScaleX-58);
pDC->LineTo(ml(j, 2)*dScaleX+68, rect.Height()-ml(j, 1)*dScaleX-42);
pDC->LineTo(ml(j, 2)*dScaleX+52, rect.Height()-ml(j, 1)*dScaleX-50);
```

9.6 图像操作编程

本节介绍怎样编写图像操作的程序，现在市场上有很多专业的图像处理软件，如Photoshop等，而它们是怎样实现的呢？下面将逐步介绍。

9.6.1 图像操作原理

图像处理程序有很多功能，比如说：图像文件读取、图像旋转、缩放、反转、柔化等。

图像处理有这么多强大的功能，那它是怎么工作的呢？简单地说，图像处理就是对图像像素值的简单操作，本节所介绍的图像处理的程序与专业程序比起来要简单得多，但是能让大家知道图像处理程序开发的基本原理，可以帮助大家了解各种图像处理技术，它可以作为开发专业图像处理程序的起点。

图像操作程序主要是利用PictureBOX控件和Bitmap类对象，在打开一个图像时，可以利用PictureBox控件Image属性的GetPiexl方法访问图像的像素值，为加速图像处理的过程，可以在图像装入时就读取图像的像素值。将获得的各像素值的红、绿、蓝各颜色的分量存放在一个结构变量数组中，这样就可以对同一图像采取多种处理时而不必重复读取每个像素的值，这样在应用程序中就会起到加速的作用。

9.6.2 图像的操作程序

【例 9 –9】 图像文件的读写。以下的代码包括各种格式的图像的读入、显示与保存。

图像读入的关键代码：

```
CString strFilter;
strFilter = "JPEG 图像文件| *.jpg|位图文件| *.bmp|GIF 图像文件| *.gif|PNG 图像文件| *.png|TIF 图像文件| *.tif||";

CFileDialog dlg(TRUE, NULL, NULL, OFN_FILEMUSTEXIST, strFilter);
if(IDOK! = dlg.DoModal())
    return;
m_Image.Destroy();

HRESULT hResult;
// 将外部图像文件装载到 CImage 对象中

CString str = dlg.GetPathName();
hResult = m_Image.Load(dlg.GetPathName());
if (FAILED(hResult))
{
    MessageBox(_T("调用图像文件失败!"));
    return;
}
Invalidate(); // 调用 OnPaint
```

图像显示关键代码：

```
CDC * pDC = GetDlgItem(IDC_STATICSRCIMG)-> GetDC(); // 获得显示控件的 DC

CDialog:: OnPaint();
CDialog:: UpdateWindow();
if (! m_Image.IsNull())
{
    CRect rectdst;
    GetDlgItem(IDC_STATICSRCIMG)-> GetClientRect(&rectdst);
    m_Image.Draw(pDC -> m_hDC,rectdst);
}
```

图像读入与显示的结果如图 9 –5 所示：

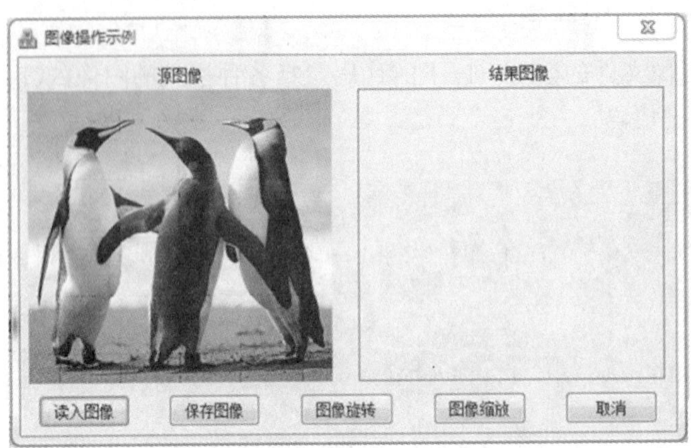

图 9-5　图像读入与显示的结果

图像保存关键代码：

```
if (Img.IsNull())
{
    MessageBox(_T("未打开图片!"));
    return;
}
CString strFilter;
strFilter = "位图文件|*.bmp|JPEG 图像文件|*.jpg|GIF 图像文件|*.gif|PNG 图像文件|*.png|
TIF 图像文件|*.tif||";
CFileDialog ImgSaveDlg(FALSE, NULL, NULL, NULL, strFilter);
ImgSaveDlg.m_ofn.lpstrTitle = _T("保存图像");
if (IDOK != ImgSaveDlg.DoModal())
    return;
CString strFileName;
CString strExtension;
strFileName = ImgSaveDlg.GetPathName();
switch (ImgSaveDlg.m_ofn.nFilterIndex)
{
case 1:
    strExtension = "bmp"; break;
case 2:
    strExtension = "jpg"; break;
case 3:
    strExtension = "gif"; break;
case 4:
    strExtension = "png"; break;
```

```
    case 5:
        strExtension = "tif"; break;
    default:
        break;
    }
        strFileName = strFileName + _T(".") + strExtension;
    // 图像保存
    HRESULT hResult = Img.Save(strFileName);
    if (FAILED(hResult))
    {
        MessageBox(_T("保存图像文件失败!"));
    }
```

【例 9 – 10】 图像的旋转关键代码。

```
void ImageRotation(CImage * Imgn, CImage * Imgm, double alpha)
{
    int ww, Dx, Dy, bpd;
    double centerx, centery, sintheta, costheta;
    double X1, Y1, X2, Y2, theta, xx, yy, rr;
    BYTE * * list, * sc, * lp;
    int x, y;
    Dx = Imgm -> GetWidth();
    Dy = Imgm -> GetHeight();
    sc = (BYTE * )malloc(2 * (Dx * Imgm -> GetBPP() + 31)/32 * 4);    //申请工作单元
    list = (BYTE * * )malloc(Dy * sizeof(BYTE * ));                    //对原位图建立二维数组
    for (int i = 0; i < Dy; i + + )
    {
        list[i] = (BYTE * )Imgm -> GetPixelAddress(0, i);
    }
    centerx = Dx/2.0 + 0.5;                                             //计算位图中心位置
    centery = Dy/2.0 + 0.5;
    rr = sqrt(centerx * centerx + centery * centery);                   //计算对角线长度

    theta = atan(centery/centerx);

    X1 = fabs(rr * cos(alpha + theta)) + 0.5;
    Y1 = fabs(rr * sin(alpha + theta)) + 0.5;
    X2 = fabs(rr * cos(alpha - theta)) + 0.5;
    Y2 = fabs(rr * sin(alpha - theta)) + 0.5;
```

```
    if (X2 > X1)X1 = X2;                          //得外接矩形宽度
    if (Y2 > Y1)Y1 = Y2;                          //外接矩形高度
    ww = (int)(2 * X1);

    Imgn -> Destroy();

    Imgn -> Create(ww, (int)(2 * Y1), Imgm -> GetBPP());        //建立结果位图
    bpd = Imgm -> GetBPP()/8;
    sintheta = sin(alpha);
    costheta = cos(alpha);

    for (int j = (int)(centery - Y1), Yd = 0; j < = (centery + Y1); j + +, Yd + +)
    {
        if (Imgm -> GetBPP() = = 8)
            memset(sc, 255, ww);                  //256 色位图像素行置背景值
        else
            memset(sc, 255, ww * bpd);            //真彩色位图像素行置背景值

        for (int i = (int)(centerx - X1), Xd = 0; i < = centerx + X1; i + +, Xd + = bpd)
        {
            xx = centerx + costheta * (i - centerx) + sintheta * (j - centery);
            yy = centery - sintheta * (i - centerx) + costheta * (j - centery);
            x = (int)(xx + 0.5);
            y = (int)(yy + 0.5);
            if (x < 0 | | x > =  Imgm -> GetWidth() | | y < 0 | | y > = Imgm -> GetHeight())
                continue;
            if(x = = Imgm -> GetWidth())x - - ;
            if(y = = Imgm -> GetHeight())y - - ;
            memcpy(&sc[Xd], &list[y][x * bpd], bpd);       //从源位图复制像素数据
        }
        lp = (BYTE * )Imgn -> GetPixelAddress(0, Yd);      //处理结果总结果位图
        memcpy(lp, sc, ww * bpd);
    }
    free(list);                                            //释放工作单元
    free(sc);
}
```

图像旋转结果如图所示：

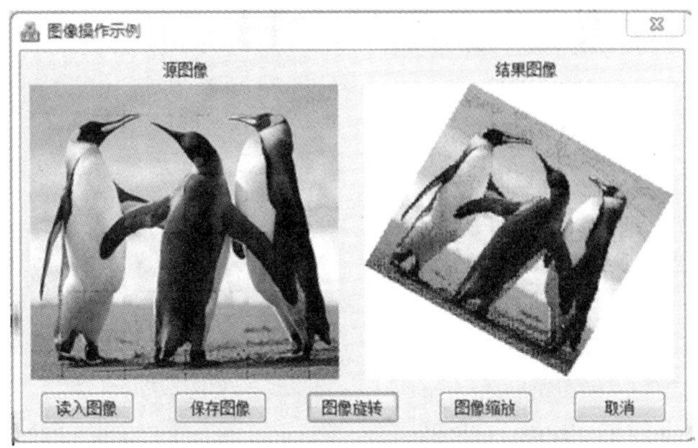

图 9－6　图像旋转的结果

【例 9－11】 图像的复制关键代码。

```
void ImageCopy(CImage *pImgn, CImage *pImgm)      //位图的复制
{
    RGBQUAD ColorTab[256];
    CDC     *pOrigDC, *pDC;

    if (! pImgn -> IsNull())                      //目标位图非空
        pImgn -> Destroy();                       //删除目标位图
    pImgn -> Create(pImgm -> GetWidth(), pImgm -> GetHeight(), pImgm -> GetBPP(), 0);

    if (pImgm -> GetBPP() < =8)                  //原始位图有调色板
    {
        pImgm -> GetColorTable(0, 1 < <pImgm -> GetBPP(), ColorTab);
        pImgn -> SetColorTable(0, 1 < <pImgm -> GetBPP(), ColorTab); //复制调色板数据
    }
    pOrigDC = CDC:: FromHandle(pImgm -> GetDC()); //建立原位图 CDC
    pDC     = CDC:: FromHandle(pImgn -> GetDC()); //建立目标位图 CDC
    pDC -> BitBlt(0, 0, pImgm -> GetWidth(), pImgm -> GetHeight(), pOrigDC, 0, 0, SRCCOPY);
                                                  //复制像素数据
    pImgm -> ReleaseDC();                         //释放 CDC 指针
    pImgn -> ReleaseDC();
}
```

【例 9－12】 图像的缩放关键代码。以下的程序为图像的非整数倍缩放代码。图像的非整数倍缩放是指图像像素的位置在水平和垂直两个方向按相同的倍率放大或缩小，倍率为浮点数。

```
void ImageScale(CImage * Imgn, CImage * Imgm, double alpha)              //非整数倍缩放
{
    int nSize;
    BYTE * * list, * sc , * lp;
    int Dx, Dy, x, y, bpd;
    Dx = (int)(alpha * Imgm -> GetWidth());                              //计算结果位图宽度
    Dy = (int)(alpha * Imgm -> GetHeight());                             //计算结果位图高度
    Imgn -> Destroy();
    Imgn -> Create(Dx, Dy, Imgm -> GetBPP());                            //建立结果位图
    bpd = Imgm -> GetBPP()/8;
    nSize = (Dx * Imgm -> GetBPP() +31)/32 * 4;                          //计算工作单元大小
    sc = (BYTE * ) malloc(nSize);                                        //申请像素行工作单元
    list = (BYTE * * ) malloc(Imgm -> GetHeight()  * sizeof(BYTE * ));   // 申请指针数组
    for (int i =0; i < Imgm -> GetHeight(); i + + )
        list[i] = (BYTE * ) Imgm -> GetPixelAddress(0, i);              //生成二维数组
    for (int j =0; j < Dy; j + + )
    {
        y = int(j/alpha +0.5);
        for (int i =0; i < Dx; i + + )
        {
            x = int(i/alpha +0.5);                                       //x1, y1 为整数部分
            if (x > Imgm -> GetWidth()| | y > Imgm -> GetHeight())       // 范围检查
            {
                continue;
            }
            if(x = = Imgm -> GetWidth())x - - ;
            if(y = = Imgm -> GetHeight())y - - ;
            memcpy(&sc[i * bpd], &list[y][x * bpd], bpd);              //从源位图复制像素数据
        }
        lp = (BYTE * )Imgn -> GetPixelAddress(0, j);                     //处理结果总结果位图
        memcpy(lp, sc, Dx * bpd);
    }
    free(sc);                                                            //释放工作单元
    free(list);
}
```

图像缩放的结果如图 9-7 所示：

图 9－7　图像缩放的结果

第二篇

测绘程序设计

第 10 章　常用简易测量程序设计

在地形测量、工程测量及控制测量中，需要进行一些简单的计算，如交会定点计算、水准网简易计算、三角高程计算、单导线简易平差计算等。其中有些计算程序已在前面章节的测绘应用举例中介绍。本章主要介绍用于角度转换的角度类设计、交会定点计算、三角高程计算，并重点详细介绍单导线简易平差计算程序设计。

10.1　角度换算及角度类的设计

在测量中，角度观测值常用浮点小数表示度分秒，即：度为整数部分，小数点后两位为分，第三位开始为秒。例如：12.35275 表示 12°35′27.5″。而计算时需转换为度或者弧度的形式，因此在测绘程序中常用到角度值的度分秒(dms)、度(deg)、弧度(rad)间的相互转换。第三章已介绍了角度换算的算法，这里主要介绍角度类的设计。

分析：要描述一个角度至少需要两个属性，即角度大小以及角度值的形式(度分秒、度还是弧度)；并要求角度类具有度分秒至度的换算、度至度分秒的换算、度与弧度的换算等功能，并且使用方便。

设计步骤：

(1)设置一个角度大小属性(dValue)，并设定该属性为缺省属性；

(2)另设一个状态属性(nCurStyle)，表示当前设置的角度大小的形式；

(3)度分秒、度、弧度间的相互转换的方法；

(4)定义运算符号(+、-)方法，使得角度类能够像一种普通的数据类型样的方便使用。为了使用方便，角度转换实现则通过重载“()”实现。

以下列出了角度类主要代码实现：

```
//头文件: Angle.h
//枚举数据类型, 用于代表角度形式
enum AngleStyle
{
    DEG,
    DMS,
    RAD
};
class CAngle
{
public:
    CAngle(double value =0, AngleStyle style = DMS);
    ~CAngle(void);
private:
```

```
    double dValue;                          //角度值
    AngleStyle nCurStyle;                   //当前角度值类型
private:
    //设置常成员函数的作用: .类成员不会被改变
    //2.可以被常类变量调用
    double Deg(double dDms) const;
    double Dms(double dDeg) const;

public:
    //获取指定的类型获取角度值,
    //由于返回的是 dValue 的引用, 所以该值大小可以改变, 即可以进行赋值
    double& operator() (AngleStyle style);
    //重载, 获取指定的类型获取角度值, 该值不可改变, constCAngle 类型变量调用
    double operator() (AngleStyle style) const;
    //重载运算符 + / -
    friend CAngle operator + (const CAngle& m1, const CAngle& m2);
    friend CAngle operator - (const CAngle& m1, const CAngle& m2);
};

//源文件: angle.cpp
//限于篇幅, 这里仅列出部分实现代码
const double EPSILON = 1.0E - 12;
const double PI = 4.0 * atan(1.0);
//重载构造函数, 有缺省值
CAngle:: CAngle(double value, AngleStyle style)
{
    dValue = value;
    nCurStyle = style;
}

CAngle:: ~CAngle(void)
{
}
//重载( )符号函数, 根据指定的类型获取角度值
double& CAngle:: operator() (AngleStyle style)
{
    //double dAngleValue;
    if(style = = DMS)
    {
        if(nCurStyle = = DEG)
        {
            dValue = Dms(dValue);
        }
        else if(nCurStyle = = RAD)
        {
            dValue = Dms(dValue * 180.0/PI);
```

```
            }
            nCurStyle = DMS;
        }
        else if(style = = DEG)
        {
            if(nCurStyle = = DMS)
              {
                dValue = Deg(dValue);
            }
            else if(nCurStyle = = RAD)
            {
                dValue = dValue * 180.0/PI;
            }
          nCurStyle = DEG;
        }
        else
        {
          if(nCurStyle = = DMS)
            {
                dValue = Deg(dValue) * PI/180;
            }
            else if(nCurStyle = = DEG)
            {
                dValue = dValue * PI/180;
            }
        nCurStyle = RAD;
        }
        return dValue;
}
//私有成员,度分秒向十进制度转换
double CAngle:: Deg(double dDms) const
{
        int iDeg, iMin;
        double dSec;
        iDeg = int(dDms  + EPSILON);                          //度//加一个很小的数,以防止取整时的出错
        iMin = int((dDms - iDeg) * 100 + EPSILON); //分
        dSec = ((dDms - iDeg) * 100 - iMin) * 100; //秒
        return iDeg + (double)iMin/60 + dSec/3600;
}
//友元重载 + 函数
CAngle operator + (const CAngle& m1, const CAngle& m2)
{
            CAngle addAngle(0, RAD);
            addAngle(RAD) = m1(RAD) + m2(RAD);
            return addAngle;
}
```

10.2 交会定点计算

10.2.1 测角后方交会

计算程序的基本原理及计算公式如式(10-1)所示：

$$
\left.\begin{aligned}
x_P &= \frac{P_A x_A + P_B x_B + P_C x_C}{P_A + P_B + P_C} \\
y_P &= \frac{P_A y_A + P_B y_B + P_C y_C}{P_A + P_B + P_C}
\end{aligned}\right\}
$$

$$
\left.\begin{aligned}
P_A &= \frac{1}{\cot\angle A - \cot\alpha} = \frac{\tan\alpha\tan\angle A}{\tan\alpha - \tan\angle A} \\
P_B &= \frac{1}{\cot\angle B - \cot\beta} = \frac{\tan\beta\tan\angle B}{\tan\beta - \tan\angle B} \\
P_A &= \frac{1}{\cot\angle C - \cot\gamma} = \frac{\tan\gamma\tan\angle C}{\tan\gamma - \tan\angle C}
\end{aligned}\right\} \tag{10-1}
$$

若将 P_A、P_B、P_C 看成权，则 P 点的坐标即为三个已知点的加权平均值。计算步骤如下：

(1) 三个已知点的坐标反算三条边的长度；

(2) 三边长度计算三个内角；

(3) 三个内角及后方交会的观测角计算 P_A、P_B、P_C；

(4) 待定点坐标。

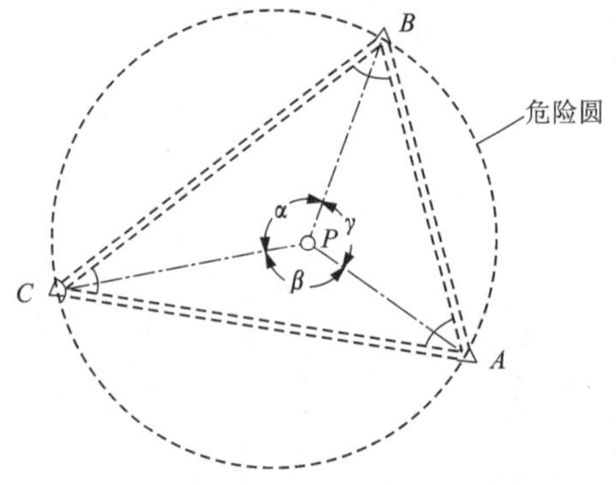

图 10-1 测角后方交会示意图

测角后方交会函数代码如下(注意：使用了角度类)：

```
//测角后方交会
void CRes_intersection(double Xa, double Ya, double Xb, double Yb, double Xc, double Yc,
                       CAngle alpha, CAngle betta, CAngle gamma, double &Xp, double &Yp)
{
    CAngle A;                //三角形内角角 A
    CAngle B;                //三角形内角角 B
    CAngle C;                //三角形内角角 C
    double a;                //三角形边长 Sa
    double b;                //三角形边长 Sb
    double c;                //三角形边长 Sc

    a = sqrt((Xc - Xb) * (Xc - Xb) + (Yc - Yb) * (Yc - Yb));
    b = sqrt((Xc - Xa) * (Xc - Xa) + (Yc - Ya) * (Yc - Ya));
```

```
    c = sqrt((Xb - Xa) * (Xb - Xa) + (Yb - Ya) * (Yb - Ya));
    A(RAD) = acos((b * b + c * c - a * a)/(2 * b * c));
    B(RAD) = acos((a * a + c * c - b * b)/(2 * a * c));
    C(RAD) = acos((b * b + a * a - c * c)/(2 * b * a));

    CAngle C_TEMP;                          //定义判断是否在危险园附近的判断变量
    CAngle B_TEMP;
    CAngle A_TEMP;

    C_TEMP = alpha + betta + C;
    B_TEMP = alpha + gamma + B;
    A_TEMP = betta + gamma + A;
    if((C_TEMP(DEG) >170 && C_TEMP(DEG) <190) ||
        (A_TEMP(DEG) >170 && A_TEMP(DEG) <190) ||
        (B_TEMP(DEG) >170 && B_TEMP(DEG) <190))
    {
        AfxMessageBox(_T("在危险园附近"));
    }
    double pa = (tan(alpha(RAD)) * tan(A(RAD)))/(tan(alpha(RAD)) - tan(A(RAD)));
    double pb = (tan(betta(RAD)) * tan(B(RAD)))/(tan(betta(RAD)) - tan(B(RAD)));
    double pc = (tan(gamma(RAD)) * tan(C(RAD)))/(tan(gamma(RAD)) - tan(C(RAD)));
    Xp = (pa * Xa + pb * Xb + pc * Xc)/(pa + pb + pc);
    Yp = (pa * Ya + pb * Yb + pc * Yc)/(pa + pb + pc);
}
```

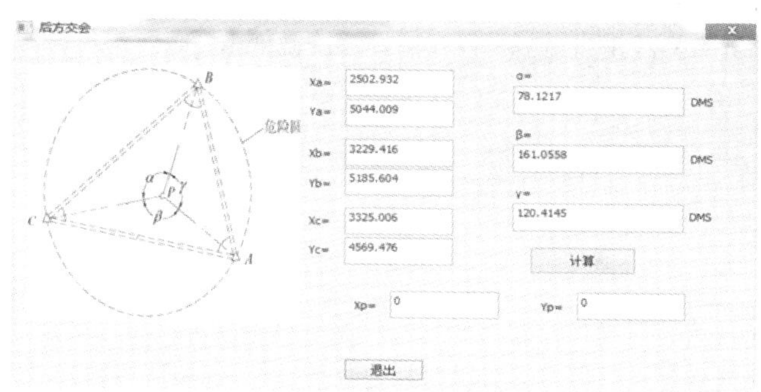

图 10-2　测角后方交会定点程序示意图

10.2.2　前方交会

前方交会基本原理及计算公式如式(10-2)所示：

两个已知点的坐标和前方交会的观测角计算待定点的坐标。

$$\left.\begin{aligned} x_p &= \frac{x_A \cot\beta + x_B \cot\alpha + (y_B - y_A)}{\cot\alpha + \cot\beta} \\ y_P &= \frac{y_A \cot\beta + y_B \cot\alpha + (x_B - x_A)}{\cot\alpha + \cot\beta} \end{aligned}\right\} \tag{10-2}$$

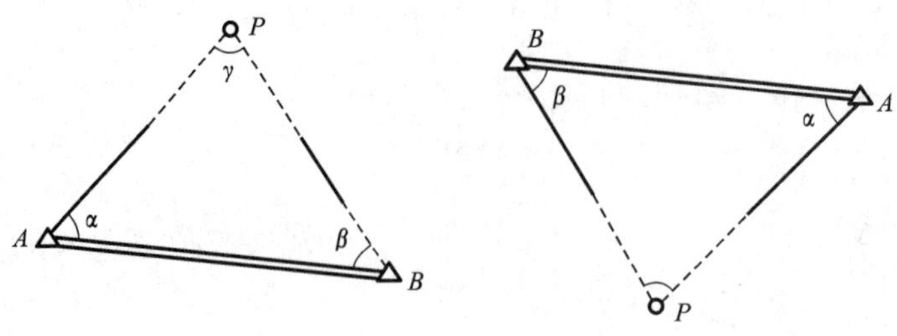

图 10－3 测角前方交会示意图

注意：点位编号时，需注意 A、B、P 点一定要按逆时针方向且和实际情况相符。

前方交会函数代码如下：

```
//测角前方交会
void CFore_intersection(double Xa, double Ya, double Xb, double Yb,
                        CAngle alpha, CAngle betta, double &Xp, double &Yp)
{
    //计算角 a, b 的反正切值
    double dCotA, dCotB;                    //角 a 与角 b 的反正切值

    dCotA = 1 /tan(alpha(RAD));             //调用函数直接由度分秒转换至弧度
    dCotB = 1 /tan(betta(RAD));
    //根据公式计算前方交会定位值
    Xp = ((Xa * dCotB + Xb * dCotA) + (Yb - Ya))/(dCotA + dCotB);
    Yp = ((Ya * dCotB + Yb * dCotA) + (Xa - Xb))/(dCotA + dCotB);
}
```

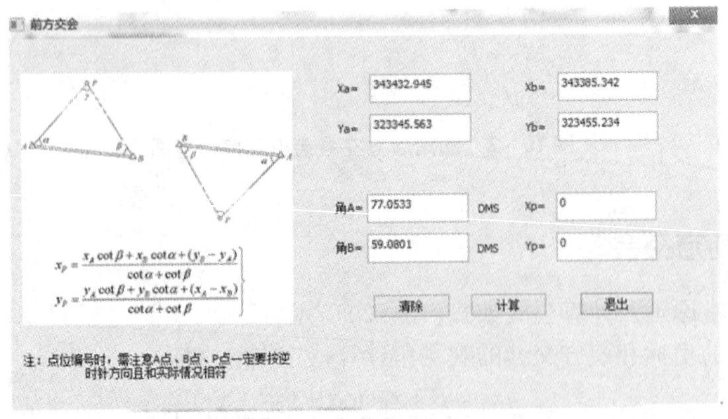

图 10－4 测角前方交会定点程序示意图

10.2.3　边长交会

测边交会计算程序步骤如下：

(1)已知点 A、B 的坐标，按坐标反算公式计算边长 D_{AB} 和坐标方位角 α_{AB}；

(2)按三角形余弦定理计算 $\angle BAP$ 和 $\angle ABP$ 如式(10－3)：

$$\left.\begin{aligned}\angle BAP &= \arccos\frac{D_{AB}^2+D_{AP}^2-D_{BP}^2}{2D_{AB}D_{AP}}\\ \angle ABP &= \arccos\frac{D_{AB}^2+D_{BP}^2-D_{AP}^2}{2D_{AB}D_{BP}}\end{aligned}\right\}\qquad(10-3)$$

(3)计算待定边 AP、BP 的坐标方位角，得

$$\left.\begin{aligned}\alpha_{AP} &= \alpha_{AB} - \angle BAP\\ \alpha_{BP} &= \alpha_{BA} + \angle ABP\end{aligned}\right\}\qquad(10-4)$$

(4)计算待定点 P 的坐标

$$\left.\begin{aligned}x_P &= x_A+\Delta x_{AP} = x_A + D_{AP}\cos\alpha_{AP}\\ y_P &= y_A+\Delta y_{AP} = y_A + D_{AP}\sin\alpha_{AP}\end{aligned}\right\}\qquad(10-5)$$

$$\left.\begin{aligned}x_P &= x_B+\Delta x_{BP} = x_B + D_{BP}\cos\alpha_{BP}\\ y_P &= y_B+\Delta y_{BP} = y_B + D_{BP}\sin\alpha_{BP}\end{aligned}\right\}\qquad(10-6)$$

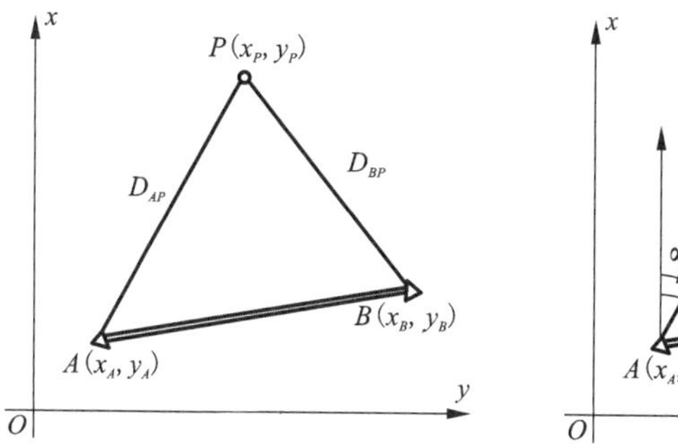

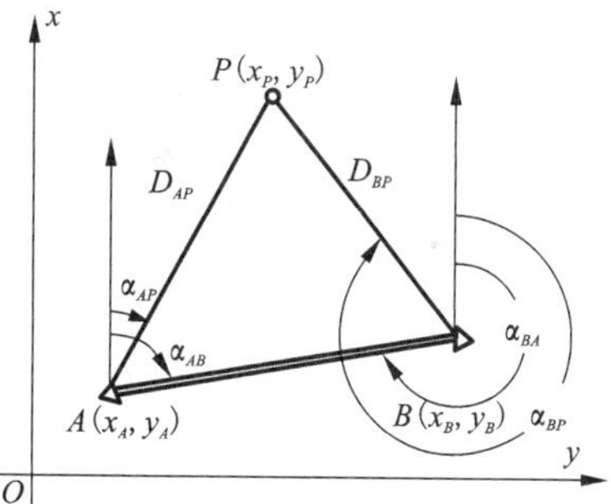

图 10－5　边长交会示意图

边长交会代码如下：

```
//边长交会
void CLinear_intersection(double Xa, double Ya, double Xb, double Yb,
                    double Dap, double Dbp, double &Xp, double &Yp)
{
    double Dab = Dist(Xa, Ya, Xb, Yb);                    //三角形 AB 边长
    CAngle alpha_ab;                                      //三角形 AB 方位角
    alpha_ab(RAD) = Azimuth(Xa, Ya, Xb, Yb);
    CAngle A;                                             //三角形内角 A
    A(RAD) = acos((Dab * Dab + Dap * Dap - Dbp * Dbp)/(2 * Dab * Dap));
```

```
        CAngle alpha_ap;                        //三角形 AP 方位角
        alpha_ap = alpha_ab - A;
        Xp = Xa + Dap * cos(alpha_ap(RAD));
        Yp = Ya + Dap * sin(alpha_ap(RAD));
    }
```

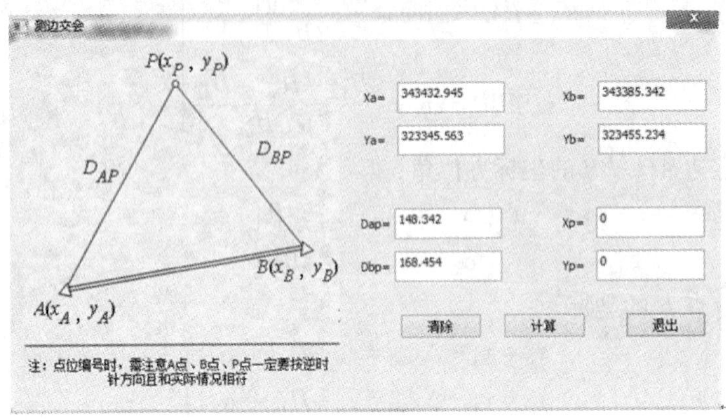

图 10-6　测边前方交会定点程序示意图

说明：在编写三种交会定点函数时，使用了两点距离计算函数 Dist、方位角函数 Azimuth 以及角度类。

10.3　边长投影改正计算

如图 10-7 所示，椭球体上有两点 P_1，P_2 及其大地线 S，在高斯投影面上的投影为 P_1'，P_2' 和 s，s 是一条曲线，而连接 $P_1'P_2'$ 两点的直线为 D。由 S 化至 D 所加的改正称为距离改正 ΔS。

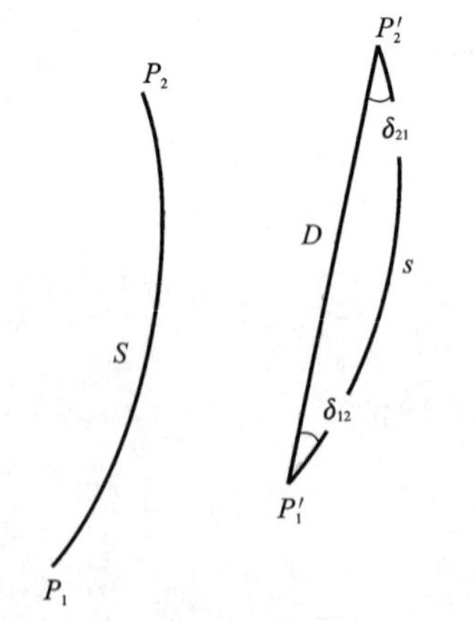

图 10-7　边长投影改正计算示意图

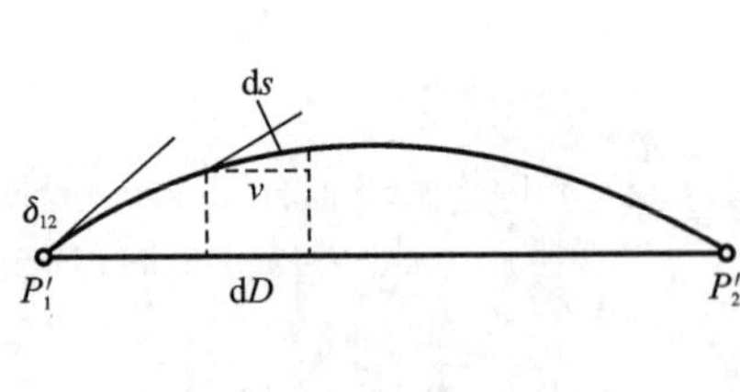

图 10-8　曲线长度与弦线长度示意图

一般情况下，高斯投影的长度比恒大于1，则有 $S<s>D$。为求 S 与 D 的关系，先研究平面曲线长度 s 与其弦线长度 D 的关系；然后研究用大地坐标 B、L 和平面坐标 x、y 计算长度比 m 的公式；最后导出距离改化 ΔS 的计算公式。

1. s 与 D 的关系

设 $\mathrm{d}D$ 是 $P_1'P_2'$ 弦上的微分线段，ds 表示弧段 $\widehat{P_1'P_2'}$ 上的微分线段，它们的夹角为 v（如图 10-8）。由图可知，它们之间有关系式

$$\mathrm{d}D=\mathrm{d}s\cdot\cos v$$

因此 $D=\int_0^s\cos v\mathrm{d}s$ 由于 v 是一个小角，最大不会超过方向改化值 δ，因此可把 $\cos v$ 展开为级数：

$$\cos v=1-\frac{v^2}{2}+\cdots$$

于是

$$D=\int_0^s\cos v\mathrm{d}s=\int_0^s\left(1-\frac{v^2}{2}\right)\mathrm{d}s=s-\frac{\delta^2}{2}s \tag{10-7}$$

式中用 v 的最大值 δ 代替 v。

2. 长度比和长度变形

长度比 m 是指椭球面上某一点的微分元素 $\mathrm{d}S$，与其投影面上的相应的微分元素 $\mathrm{d}S$ 之比，即：$m=\mathrm{d}s/\mathrm{d}S$。

由于长度比恒大于1，故称 $(m-1)$ 为长度变形。

（1）用大地坐标表示的长度比公式

$$m=1+\frac{l''^2}{2\rho''^2}\cos^2B(1+\eta^2)+\frac{l''^4}{24\rho''^4}\cos^4B(5-4t^2) \tag{10-8}$$

（2）用平面坐标表示的长度比公式

$$m=1+\frac{y^2}{2Rm^2}+\frac{y^4}{24Rm^4} \tag{10-9}$$

①m 随点的位置 (B,L) 或 (x,y) 而异，但在一点上与方向无关。

②当 $y=0$（或 $l=0$）时，即在纵坐标轴或中央子午线上时，各点的 m 都等于1，即中央子午线投影后长度不变。

③当 $y\neq0$ 或 $l\neq0$ 时，由于 m 是 y（或 l）的偶函数，且各项都为“+”号，故 m 恒大于1，即除中央子午线外其他投影后都变长了。

④长度变形 $(m-1)$ 与 y^2 或 l^2 成正比例地增大，愈离远中央子午线长度变形愈大。

⑤在同一纬线上，即 $B=$ 常数，长度变形 $(m-1)$ 随 l 的增大而增大。

⑥在同一经线上，即 $l=$ 常数，长度变形 $(m-1)$ 随 B 的减少而增大，在赤道处为最大。

3. 距离改化公式

$$\Delta S=D-S=S\cdot\left(1+\frac{y_m^2}{2R_m^2}+\frac{\Delta y^2}{24R_m^2}+\frac{y_m^4}{24R_m^2}\right)-S=S\cdot\left(\frac{y_m^2}{2R_m^2}+\frac{\Delta y^2}{24R_m^2}+\frac{y_m^4}{24R_m^2}\right) \tag{10-10}$$

距离改化界面设计示例如图 10-9 所示：

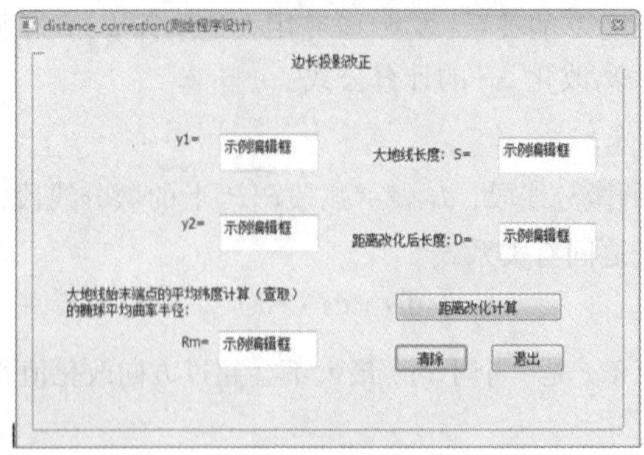

图 10－9　距离改化界面设计示例

边长距离改化主要计算程序示例：

```
void Cdistance_correctionDlg:: OnBnClickedButton1 compute()
{
    // TODO: 在此添加控件通知处理程序代码
    UpdateData(TRUE);
    double ym;                          //大地线投影后始末两点横坐标平均值
    double dy;                          //大地线投影后始末两点横坐标之差
    ym = (y1 + y2)/2;
    dy = y1 - y2;
    D = (1 + (ym * ym)/(2 * Rm * Rm) + (dy * dy)/(24 * Rm * Rm) + (ym * ym * ym * ym)/(24 * Rm * Rm
* Rm * Rm)) * S;
    UpdateData(FALSE);
}
```

10.4　三角高程测量计算

三角高程测量(trigonometric leveling)是通过观测两点间的水平距离和天顶距(或高度角)求定两点间高差的方法。它观测方法简单，不受地形条件限制，是测定大地控制点高程的基本方法。从一般的工程测量和地形测量的实用精度来讲，距离在 300 m 以下可以把椭球面看作是平面来计算，而距离在 300 m 以上的则需考虑地球曲率和大气折光(即两差改正)。考虑测量精度及统一程序设计，这里不区分近距离与远距离，统一考虑两差改正。

三角高程原理如图 10－10 所示。

设在测站 A 点向测定 B 点的高程，设 A 点的高程为 H_A，则 B 点的高程 H_B 可用公式(10－10)与(10－11)计算。

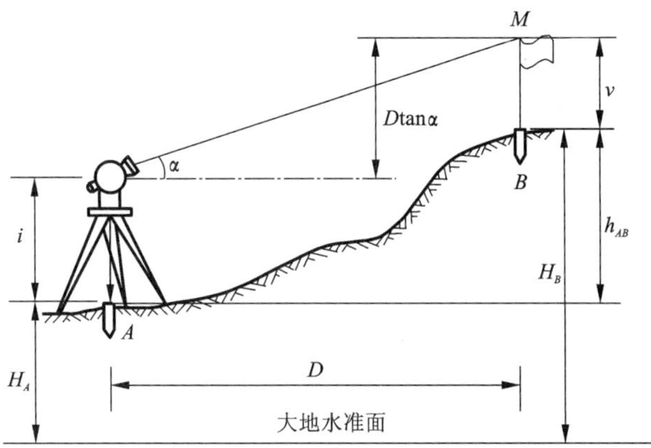

图 10－10　近距离三角高程测量

$$H_B = H_A + h_{AB} \tag{10-11}$$

$$h_{AB} = D \cdot \tan\alpha + i - v + f \tag{10-12}$$

其中，D 为水平距离，h_{AB} 为高差，α 观测垂直角，v 为目标高，i 为仪器高，f 为两差改正。

$$f = f_1 + f_2 = \frac{D^2}{2R} - k\frac{D^2}{2R} = (1-k)\frac{D^2}{2R} \tag{10-13}$$

其中，f_1 为地球曲率改正，f_2 为大气折光改正，R 为地球平均曲率半径(取 6371 km)、k 为“大气垂直折光系数”，是太阳日照、大气温度和气压、地面土质和植被因素的复杂影响函数。k 值变化于 0.8 ~2.0 之间，一般作近似计算时，取 $k=0.14$。

三角高程测量计算的界面设计示例如图 10－11 所示。

图 10－11　三角高程测量计算的界面设计示例

三角高程测量计算主要代码如下：

```
#include "Angle.h"
#include "math.h"
void CtrigonometriclevelingDlg:: OnBnClickedBtnCompute()
```

```
{
    // TODO: 在此添加控件通知处理程序代码
    UpdateData(TRUE);
    if(D<0 || i<0 || v<0)
    {
        MessageBox(_T("数据格式错误,请重新检查数据"));
    }
    double k=0.14;                          //大气垂直折光系数
    double R=6371000;                       //地球平均曲率半径
    double h_ab;                            //A、B两点的高差
    CAngle alpha(DMS, dms);                 //垂直角的度分秒值
    double f;                               //两差改正
    f=(1 - k) * D * D/(2.0 * R);
    h_ab=D * tan(alpha(RAD)) + i - v+f;
    Hb=Ha + h_ab;
    UpdateData(FALSE);
}
```

10.5 单导线简易平差计算

单导线包括支导线、闭合导线、附合导线与无定向导线。其中无定向导线和闭合导线起算数据是两个已知点,附合导线是四个已知点,支导线是一个已知点和一个已知的方位角。本节主要介绍闭合导线与附合导线的简易平差计算。

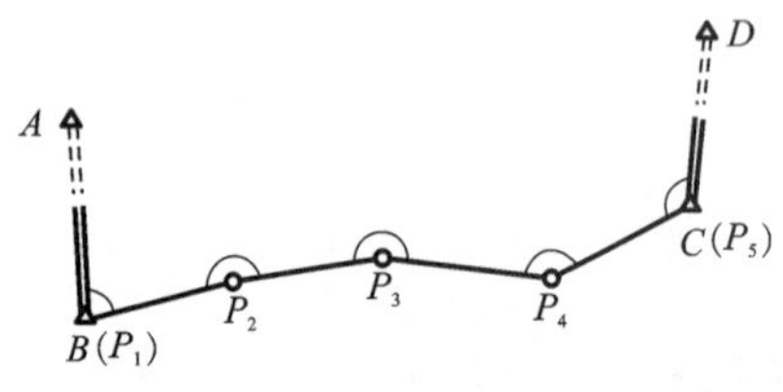

图10-12 附合导线

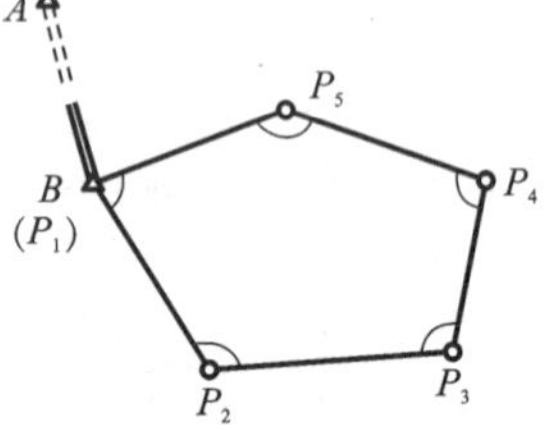

图10-13 闭合导线

10.5.1 单导线简易平差计算的一般步骤

1. 计算角度闭合差

附合导线闭合差采用式(10-14)计算:

$$f_\beta = \sum_{i=1}^{n} \beta_{测} - \sum \beta_{理} \qquad \sum \beta_{理} = (n-2)180° \tag{10-14}$$

闭合导线计算闭合差采用式(10-15)计算:

$$f_\beta = \alpha'_{CD} - \alpha_{CD} = \alpha_{AB} \pm \sum_1^n \beta_i - n \times 180° - \alpha_{CD} \tag{10-15}$$

根据规范判断角度闭合差是否超限。例如对于图根导线，角度闭合差的限差为：

$$f_{\beta允} = \pm 40''\sqrt{n} \tag{10-16}$$

2. 分配角度闭合差

反号平均分配，注意只分配给参与计算闭合差的角。首先按式(10－17)计算平均角度闭合差：

$$v_\beta = -f_\beta / n \tag{10-17}$$

然后利用式(10－18)对每个观测角度进行改正；

$$\hat{\beta}_i = \beta_i + v_\beta \tag{10-18}$$

3. 坐标方位角推算

(1)用两个已知点计算起始方位角，公式为：

$$\alpha_{AB} = \arctan \frac{y_B - y_A}{x_B - x_A} \tag{10-19}$$

(2)沿前进方向，用已知方位角加改正后的左(减右)角。

如果测的是导线的左角，则前进方向各边的方位角一般公式为：

$$\alpha_{前} = \alpha_{后} + \beta_{左} - 180° \tag{10-20}$$

如果测的是导线的右角，则前进方向各边的方位角一般公式为：

$$\alpha_{前} = \alpha_{后} + \beta_{右} + 180° \tag{10-21}$$

所得值与 180°比较，大于或等于 180°，则减 180°，反之，加 180°，再检查是否在 0°～360°，若小于 0°，则加 360°，若大于 360°，则减 360°。

(3)以计算所得的方位角作为已知方位角再用同样方法计算下一条边的方位角。

4. 坐标闭合差的计算与调整

(1)计算坐标增量：

$$\Delta x_{ij} = S_{ij} \cdot \cos\alpha_{ij} \qquad \Delta y_{ij} = S_{ij} \cdot \sin\alpha_{ij} \tag{10-22}$$

(2)计算坐标增量闭合差。对于闭合导线，利用式(10－23)计算坐标增量闭合差；而附合导线的坐标增量闭合差则用式(10－24)计算；

$$\left.\begin{aligned} f_x &= \sum \Delta x \\ f_y &= \sum \Delta y \end{aligned}\right\} \tag{10-23}$$

$$\left.\begin{aligned} f_x &= \sum \Delta x - (X_C - X_B)_{已知} \\ f_y &= \sum \Delta y - (Y_C - Y_B)_{已知} \end{aligned}\right\} \tag{10-24}$$

(3)计算全长相对闭合差，并根据规范判断是否超限。

$$f_S = \sqrt{f_x^2 + f_y^2} \qquad K = \frac{f_S}{\sum S} = \frac{1}{\sum S / f_S} \leqslant K_{允} = \frac{1}{4000} \tag{10-25}$$

(4)分配坐标增量闭合差。反号按边长成比例进行分配，即先按式(10－26)计算坐标增量改正数，然后按式(10－27)对坐标增量进行调整。

$$\left.\begin{aligned} \delta\Delta x_{ij} &= -(S_{ij} / \sum S) \cdot f_x \\ \delta\Delta y_{ij} &= -(S_{ij} / \sum S) \cdot f_y \end{aligned}\right\} \tag{10-26}$$

$$\left.\begin{aligned}\Delta\hat{x}_{ij} &= \Delta x_{ij} + \delta\Delta x_{ij} \\ \Delta\hat{y}_{ij} &= \Delta y_{ij} + \delta\Delta y_{ij}\end{aligned}\right\} \tag{10-27}$$

5. 导线点的坐标计算

用改正后的坐标增量由已知点开始沿前进方向计算下一未知点的坐标，注意坐标计算的检核。

$$\begin{aligned}
&X_1 = X_B + \Delta\hat{x}_{B1} && Y_1 = Y_B + \Delta\hat{y}_{B1} \\
&X_2 = X_1 + \Delta\hat{x}_{12} && Y_2 = Y_1 + \Delta\hat{y}_{12} \\
&\cdots && \cdots \\
&X_B = X_n + \Delta\hat{x}_{nB} && Y_B = Y_n + \Delta\hat{y}_{nB}\text{(闭合导线的检核)} \\
\text{或 } &X_C = X_n + \Delta\hat{x}_{nC} && Y_C = Y_n + \Delta\hat{y}_{nC}\text{(附合导线的检核)}
\end{aligned} \tag{10-28}$$

10.5.2 单导线简易平差计算程序设计

从单导线简易平差计算的步骤可以看出，相比前面我们学过的测绘计算程序，这个是比较复杂的。对于稍微复杂的程序，通常需要细分功能并分模块进行设计实现。把单导线抽象为一个对象，则它包含控制点、角度观测值及边长观测值三类对象，因此我们可以把四类对象设计为 4 个类(CControlPoint、CAngleObs、CDistObs、CSingleTraverse)，加上角度类(CAngle)，共包含 5 个类，其结构图如图 10－14 所示。

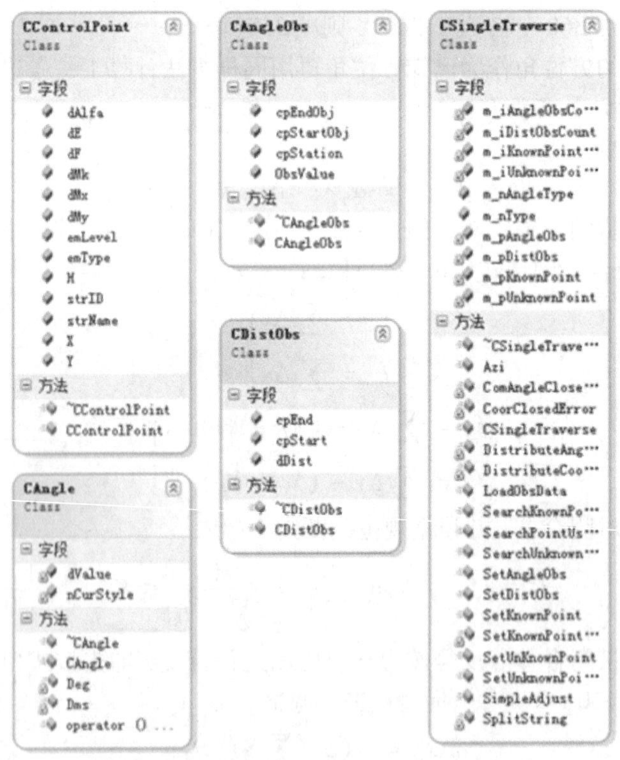

图 10－14　单导线简易平差程序类结构图

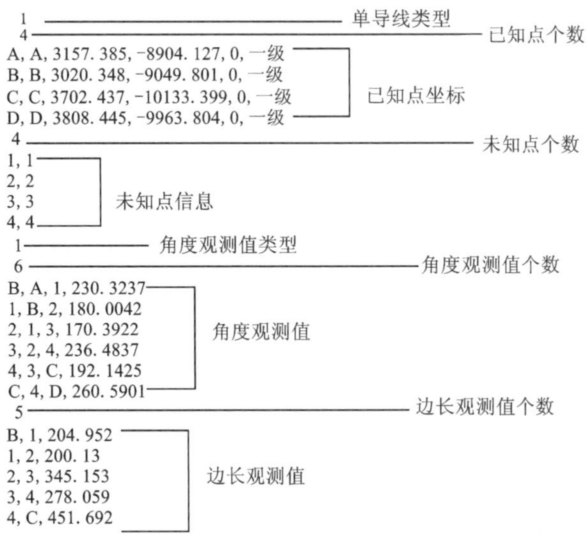

图 10－15　观测数据文件格式

由类结构可知，该程序的核心是单导线类(CSingleTraverse)，它具有数据读取、计算及结果输出的功能，其中 LoadObsData 函数为数据读取主函数，按图 10－15 所示的数据格式进行数据读取，根据单导线类型动态创建已知点对象数组 m_pKnownPoint，根据未知点个数动态创建未知点对象数组 m_pUnknownPoint、角度观测值对象数组 m_pAngleObs 以及边长观测值对象数组 m_pDistObs，并把读取的数据保存在相应的数组中；核心计算主函数为 SimpleAdjust，具有计算和结果输出功能，该函数又调用计算角度闭合差函数 ComAngleClosedError、分配角度闭合差函数 DistributeAngleError、近似坐标推算及坐标闭合差计算函数 CoorClosedError、分配坐标闭合差函数 DistributeCoorError 四个主要计算函数。

主要实现代码如下：

```
//控制点类
enum ControlLevel
{
    FIRST, SECOND, THIRD, FORTH,            //一至四等
    ONE, TWO,                               //一级导线和二级导线点
    A, B, C, D, E                           //GPS 控制等级
};
// 控制点类型
enum ControlType
{
    HZ,                                     //平面控制点,
    VT,                                     //高程控制点,
    TD                                      //三维控制点
};
```

```
//控制点类
class CControlPoint
{
public:
    CControlPoint(void)
    {
        X = Y = H = 0;
        strName = _T("");
        strID = _T("");
        emLevel = FORTH;
        emType = HZ;
        dE = dF = 0;
        dAlfa = 0;
        dMx = dMy = dMk = 0;
    };
    ~CControlPoint(void){};
public:
    double X, Y, H;                          //坐标值
    CString strName;                         //控制点名
    CString strID;                           //点号
    ControlLevel emLevel;                    //控制点等级
    ControlType emType;                      //控制点类型
    double dE, dF;                           //误差椭圆的长半轴和短半轴
    double dAlfa;                            //误差椭圆长半轴的方位角
    double dMx, dMy, dMk;                    //点位误差
};
```

```
//距离观测值类
class CDistObs
{
public:
    CDistObs(void)
    {
        dDist = 0;
    };
    ~CDistObs(void){};
public:
    CControlPoint *cpStart, *cpEnd;          //起点和终点
    double dDist;                            //距离观测值
};
//角度观测值类
```

```
class CAngleObs
{
public:
    CAngleObs(void){};
    ~CAngleObs(void){};
public:
    CControlPoint * cpStation;          //测站点
    CControlPoint * cpStartObj;         //起始定向点
    CControlPoint * cpEndObj;           //观测点
    CAngle ObsValue;                    //角度观测值
};
```

下面是单导线类的头文件：SingleTraverse.h：

```
#pragma once
#include "ControlPoint.h"
#include "Angle.h"
const double Ro =206264.806247;                  //一弧度对应的秒数
//单导线类
class CSingleTraverse
{
public:
    CSingleTraverse(short TraverseType =1, short AngleType =1);
    ~CSingleTraverse(void);
private:
    CControlPoint * m_pUnknownPoint;          //未知点数组
    int m_iUnknownPointCount;                 //未知点个数
    CControlPoint * m_pKnownPoint;            //已知点数组
    int m_iKnownPointCount;                   //已知点个数
    CAngleObs * m_pAngleObs;                  //角度观测值数组
    int m_iAngleObsCount;                     //角度观测值个数
    CDistObs * m_pDistObs;                    //距离观测值数组
    int m_iDistObsCount;                      //距离观测值个数
public:
    short m_nType;          //单导线类型 1 =附合导线,2 =闭合导线,3 =无定向导线,4 =支导线
    short m_nAngleType;     //角度类型,1 =左角,2 =右角
public:
    void SetUnknownPointSize(int size);                            //设置未知点个数
    bool SetKnownPoint(int pos, const CControlPoint& CP);          //设置已知点
    bool SetUnKnownPoint(int pos, const CControlPoint& CP);        //设置未知点
    bool SetAngleObs(int pos, const CAngleObs& AngObs);            //设置角度观测值
```

```
    bool SetDistObs(int pos, const CDistObs& DistObs);                 //设置边长观测值
private:
    CAngle ComAngleClosedError(void);                                  //计算角度闭合差
    void DistributeAngleError(const CAngle& AngleError);               //分配角度闭合差
    void CoorClosedError(double& fx, double& fy);                      //计算坐标增量闭合差
    void DistributeCoorError(constdouble& fx, constdouble& fy);        //分配坐标增量闭合差
    CString * SplitString(CString str , char split, int iSubStrs);    //字符串分割函数
public:
    CAngle Azi(const CControlPoint& P1, const CControlPoint& P2);//方位角计算函数
    void SimpleAdjust(const CString& strFileName);                     //简易平差计算主函数
    bool LoadObsData(const CString& strFileName);                      //读取观测数据文件
private:
    void SetKnownPointSize(short nType);
public:
    CControlPoint * SearchKnownPointUsingID(CString strID);
    CControlPoint * SearchUnknownPointUsingID(CString strID);
    CControlPoint * SearchPointUsingID(CString strID);                 //根据控制点 ID 号查找控制点对象
};
```

单导线类实现主要代码如下：

```
#include "StdAfx.h"
#include "SingleTraverse.h"
#include "CommonSurveyFunctions.h"
#include "math.h"
#include <locale.h>
//重载构造函数, 指明单导线类型(附合导线、闭合导线)和观测角度类型(左角、右角)
CSingleTraverse:: CSingleTraverse(short TraverseType, short AngleType)
{
    m_nType = TraverseType;
    m_nAngleType = AngleType;
    if(m_nType = =1)                                    //附合导线, 4 个已知点
    {
        m_pKnownPoint = new CControlPoint[4];           //已知点数组
        m_iKnownPointCount =4;                          //已知点个数
    }
    else if(m_nType = =2||m_nType = =3)                 //闭合导线与无定向导线, 2 个已知点
    {
        m_pKnownPoint = new CControlPoint[2];           //已知点数组
        m_iKnownPointCount =2;                          //已知点个数
    }
```

```
    else if (m_nType = =4)                          //支导线
    {
        m_pKnownPoint = new CControlPoint[1];       //已知点数组
        m_iKnownPointCount = 1;                     //已知点个数
    }
    else
    {
        m_pKnownPoint = NULL;                       //已知点数组
        m_iKnownPointCount = 0;                     //已知点个数
    }
    m_pUnknownPoint = NULL;                         //未知点数组
    m_iUnknownPointCount = 0;                       //未知点个数
    m_pAngleObs = NULL;                             //角度观测值数组
    m_iAngleObsCount = 0;                           //角度观测值个数
    m_pDistObs = NULL;                              //距离观测值数组
    m_iDistObsCount = 0;                            //距离观测值个数
}
//重载析构函数，由于单导线类中的控制点数、角度观测值、边长观测值数组是用 new 动态定义大小的
CSingleTraverse:: ~CSingleTraverse(void)
{
    if(m_pUnknownPoint! =NULL)
    {
        delete[] m_pUnknownPoint;
        m_pUnknownPoint = NULL;
    }
    if(m_pKnownPoint! =NULL)
    {
        delete[] m_pKnownPoint;
        m_pKnownPoint = NULL;
    }
    if(m_pAngleObs! =NULL)
    {
        delete[] m_pAngleObs;
        m_pAngleObs = NULL;
    }
    if(m_pDistObs! =NULL)
    {
        delete[] m_pDistObs;
        m_pDistObs = NULL;
    }
}
```

```
//设置已知点个数,参数为单导线类型,根据类型即可判断已知点个数
void CSingleTraverse:: SetKnownPointSize(short nType)
{
    m_nType = nType;
    if(m_nType = =1)                              //附合导线,4个已知点
    {
        m_pKnownPoint = new CControlPoint[4];     //已知点数组
        m_iKnownPointCount =4;                    //已知点个数
    }
    else if(m_nType = =2||m_nType = =3)           //闭合导线与无定向导线,2个已知点
    {
        m_pKnownPoint = new CControlPoint[2];     //已知点数组
        m_iKnownPointCount =2;                    //已知点个数
    }
    else if (m_nType = =4)                        //支导线
    {
        m_pKnownPoint = new CControlPoint[1];     //已知点数组
        m_iKnownPointCount =1;                    //已知点个数
    }
    else
    {
        m_pKnownPoint = NULL;                     //已知点数组
        m_iKnownPointCount =0;                    //已知点个数
    }
}
```

```
    //该函数设置未知点个数,根据导线类型计算出角度与距离观测值个数。注意:调用该函数后,
    //原有数据被删除。
void CSingleTraverse:: SetUnknownPointSize(int size)
{
    if(m_pUnknownPoint! =NULL)
    {
        delete[] m_pUnknownPoint;
        m_pUnknownPoint = NULL;
    }
    if(m_pAngleObs! =NULL)
    {
        delete[] m_pAngleObs;
        m_pAngleObs = NULL;
    }
    if(m_pDistObs! =NULL)
```

```
    {
        delete[ ] m_pDistObs;
        m_pDistObs = NULL;
    }

    m_iUnknownPointCount = size;
    m_pUnknownPoint = new CControlPoint[ size ];
    if(m_nType = =1 | | m_nType = =2)                    //附合导线或闭合导线
    {
        m_pAngleObs = new CAngleObs[ size +2 ];
        m_iAngleObsCount = size +2;
        m_pDistObs = new CDistObs[ size +1 ];
        m_iDistObsCount = size +1;
    }
    else if(m_nType = =3)                                //无定向导线
    {
        m_pAngleObs = new CAngleObs[ size ];
        m_iAngleObsCount = size;
        m_pDistObs = new CDistObs[ size +1 ];
        m_iDistObsCount = size +1;
    }
    else                                                 //支导线
    {
        m_pAngleObs = new CAngleObs[ size ];
        m_iAngleObsCount = size;
        m_pDistObs = new CDistObs[ size ];
        m_iDistObsCount = size;
    }
}
```

```
//对已知点数组中的第 pos 点赋值, 从 pos 开始
bool CSingleTraverse:: SetKnownPoint(int pos, const CControlPoint& CP)
{
    if(pos > =m_iKnownPointCount) return false;
    m_pKnownPoint[ pos ] =CP;
    return true;
}
//对未知点数组中的第 pos 点赋值, 从 pos 开始
bool CSingleTraverse:: SetUnKnownPoint(int pos, const CControlPoint& CP)
{
    if(pos > =m_iUnknownPointCount) return false;
    m_pUnknownPoint[ pos ] =CP;
```

```
    return true;
}
//对角度观测数组中的第 pos 个观测值赋值, 从 pos 开始
bool CSingleTraverse:: SetAngleObs(int pos, const CAngleObs& AngObs)
{
    if(pos > =m_iAngleObsCount) return false;
    m_pAngleObs[pos] = AngObs;
    return true;
}
//对距离观测数组中的第 pos 个观测值赋值, 从 pos 开始
bool CSingleTraverse:: SetDistObs(int pos, const CDistObs& DistObs)
{
    if(pos > =m_iDistObsCount) return false;
    m_pDistObs[pos] = DistObs;
    return true;
}
```

```
//数据读取函数, 根据数据文件格式, 把读入相应的数组中
bool CSingleTraverse:: LoadObsData(const CString& strFileName)
{
    CStdioFile sf; //创建文件对象

    //以读的形式打开文件, 如果打开失败则返回
    if(! sf.Open(strFileName, CFile:: modeRead)) return false;

    CString strLine;
    BOOL bEOF = sf.ReadString(strLine);              //读取第一行, 单导线类型
    m_nType = _ttoi((strLine));                      //把读取的第一行字符串转换为数值型

    SetKnownPointSize(m_nType);                      //根据单导线类型设置已知点个数及数组大小
    //开始读取已知点数据
    sf.ReadString(strLine);                          //已知点个数
    if(m_iKnownPointCount! = _ttoi(strLine))
    {
        return false;
    }
    int n = 0;
    //读取并保存已知点数据
    for(int i = 0; i < m_iKnownPointCount; i + +)
    {
        sf.ReadString(strLine);
        CString * pstrData = SplitString(strLine, ',', n);
        m_pKnownPoint[i].strName = pstrData[0];
```

```
        m_pKnownPoint[i].strID = pstrData[1];
        m_pKnownPoint[i].X = _tstof(pstrData[2]);
        m_pKnownPoint[i].Y = _tstof(pstrData[3]);
        m_pKnownPoint[i].H = _tstof(pstrData[4]);
        delete[] pstrData;
        pstrData = NULL;
    }
    //开始读取未知知点数据
    sf.ReadString(strLine); //未知点个数
    SetUnknownPointSize(_ttoi(strLine));
    //读取并保存未知点数据
    for(int i = 0; i < m_iUnknownPointCount; i++)
    {
        sf.ReadString(strLine);
        CString *pstrData = SplitString(strLine, ',', n);
        m_pUnknownPoint[i].strName = pstrData[0];
        m_pUnknownPoint[i].strID = pstrData[1];
        delete[] pstrData;
        pstrData = NULL;
    }
    //开始读取角度观测值数据
    sf.ReadString(strLine);                         //角度类型
    m_nAngleType = _ttoi(strLine);
    sf.ReadString(strLine);                         //角度观测值个数
    if(m_iAngleObsCount != _ttoi(strLine))
    {
        return false;
    }
    //读取并保存角度观测值数据
    for(int i = 0; i < m_iAngleObsCount; i++)
    {
        sf.ReadString(strLine);
        CString *pstrData = SplitString(strLine, ',', n);
```

```
//根据读取的测站点、定向点及照准点的点号在控制点数组中找到相应的对象，并把该对象
        //指针赋给角度观测值对象的相应成员变量中
        m_pAngleObs[i].cpStation  = SearchPointUsingID(pstrData[0]);
        m_pAngleObs[i].cpStartObj  = SearchPointUsingID(pstrData[1]);
        m_pAngleObs[i].cpEndObj  = SearchPointUsingID(pstrData[2]);
        m_pAngleObs[i].ObsValue  = CAngle(_tstof(pstrData[3]), DMS);
        delete[] pstrData;
```

```
        pstrData = NULL;
    }
    //开始读取边长观测值数据
    sf.ReadString(strLine);                              //边长观测值个数
    if(m_iDistObsCount! = _ttoi(strLine))
    {
        return false;
    }
    //读取并保存边长观测值数据
    for(int i =0; i < m_iDistObsCount; i + +)
    {
        sf.ReadString(strLine);
        CString * pstrData = SplitString(strLine, ',', n);
        m_pDistObs[i].cpStart = SearchPointUsingID(pstrData[0]);
        m_pDistObs[i].cpEnd = SearchPointUsingID(pstrData[1]);
        m_pDistObs[i].dDist = _tstof(pstrData[2]);
        delete[] pstrData;
        pstrData = NULL;
    }
    sf.Close();
    return true;
}
```

```
//计算角度闭合差
CAngle CSingleTraverse:: ComAngleClosedError(void)
{
    CAngle angClosedError;                              //闭合差角度对象
    if (m_nType = =1)                                   //附合导线
    {
        CAngle StartBearing;                            //起始方位角
        CAngle EndBearing;                              //终点附合方位角

        StartBearing = Azi(m_pKnownPoint[0], m_pKnownPoint[1]);
        EndBearing = Azi(m_pKnownPoint[2], m_pKnownPoint[3]);
        //沿导线路线递推终止边的方位角
        for(int i =0; i < m_iAngleObsCount; i + +)
        {
            if(m_nAngleType = = 1)              //左角
                StartBearing(DEG) = StartBearing(DEG) +
                m_pAngleObs[i].ObsValue(DEG) - 180;
            else//右角
                StartBearing(DEG) = StartBearing(DEG) -
                m_pAngleObs[i].ObsValue(DEG) +180;
            if(StartBearing(DEG) > 360)
                StartBearing(DEG) = StartBearing(DEG) - 360;
```

```
            else if (StartBearing(DEG) < 0)
                StartBearing(DEG) = StartBearing(DEG) + 360;
        }
        angClosedError = StartBearing-EndBearing;
    }

    else if (m_nType  = = 2)                         //闭合导线
    {
        CAngle angSum(0, DEG);
        //第一个角为连接角, 不参与闭合差计算与角度分配
        for(int i = 1; i < m_iAngleObsCount; i + +)
        {
            angSum = angSum +  m_pAngleObs[i].ObsValue ;
        }
        angClosedError(DEG) = angSum(DEG) - (m_iAngleObsCount - 2) * 180;
    }
    return angClosedError;
}
```

```
//分配角度闭合差函数
void CSingleTraverse:: DistributeAngleError(const CAngle& AngleError)
{
    if(m_nType = = 1)                                //附合导线
    {
        for(int i = 0; i < m_iAngleObsCount; i + +)
        {
            m_pAngleObs[i].ObsValue(DEG) = m_pAngleObs[i].ObsValue(DEG) -
                (AngleError(DEG)/m_iAngleObsCount);
        }
    }
    else if (m_nType = = 2)                          //闭合导线
    {
        for(int i = 1; i < m_iAngleObsCount; i + +)
        {
            m_pAngleObs[i].ObsValue(DEG) = m_pAngleObs[i].ObsValue(DEG) -
                (AngleError(DEG)/(m_iAngleObsCount - 1));
        }
    }
}
    //近似坐标的推算, 以及坐标闭合差的计算, 注意: fx, fy 以引用的方式调用, 把闭合差传递出来。
void CSingleTraverse:: CoorClosedError(double& fx, double& fy)
{
    double dx, dy;
    if(m_nType = =1||m_nType = =2)                  //附合导线或闭合导线
    {
```

```
        CAngle StartBearing;                                  //起始方位角
        StartBearing = Azi(m_pKnownPoint[0], m_pKnownPoint[1]);

        //沿导线路线递推终止边的方位角
        for(int i = 0; i < m_iAngleObsCount - 1; i + +)
        {
            if(m_nAngleType = = 1)                            //左角
                StartBearing(DEG) = StartBearing(DEG) +
                m_pAngleObs[i].ObsValue(DEG) - 180;
            else//右角
                StartBearing(DEG) = StartBearing(DEG) -
                m_pAngleObs[i].ObsValue(DEG) + 180;
            if(StartBearing(DEG) > 360)
                StartBearing(DEG) = StartBearing(DEG) - 360;
            else if (StartBearing(DEG) < 0)
                StartBearing(DEG) = StartBearing(DEG) + 360;
            //计算坐标增量
            dx = m_pDistObs[i].dDist * cos(StartBearing(RAD));
            dy = m_pDistObs[i].dDist * sin(StartBearing(RAD));
            if(i = = m_iAngleObsCount - 2)                    //如果是最后一个点, 则计算闭合差
            {
                fx = m_pAngleObs[i].cpStation -> X + dx - m_pAngleObs[i].cpEndObj -> X;
                fy = m_pAngleObs[i].cpStation -> Y + dy - m_pAngleObs[i].cpEndObj -> Y;
            }

            else                                              //计算未知点近似坐标
            {
                m_pAngleObs[i].cpEndObj -> X = m_pAngleObs[i].cpStation -> X + dx;
                m_pAngleObs[i].cpEndObj -> Y = m_pAngleObs[i].cpStation -> Y + dy;
            }
        }
    }
}
//分配坐标闭合差, 得到简易平差结果
void CSingleTraverse:: DistributeCoorError(const double& fx, const double& fy)
{
    //导线全长
    double dTotalLength = 0;
    for(int i = 0; i < m_iDistObsCount; i + +)
    {
        dTotalLength = dTotalLength + m_pDistObs[i].dDist;
    }
```

```
    //分配坐标闭合差, 注意: 是坐标增量按比例反号分配
    double dx = 0, dy = 0;
    for(int i = 0; i < m_iDistObsCount - 1; i + +)
    {
        dx = dx + fx/dTotalLength * m_pDistObs[i].dDist;
        dy = dy + fy/dTotalLength * m_pDistObs[i].dDist;
        m_pDistObs[i].cpEnd -> X = m_pDistObs[i].cpEnd -> X - dx;
        m_pDistObs[i].cpEnd -> Y = m_pDistObs[i].cpEnd -> Y - dy;
    }
}
//简易平差计算主函数,
void CSingleTraverse:: SimpleAdjust(const CString& strFileName)
{
    CAngle AngleError;
    AngleError = ComAngleClosedError();             //计算角度闭合差
    DistributeAngleError(AngleError);               //分配角度闭合差
    double fx, fy, fD, K;
    CoorClosedError(fx, fy);                        //近似坐标推算及坐标闭合差计算
    DistributeCoorError(fx, fy);                    //分配坐标闭合差
    //相对误差计算
    fD = sqrt(fx * fx + fy * fy);
    //导线全长
    double dTotalLength = 0;
    for(int i = 0; i < m_iDistObsCount; i + +)
    {
        dTotalLength = dTotalLength + m_pDistObs[i].dDist;
    }
    K = fD/dTotalLength;
    //开始输出简易平差的结果
    CStdioFile SF;
    CString strLine;
    setlocale(LC_ALL, "");
    if(! SF.Open(strFileName, CFile:: modeCreate | CFile:: modeWrite))
        return;
    //开始写数据
    SF.WriteString(_T("- - - - - - - - 单导线近似平差结果 - - - - - - - - \n"));
    strLine.Format(_T("导线类型: %d\n"), m_nType);
    SF.WriteString(strLine);

    //写已知点数据
    strLine.Format(_T("已知点个数: %d\n"), m_iKnownPointCount);
    SF.WriteString(strLine);
```

```
    for(int i = 0; i < m_iKnownPointCount; i + + )
    {
        strLine.Format(_T("% s, % s, % .4f, % .4f, % .4f\n"),
            m_pKnownPoint[ i ].strName, m_pKnownPoint[ i ].strID,
            m_pKnownPoint[ i ].X, m_pKnownPoint[ i ].Y, m_pKnownPoint[ i ].H);
        SF.WriteString(strLine);
    }
    //写未知点平差后数据, 写已知点数据
    strLine.Format(_T("未知点个数: % d\n"), m_iUnknownPointCount);
    SF.WriteString(strLine);
    for(int i = 0; i < m_iUnknownPointCount; i + + )
    {
        strLine.Format(_T("% s, % s, % .4f, % .4f, % .4f\n"),
            m_pUnknownPoint[ i ].strName, m_pUnknownPoint[ i ].strID,
            m_pUnknownPoint[ i ].X, m_pUnknownPoint[ i ].Y, m_pUnknownPoint[ i ].H);
        SF.WriteString(strLine);
    }
    //写角度闭合差
    strLine.Format(_T("角度闭合差: % .1f 秒\n 角度闭合差限差为: % .1f 秒\n"),
        AngleError(DEG) * 3600, 40 * sqrt(double (m_iAngleObsCount)));
    SF.WriteString(strLine);
    //写坐标闭合差
    strLine.Format(_T("坐标闭合差: fx = % .2fcm    fy = % .2fcm\n"), fx, fy);
    SF.WriteString(strLine);
    //写边长观测精度
    strLine.Format(_T("边长观测精度: /% d"), int(1.0/K));
    SF.WriteString(strLine);
    SF.Close();
}
```

第 11 章　线路平纵计算程序设计

11.1　线路平面的组成及要素计算

11.1.1　线路平面的组成

1. 线路中线的基本组成

线路的中线，包括道路和立交匝道的中线，不论看上去多么复杂，都不外乎由直线、圆曲线和缓和曲线三个基本线形要素组成，如图 11－1 所示。

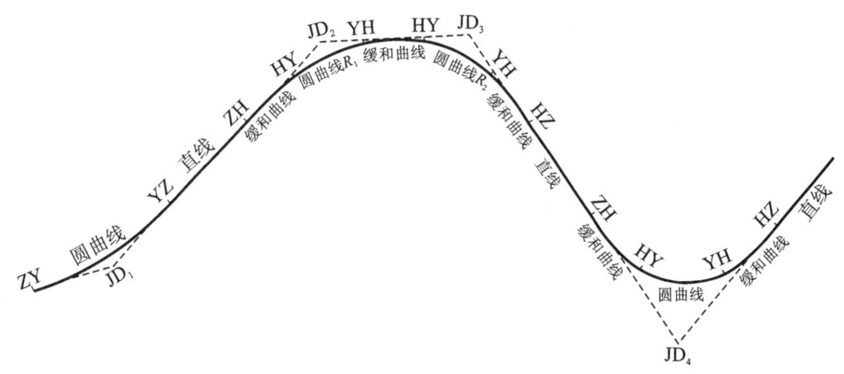

图 11－1　中线的组成

直线适用于地形平坦、视线目标无障碍处。直线具有方向明确、路线短捷、测设简便等优点，但直线过长，线形单调，往往引起司机驾驶疲劳，且容易超速。

圆曲线具有固定的曲率半径，它在路线受地形、地物等障碍的影响而需要改变方向时设置。圆曲线具有柔和的几何线形，长而缓平的曲线线形非常优美，灵活机动，自由度大，能较好地适应地形，但曲线会增长距离，且车辆在曲线上行驶的受力较复杂。

缓和曲线是直线与圆曲线、或者半径不同的圆曲线相互连接时，为适应行驶轨迹曲率变化而插入的一种半径逐渐变化的过渡曲线。例如：在直线与圆曲线（半径为 R）之间插入缓和曲线，其半径由无穷大（连接直线端）逐渐变化到 R（连接圆曲线端）；在半径不同的圆曲线（半径分别为 R_1，R_2）之间插入缓和曲线，其半径由 R_1 逐渐变化到 R_2。

缓和曲线的作用为：①曲率逐渐变化，便于驾驶，路线顺畅，构成美观及视觉协调的最佳线形；②离心加速度逐渐变化，使汽车不致产生侧向滑移；③作为行车道横坡变化的过渡段，以减少行车震荡。缓和曲线是协调平面线形变化的主要线形要素。

根据交通部《公路工程技术标准》规定，当圆曲线半径大于不设超高的最小半径时，可不设缓和曲线而直接与直线相连。

我国公路采用螺旋线(或称回旋线)作为缓和曲线。

2. 立交匝道的线型特点

互通式立体交叉是高速公路和城市快速道路必不可少的组成部分，其主要作用是实现道路之间空间交叉和行车方向的转换。汽车在立交匝道上行驶的过程是一个方向和车速不断变化的过程，匝道的平面线形必然会适应这种过程。除此之外，还要适应地形、地物的变化，因此，匝道的平面线形比道路主线要复杂(图 11 -2)。

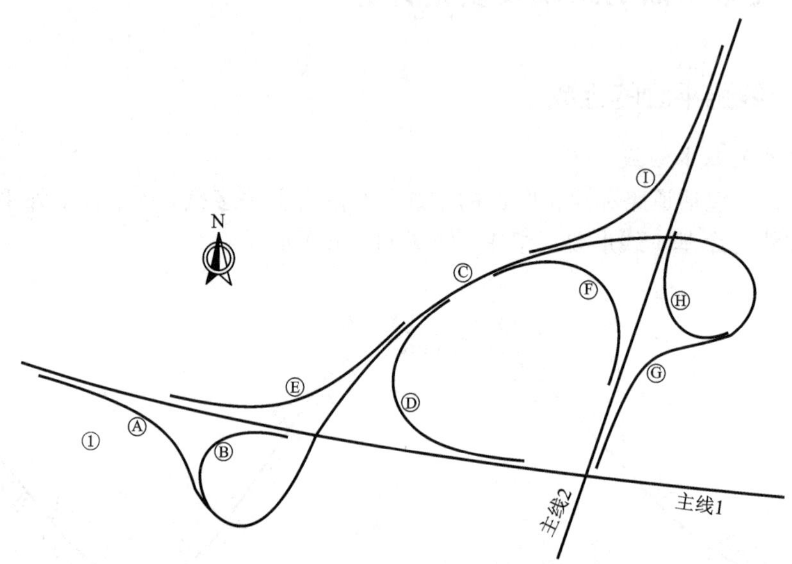

图 11 -2　典型的互通式立交匝道线形图

匝道的平面线形要素仍然是直线、圆曲线和缓和曲线，但因匝道通常较短，难以争取到较长的直线段，故多以曲线为主，且曲线线形(圆曲线和缓和曲线)布置相当灵活，经常使用卵形曲线、多心复曲线、S型曲线和复合型曲线，这些线形的设计与计算也相当复杂。传统的以直线为主的“导线法”很难构造互通式立交匝道所需求的变化多端的曲线组合线形，而采用以曲线为主的设计方法。

3. 道路中线常用的曲线组合类型

在道路及立交匝道设计中，实际采用的线形往往是由直线、圆曲线、缓和曲线中的一种或几种组合而成。主要有以下几种(如图 11 -3 所示)：

(1)基本型曲线

基本型曲线是按“直线—回旋曲线—圆曲线—回旋曲线—直线”的顺序组合起来的线型，如图 11 -3(a)所示。基本型中，又可以根据其中两个回旋曲线参数相等与否而分为对称式和不对称式两种。

(2)S 型曲线

如图 11 -3(b)所示，S 型曲线是把两个反向圆曲线用回旋曲线连接起来的线型。两个反向回旋曲线的参数可以相等，也可以不相等。

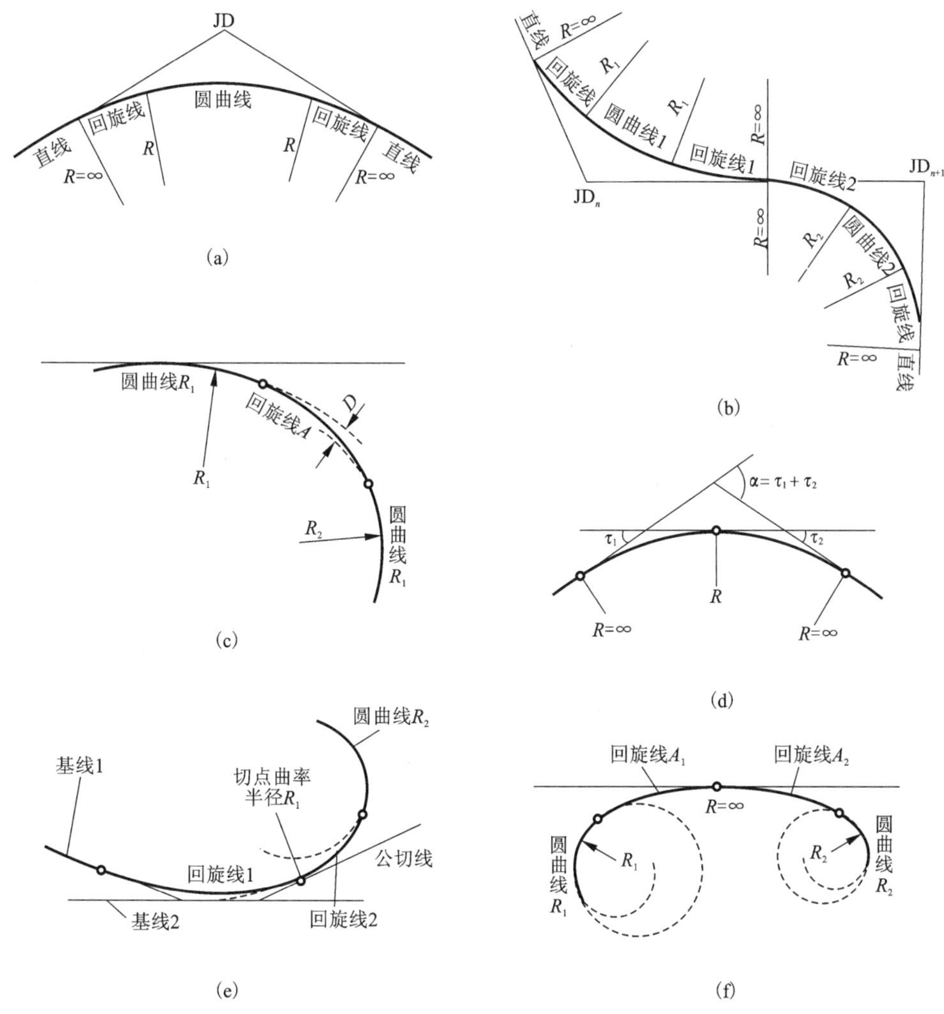

图 11－3　道路中线常用的曲线组合类型

(3)卵型曲线

卵型曲线是用一个回旋曲线连接两个同向圆曲线的线型，如图 11－3(c)所示。为了只用一个回旋曲线连成卵形，就要求圆曲线延长后，大的圆曲线能完全包含小的圆曲线，并且圆曲线不同圆心，而回旋曲线的曲率半径是从 R_1 到 R_2。

(4)凸型曲线

凸型曲线是在两个同向回旋曲线间不插入圆曲线而径相衔接而成的线型，如图 11－3(d)所示。凸型曲线分对称型和非对称型两种。凸型曲线尽管在各衔接处的曲率是连续的，但因中间圆曲线的长度为 0，对驾驶操纵亦造成一些不利因素，所以只有在路线严格受地形、地物限制方可采用。

(5)复合型曲线

复合型曲线是两个以上同向回旋曲线间在曲率相等处相互连接的形式，如图 11－3(e)所示。复合型回旋曲线除了受地形和其他特殊限制的地方外，一般很少使用，多出现在互通式立体交叉的匝道线形设计中。

(6)C型曲线

C型曲线是同向曲线的两回旋曲线在曲率为0处径相衔接的形式，如图11-3(f)所示。C型曲线连接处的曲率为0，即$R=\infty$，相当于两同向曲线中间直线长度为0，对行车和线形都有一定影响，所以C型曲线只有在特殊条件下方可使用。

11.1.2 回旋曲线特性及相关计算

在道路中线各组成要素中，直线和圆曲线的特性及计算比较简单，而回旋曲线的特性及计算则相对复杂。

回旋曲线根据其完整性一般分为完整回旋曲线和部分回旋曲线。完整回旋曲线是指曲率半径由∞变化到R的回旋曲线，或者由R变化到∞，其中曲率半径为∞的那一点称为回旋曲线原点。部分回旋曲线是指曲率半径由R_1变化到同方向R_2的回旋曲线，顾名思义，部分回旋曲线其实质是完整缓和曲线的一部分。

1. 回旋曲线的特性

如图11-4所示，对于完整回旋曲线，其曲率半径r随曲线长度l的增大而成反比地均匀减小，即在回旋曲线上任一点的曲率半径r为：

$$r=\frac{c}{l}\text{或}c=r\cdot l \qquad (11-1)$$

在回旋曲线的终点处，$r=R_2$，则：

$$c=R_2\cdot l_S \qquad (11-2)$$

式中，c为常数，表示回旋曲线曲率半径r的变化率。设$c=A^2$，则$A=\sqrt{R_2\cdot l_S}$，即为回旋曲线参数(或称缓和曲线参数)。

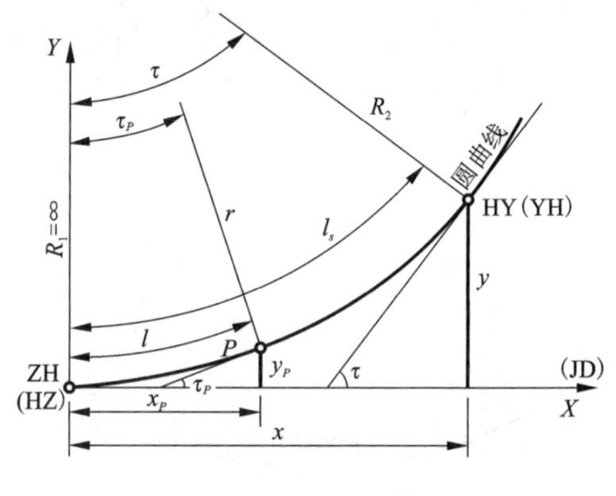

图11-4 回旋曲线

回旋曲线参数A的单位是长度单位，一般为m。回旋曲线参数是道路平曲线设计中重要的参数。A越大，回旋曲线的弯曲度越缓。这种性质和圆曲线半径R类同，圆曲线半径R越大，圆弧弯曲度越平缓。

过回旋曲线上任一点P的切线与回旋曲线原点切线(即X轴)的夹角，称为该段回旋曲线的回旋角，以τ_P表示。

任一点P处的回旋角τ_P与该点至回旋曲线原点的曲线长所对的中心角相等，其计算公式为：

$$\tau_P=\frac{l^2}{2c}=\frac{l}{2r}=\frac{l^2}{2R_2\cdot l_S}(\text{rad}) \qquad (11-3)$$

当$l=l_S$时，回旋曲线全长l_S所对应回旋角τ为：

$$\tau=\frac{l_S}{2R_2}=\frac{A^2}{2R_2^2}(\text{rad}) \qquad (11-4)$$

2. 回旋曲线的参数方程

如图11-4所示，建立完整回旋曲线的坐标系，设回旋曲线原点(ZH点或HZ点)为坐标系原点，过原点的回旋曲线切线为 X 轴，半径方向为 Y 轴，回旋曲线上任一点 P 的坐标为 (x_P, y_P)。则回旋曲线的参数方程为(这里令 $R=R_2$)：

$$\left.\begin{aligned} x_P &= l-\frac{l^5}{40R^2\cdot l_S^2}+\frac{l^9}{3456R^4\cdot l_S^4} \\ y_P &= \frac{l^3}{6R\cdot l_S}-\frac{l^7}{336R^3\cdot l_S^3}+\frac{l^{11}}{42240R^5\cdot l_S^5} \end{aligned}\right\} \tag{11-5}$$

当 $l=l_S$ 时，回旋曲线终点的坐标为：

$$\left.\begin{aligned} x &= l_S-\frac{l_S^3}{40R^2}+\frac{l_S^5}{3456R^4} \\ y &= \frac{l_S^2}{6R}-\frac{l_S^4}{336R^3}+\frac{l_S^6}{42240R^5} \end{aligned}\right\} \tag{11-6}$$

或：

$$\left.\begin{aligned} x &= l_S-\frac{l_S^5}{40A^4}+\frac{l_S^9}{3456A^8} \\ y &= \frac{l_S^3}{6A^2}-\frac{l_S^7}{336A^6}+\frac{l_S^{11}}{42240A^{10}} \end{aligned}\right\} \tag{11-7}$$

公式(11-5)、(11-6)是后面道路中桩坐标计算的非常重要的基本公式。

需要说明的是，公式(11-5)~(11-7)其实是无穷多项式，这里仅取多项式的前三项，用于电算编程中，可满足绝大多数情况下 1 mm 以内的计算精度，而在某些早期文献或教材中，出于精度要求不高(1 cm 以内)和手工计算便捷的考虑，一般只取公式前 1~2 项。

相关关键代码如下：

```
//完整回旋曲线上任一点的坐标计算
//参数 R 回旋曲线终点处曲率半径
//参数 ls 回旋曲线总长度
//参数 l 回旋曲线上点距离起点的长度
void CoordOfPointInCurve(double R, double ls, double l, double &xp, double &yp)
{
    xp = l - pow(l, 5)/(40 * R * R * ls * ls) + pow(l, 9)/(3456 * pow(R, 4) * pow(ls, 4));
    yp = pow(l, 3)/(6 * R * ls) - pow(l, 7)/(336 * pow(R, 3) * pow(ls, 3)) + pow(l, 11)/(42240 * pow(R, 5)
     * pow(ls, 5));
}

//完整回旋曲线终点坐标计算, 已知数据不同可分为两种方式
void EndPointCoord_RAndls(double R, double ls, double &xp, double &yp)
{
    xp = ls - pow(ls, 3)/(40 * R * R) + pow(ls, 5)/(3456 * pow(R, 4));
    yp = pow(ls, 2)/(6 * R) - pow(ls, 4)/(336 * pow(R, 3)) + pow(ls, 6)/(42240 * pow(R, 5));
}
```

```
void EndPointCoord_AAndls(double A, double ls, double &xp, double &yp)
{
    xp = ls - pow(ls, 5)/(40 * pow(A, 4)) + pow(ls, 9)/(3456 * pow(A, 8));
    yp = pow(ls, 3)/(6 * A * A) - pow(ls, 7)/(336 * pow(A, 6)) + pow(ls, 11)/(42240 * pow(A, 10));
}
```

3. 部分回旋曲线的计算

在高等级公路及互通式立交的平面线形中还存在大量的部分回旋曲线(不完整回旋曲线),如图11-5,曲线$\widehat{BE}$是一条部分回旋曲线,长度为L,是完整回旋曲线$\widehat{OBE}$的一部分,回旋曲线参数为A。部分回旋曲线的起点是B点,对应半径为R_B,回旋角为τ_B,终点是E点,对应半径为R_E,回旋角为τ_E。

为便于理解和计算部分回旋曲线的几何特性,图11-4所示的部分回旋曲线亦可建立如图11-6所示坐标系,横坐标为回旋曲线长度L_S,纵坐标为曲率ρ,曲率ρ是半径R(或称曲率半径)的倒数,即:$\rho = 1/R$。由于回旋曲线长度与曲率成线性关系,因此在$L_S - \rho$坐标系中,回旋曲线的图形是一条通过原点的直线,其中局部回旋曲线BE是完整回旋曲线的一部分。

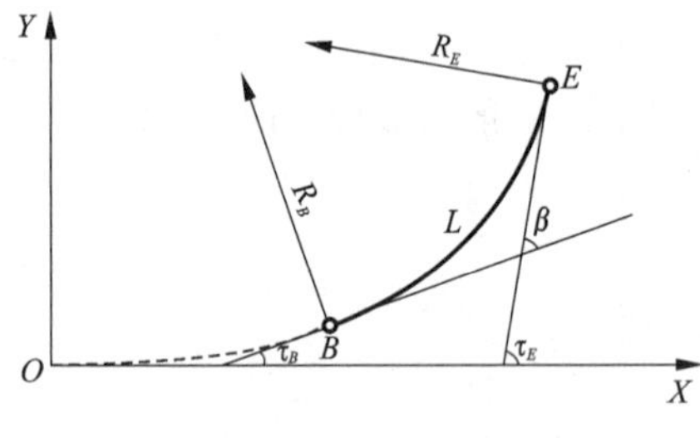

图11-5 部分回旋曲线示意图

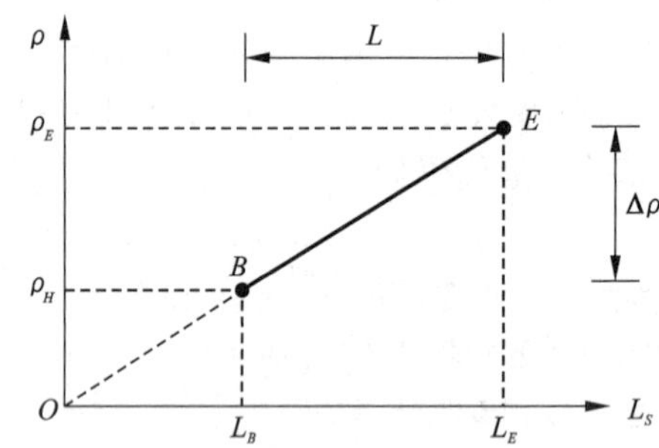

图11-6 部分回旋曲线几何示意图

设部分回旋曲线起终点B、E点距回旋曲线原点的完整回旋曲线长分别为L_B、L_E,则有$L = L_E - L_B$。根据部分回旋曲线几何示意图(图11-6),可推导出如下计算公式:

根据回旋曲线参数的定义,有:

$$\left.\begin{aligned} L_B = A^2/R_B = A^2\rho_B \\ L_E = A^2/R_E = A^2\rho_E \end{aligned}\right\} \tag{11-8}$$

结合部分回旋曲线几何示意图及式(11-8),我们亦可将A^2理解为直线OBE的斜率,即:$A^2 = \dfrac{L}{\Delta\rho} = \dfrac{L_E}{\rho_E} = \dfrac{L_B}{\rho_B}$。根据这一特性我们可以计算出回旋曲线上任意一点的曲率或半径,或者根据任一点的曲率或半径计算出对应的回旋曲线长度。

同样,根据$A^2 = \dfrac{L}{\Delta\rho}$,部分回旋曲线参数$A$的计算式为:

$$A=\sqrt{\frac{L}{\Delta\rho}}=\sqrt{\frac{L\cdot R_B\cdot R_E}{\Delta R}} \tag{11-9}$$

式中：L——部分回旋曲线长度；

$\Delta\rho$——部分回旋曲线起终点的曲率差；

ΔR——部分回旋曲线起终点的半径差。

部分回旋曲线回转角 β 的计算式为：

$$\beta=\tau_E-\tau_B=\frac{A^2}{2R_E^2}-\frac{A^2}{2R_B^2}=\frac{L_E}{2R_E}-\frac{L_B}{2R_B} \tag{11-10}$$

完整回旋曲线可看成是部分回旋曲线的一个特例，以上公式中，当 $R_B=\infty$ 或 $\rho_B=0$ 时，$L=l_s$，它们即是完整回旋曲线的计算公式。

11.1.3　线路基本型曲线要素计算

曲线要素计算是指根据平面设计资料如转角、半径、回旋曲线长度等资料，完成平曲线要素和平面曲线主点桩号的计算。平曲线要素计算的实质是建立转角、半径、回旋曲线长度（参数）、切线长之间的数学关系，而主点桩计算则是为了建立分段曲线里程桩号之间函数关系，便于逐桩坐标计算。

通常情况下，可以抽象出一个基本单元作为公路平面线形设计的一般模式。这个形式就是“直线—回旋曲线 l_{S_1}—圆曲线 L_y—回旋曲线 l_{S_2}—直线”几个平曲线要素的有序组合，一般将其称为基本型曲线（图 11－7），当 $l_{S_1}=l_{S_2}=l_S$ 时，又称为对称基本型曲线。

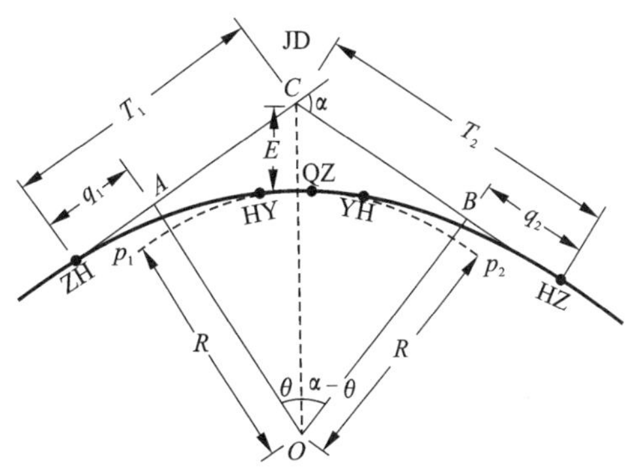

图 11－7　非对称基本型曲线计算图式

这里以非对称基本型曲线的计算为例，设交点桩号为 K_{JD}，转角为 α，半径为 R，前后回旋曲线长分别为 l_{S_1} 和 l_{S_2}（或者给出回旋曲线参数 A_1、A_2，两者可互换），图 11－7 中所示线形要素 p_1、p_2 分别为第一回旋曲线和第二回旋曲线的内移值；q_1、q_2 分别为第一回旋曲线和第二回旋线的切线增长值；T_1、T_2 分别为第一切线长与第二切线长。

由于圆曲线两端的回旋线长度不等，因此线形要素 p_1、p_2，q_1、q_2 及 T_1、T_2 都不相等。由回旋线基本公式可求得 p_1、p_2、q_1、q_2：

$$\left.\begin{aligned}p_1&=\frac{l_{S1}^2}{24R}-\frac{l_{S1}^4}{2688R^3}+\frac{l_{S1}^6}{506880R^5}\\p_2&=\frac{l_{S2}^2}{24R}-\frac{l_{S2}^4}{2688R^3}+\frac{l_{S2}^6}{506880R^5}\end{aligned}\right\} \tag{11-11}$$

$$\left.\begin{aligned}q_1&=\frac{l_{S1}}{2}-\frac{l_{S1}^3}{240R^2}+\frac{l_{S1}^5}{34560R^4}\\q_2&=\frac{l_{S2}}{2}-\frac{l_{S2}^3}{240R^2}+\frac{l_{S2}^5}{34560R^4}\end{aligned}\right\} \tag{11-12}$$

同样，公式(11－11)、(11－12)本是无限多项式，这里仅取三项即可满足道路路线计算1 mm以内的精度，可用于电算编程计算中。而在某些早期文献或教材中，出于精度要求不高(1 cm以内)和手工计算便捷的考虑，一般只取公式前1～2项。

切线长：

$$\left.\begin{aligned}T_1 &= q_1 + \frac{R + p_2 - (R + p_1)\cos\alpha}{\sin\alpha}\\ T_2 &= q_2 + \frac{R + p_1 - (R + p_2)\cos\alpha}{\sin\alpha}\end{aligned}\right\} \tag{11-13}$$

圆曲线长：

$$L_y = R \cdot \alpha - \frac{l_{S_1}}{2} - \frac{l_{S_2}}{2} \tag{11-14}$$

平曲线长：

$$L = L_y + l_{S_1} + l_{S_2} \tag{11-15}$$

外距：

$$E = \left(R + \frac{p_1 + p_2}{2}\right) \cdot \sec\frac{\alpha}{2} - R \tag{11-16}$$

从而可得曲线主点里程桩号：

$$\left.\begin{aligned}&\text{直缓桩号}\quad K_{ZH} = K_{JD} - T_1\\ &\text{缓圆桩号}\quad K_{HY} = K_{ZH} + l_{S_1}\\ &\text{曲中桩号}\quad K_{QZ} = K_{HY} + \frac{L_y}{2}\\ &\text{圆缓桩号}\quad K_{YH} = K_{HY} + L_y\\ &\text{缓直桩号}\quad K_{HZ} = K_{YH} + l_{S_2}\end{aligned}\right\} \tag{11-17}$$

需要说明的是，不对称基本型曲线的曲中桩号的定义目前没有一个明确的定义，式(11－17)中的曲中桩号定义为圆曲线的中心点，也有文献或设计将其定义为整个平曲线中点的，即 $K_{QZ} = K_{ZH} + \frac{L}{2} = K_{ZH} + \frac{L_y + l_{S_1} + l_{S_2}}{2}$，甚至有设计文件的“直线曲线一览表”中干脆就没有曲中桩号，请读者注意甄别。

道路的平面曲线要素及主点桩计算完成后，即可计算道路中线的中桩逐桩坐标，以便确定道路中线的平面具体位置，并且也为道路路线的中、边桩放样和构造物放样提供了基础数据。

道路的平面曲线要素及主点桩计算的关键代码如下：

```
//定义函数transf将度分秒形式化为度的形式
double transf(double ang)
{
    int iDeg, iMin;
    double dSec, dDeg;
    //dDeg为十进制的度
```

```
    //ang 为度分秒形式的形参
    iDeg = int(ang + Ep);
    iMin = int((ang-iDeg) * 100 + Ep);
    dSec = ((ang-iDeg) * 100 - iMin) * 100;
    dDeg = iDeg + double(iMin)/60 + dSec/3600;
    return dDeg;
}

//定义函数 trans 将度的形式转换为度分秒的形式
double trans(double dDeg)
{
    int iDeg, iMin;
    double dSec, dDms;
    //dDeg 为十进制的度
    //dDms 为度分秒形式的形参
    double dTmp;

    iDeg = int(dDeg + Ep);
    dTmp = (dDeg - iDeg) * 60;
    iMin = int(dTmp + Ep);
    dSec = (dTmp - iMin) * 60;
    dDms = iDeg + double(iMin)/100 + dSec/10000;
    return dDms;
}
//线路基本形曲线要素计算, 以非对称基本形曲线计算为例, 以所求要素即可求得平面主点桩号
//参数 ls1, ls2 分别为前后回旋曲线长度
//参数 R 圆曲线半径参数 alfa 转角(以弧度为单位)
//参数 p1, p2 两回旋曲线的内移值
//参数 q1, q2 两回旋曲线切线增长值
//参数 T1, T2 分别为两段切线的长度
//参数 Ly, L, E 分别为圆曲线长, 平曲线长, 外距
void ParaOfRoad(double ls1, double ls2, double R, double alfa, double &p1, double &p2, double &q1,
                double &q2, double &T1, double &T2, double &Ly, double &L, double &E)
{
    alfa = fabs(alfa);
    alfa = transf(alfa);
    alfa = alfa/180 * pi;
    if ((R * alfa) = =0)
    {
        AfxMessageBox(_T("请输入正确的参数!"));
    }
    else
    {
        p1 = ls1 * ls1/(24 * R) - pow(ls1, 4)/(2688 * pow(R, 3)) + pow(ls1, 6)/(506880 * pow(R, 5));
        p2 = ls2 * ls2/(24 * R) - pow(ls2, 4)/(2688 * pow(R, 3)) + pow(ls2, 6)/(506880 * pow(R, 5));
```

```
        q1 = ls1/2 - pow(ls1, 3)/(240 * R * R) + pow(ls1, 5)/(34560 * pow(R, 4));
        q2 = ls2/2 - pow(ls2, 3)/(240 * R * R) + pow(ls2, 5)/(34560 * pow(R, 4));
        T1 = q1 + (R + p2 - (R + p1) * cos(alfa))/sin(alfa);
        T2 = q2 + (R + p1 - (R + p2) * cos(alfa))/sin(alfa);
        Ly = R * alfa - ls1/2 - ls2/2;
        L = Ly + ls1 + ls2;
        E = (R + (p1 + p2)/2) * (1/cos(alfa/2)) - R;
    }
}
//曲线主点桩号计算
//参数 Kjd 交点桩号
//参数 Kzh, Khy, Kqz, Kyh, Khz 分别为前回旋曲线起点, 终点, 圆曲线中点, 后回旋曲线起点, 终点
void NumberOfMainPoint(double Kjd, double T2,
                       double ls1, double Ly, double ls2,
                   double &Kzh, double &Khy, double &Kqz, double &Kyh, double &Khz)
{
    Kzh = Kjd - T2;
    Khy = Kzh + ls1;
    Kqz = Khy + Ly/2;
    Kyh = Khy + Ly;
    Khz = Kyh + ls2;
}
```

11.2　线路基本型曲线坐标计算

基本型曲线是道路主线设计中使用最多的形式，它是按“直线—缓和曲线—圆曲线—缓和曲线—直线”的顺序组合起来的，其中缓和曲线均为完整缓和曲线。道路基本型曲线的中桩坐标计算一般先对各个线形元素建立相对坐标系，求出中桩点在该相对坐标系(或称局部坐标系)之下的坐标，然后归化到统一的全局坐标系中(如大地坐标系或某一统一的独立坐标系，或称整体坐标系)。

将局部坐标系的坐标转换到整体坐标系的坐标变换计算原理在这里不再赘述。

在计算道路中桩坐标时，一般把一个平曲线与前后两条直线段作为一个计算单元，或称该交点平曲线的坐标计算范围，即从上一个交点的 HZ 点到下一个交点的 ZH 点(图 11－8)。在一个计算单元中，不同的线形元素(段落)，所选用的相对坐标系以及计算中桩坐标的数学模型也不相同。图 11－8 所示为最常见的含基本型曲线的一个计算单元的段落划分和局部坐标系的选择情况。

以图 11－8 所示含基本型曲线JD_i 的计算单元为例，在这个计算单元中，通常包括后直线段、第一回旋曲线段、圆曲线段、第二回旋曲线段和前直线段五个段落。

设图中所有平面交点坐标已知，JD_i 坐标为(x_i，y_i)，则路线JD_i 坐标计算范围内的中桩坐标及其切线方位角的计算过程如下。

1. 直线段中桩坐标及切线方位角的计算

如图 11－9，当给定的 P 点里程 K_P 满足 $K_P \leqslant K_{ZH}$时，P 点位于平曲线的后直线段，由式

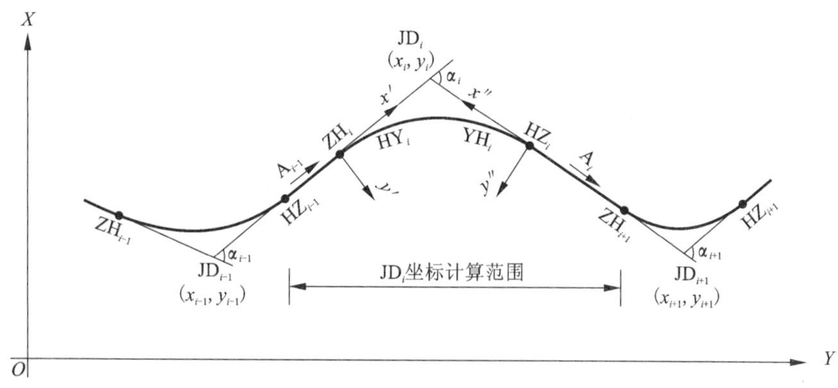

图 11－8　道路中线坐标计算图式

(11－18)计算 P 点坐标和该点处的切线方位角：

$$\left.\begin{aligned}x_P&=x_i-(T_1+l)\cos A_{i-1}\\y_P&=y_i-(T_1+l)\sin A_{i-1}\\\beta_P&=A_{i-1}\end{aligned}\right\}\tag{11-18}$$

其中：$l=K_{ZH}-K_P$，β_P 为 P 点处切线方位角。

当给定的 P 点里程 K_P 满足 $K_P \geqslant K_{HZ}$时，P 点位于平曲线的前直线段，则 P 点坐标和该点处的切线方位角为：

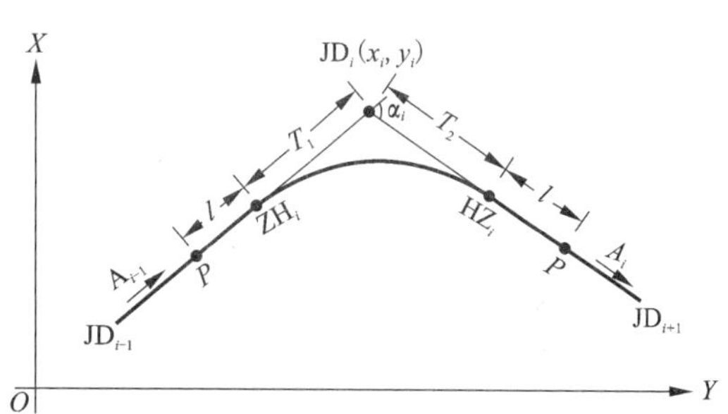

图 11－9　直线段中桩坐标计算图式

$$\left.\begin{aligned}x_P&=x_i+(T_2+l)\cos A_i\\y_P&=y_i+(T_2+l)\sin A_i\\\beta_P&=A_i\end{aligned}\right\}\tag{11-19}$$

其中：$l=K_P-K_{HZ}$，β_P 为 P 点处切线方位角。

2. 第一回旋曲线及圆曲线段内中桩坐标及切线方位角的计算

如图 11－10、图 11－11 所示，在局部坐标系 $x'-\mathrm{ZH}-y'$中，以 ZH 为局部坐标系原点，以过原点的切线为局部坐标系的 x'轴，以过原点切线的垂线(指向曲线内测)为局部坐标系的 y'轴。

$x'-\mathrm{ZH}-y'$局部坐标系原点(即 ZH 点)在整体坐标系 $X-O-Y$ 中的坐标为：

$$\left.\begin{aligned}x_{ZH}&=x_i-T_1\cos A_{i-1}\\y_{ZH}&=y_i-T_1\sin A_{i-1}\end{aligned}\right\}\tag{11-20}$$

当给定的 P 点里程 K_P 满足 $K_{ZH} \leqslant K_P \leqslant K_{HY}$时，则 P 点落在第一回旋曲线段内，在 $x'-\mathrm{ZH}-y'$局部坐标系中，P 点的局部坐标为：

$$\left.\begin{aligned}x'_P&=l-\frac{l^5}{40R^2\cdot l_{S_1}^2}+\frac{l^9}{3456R^4\cdot l_{S1}^4}\\y'_P&=\frac{l^3}{6R\cdot l_{S_1}}-\frac{l^7}{336R^3\cdot l_{S_1}^3}+\frac{l^{11}}{42240R^5\cdot l_{S_1}^5}\end{aligned}\right\}\tag{11-21}$$

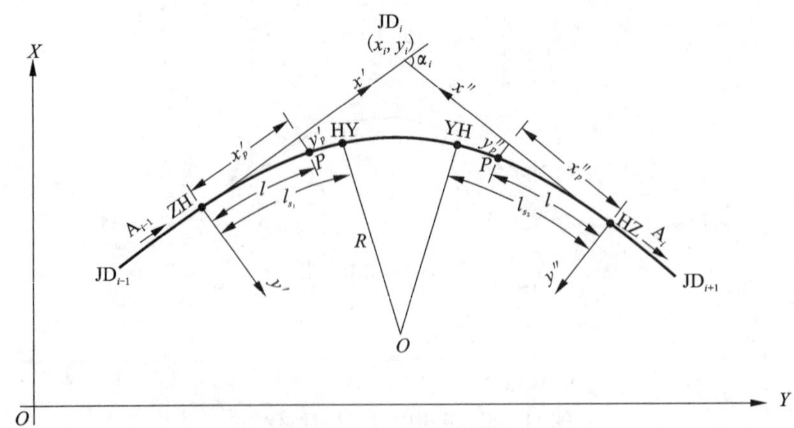

图 11-10 回旋曲线段上中桩坐标计算图式

其中：$l = K_P - K_{ZH}$。

如图 11-11，当给定的 P 点里程 K_P 满足 $K_{HY} \leqslant K_P \leqslant K_{YH}$ 时，则 P 点落在圆曲线段内，则 P 点的局部坐标为：

$$\left.\begin{aligned} x'_P &= R\sin\beta + q_1 \\ y'_P &= R(1-\cos\beta) + p_1 \end{aligned}\right\} \tag{11-22}$$

其中：$\beta = \dfrac{2l - l_{S_1}}{2R}$，$l = K_P - K_{ZH}$，$p_1$、$q_1$ 计算见式(11-11)、(11-12)。

则在 $X-O-Y$ 整体坐标系中，P 点坐标为：

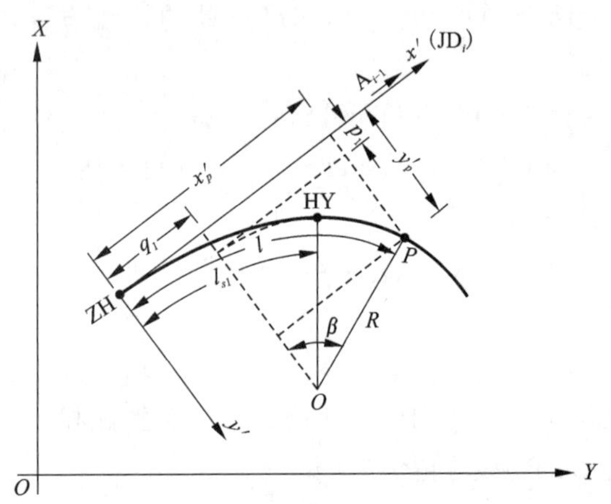

图 11-11 圆曲线段上中桩坐标计算图式

$$\begin{bmatrix} x_P \\ y_P \end{bmatrix} = \begin{bmatrix} x_{ZH} \\ y_{ZH} \end{bmatrix} + \begin{bmatrix} \cos A_{i-1} & -\sin A_{i-1} \\ \sin A_{i-1} & \cos A_{i-1} \end{bmatrix} \begin{bmatrix} x'_P \\ I \cdot y'_P \end{bmatrix} \tag{11-23}$$

或：

$$\left.\begin{aligned} x_P &= x_{ZH} + x'_P \cdot \cos A_{i-1} - I \cdot y'_P \cdot \sin A_{i-1} \\ y_P &= y_{ZH} + x'_P \cdot \sin A_{i-1} + I \cdot y'_P \cdot \cos A_{i-1} \end{aligned}\right\} \tag{11-24}$$

其中：I 为符号函数，当路线左转时 $I=-1$；路线右转时 $I=+1$，下同。

P 点在第一回旋曲线段内时切线方位角为：

$$\beta_P = A_{i-1} + I \cdot \frac{l^2}{2l_{S_1}R} \tag{11-25}$$

P 点在圆曲线段内时切线方位角为：

$$\beta_P = A_{i-1} + I \cdot \beta \tag{11-26}$$

3. 第二回旋曲线段内中桩坐标及切线方位角的计算

如图 11-10，在局部坐标系 $x''-\mathrm{HZ}-y''$ 中，以 HZ 为局部坐标系原点，以过原点的切线为局部坐标系的 x'' 轴，以过原点切线的垂线(指向曲线内测)为局部坐标系的 y'' 轴。

$x''-\mathrm{HZ}-y''$ 局部坐标系原点(即 HZ 点)在整体坐标系 $X-O-Y$ 中的坐标为：

$$\left.\begin{aligned}x_{HZ}&=x_i+T_2\cos A_i\\y_{HZ}&=y_i+T_2\sin A_i\end{aligned}\right\}\tag{11-27}$$

当给定的 P 点里程 K_P 满足 $K_{YH}\leqslant K_P\leqslant K_{HZ}$ 时，则 P 点落在第二回旋曲线段内，在 $x''-HZ-y''$ 局部坐标系中，P 点的局部坐标为：

$$\left.\begin{aligned}x''_P&=l-\frac{l^5}{40R^2\cdot {l_{S_2}}^2}+\frac{l^9}{3456R^4\cdot l_{S_2}^4}\\y''_P&=\frac{l^3}{6R\cdot l_{S_2}}-\frac{l^7}{336R^3\cdot l_{S_2}^3}+\frac{l^{11}}{42240R^5\cdot l_{S_2}^5}\end{aligned}\right\}\tag{11-28}$$

其中：$l=K_{HZ}-K_P$。

则在 $X-O-Y$ 坐标系中 P 点坐标和切线方位角为：

$$\begin{bmatrix}x_P\\y_P\end{bmatrix}=\begin{bmatrix}x_{HZ}\\y_{HZ}\end{bmatrix}+\begin{bmatrix}\cos A_i & -\sin A_i\\\sin A_i & \cos A_i\end{bmatrix}\begin{bmatrix}-x''_P\\I\cdot y''_P\end{bmatrix}\tag{11-29}$$

或：

$$\left.\begin{aligned}x_P&=x_{HZ}-x''_P\cdot\cos A_i-I\cdot y''_P\cdot\sin A_i\\y_P&=y_{HZ}-x''_P\cdot\sin A_i+I\cdot y''_P\cdot\cos A_i\\\beta_P&=A_i-I\cdot\frac{l^2}{2l_{S_2}R}\end{aligned}\right\}\tag{11-30}$$

线路基本型曲线中线坐标计算的关键代码如下：

```
//线路基本型中线坐标计算
//参数 xi, yi 平面交点坐标
//参数 ls1, ls2 前后两回旋曲线长度 R 圆曲线半径
//参数 T1, T2 两段切线的长度
//参数 Ai_1, Ai_2 前后两段直线的方位角
//参数 Kp, Kzh, Khz, Khy, Kyh 分别为曲线上各主点桩号
//参数 xp, yp, beita_p 曲线上任意一点的坐标和切线方位角
void CoordAndBearing(double xi, double yi, double R, double ls1, double ls2,
                     double T1, double T2, double Ai_1, double Ai_2, double Kp,
                     double Kzh, double Khz, double Khy, double Kyh, double alf,
                double &xp, double &yp, double &beita_p)
{
    double l;
    //回旋曲线与直线段交点处的坐标
    double Xzh, Yzh;
    double Xhz, Yhz;
    double I;
    if (alf< =0)
    {
        I= - 1;
    }
    else
```

```
{
    I = 1;
}

if(Kp < = Kzh)
{
    l = Kzh - Kp;
    xp = xi - (Tl + l) * cos(Ai_1);
    yp = yi - (Tl + l) * sin(Ai_1); ;
    beita_p = Ai_1;
    beita_p = beita_p * 180/pi;
    beita_p = trans(beita_p);
}
else if(Kp > = Khz)
{
    l = Kp - Khz;
    xp = xi + (T2 + l) * cos(Ai_2);
    yp = yi + (T2 + l) * sin(Ai_2);
    beita_p = Ai_2;
    beita_p = beita_p * 180/pi;
    beita_p = trans(beita_p);
}
else if((Kp > = Kzh&&Kp < = Khy)||(Kp > = Khy&&Kp < = Kyh))
                                            //第一回旋曲线和圆曲线内的坐标和方位角
{
    Xzh = xi - Tl * cos(Ai_1);
    Yzh = yi - Tl * sin(Ai_1);
    double xp_1, yp_1;                      //P 点局部坐标
    l = Kp - Kzh;
    if (Kp > = Kzh&&Kp < = Khy)          //第一回旋曲线内的坐标和方位角
    {
        xp_1 = l - pow(l, 5)/(40 * R * R * ls1 * ls1) + pow(l, 9)/(3456 * pow(R, 4) * pow(ls1, 4));
        yp_1 = pow(l, 3)/(6 * R * ls1) - pow(l, 7)/(336 * pow(R, 3) * pow(ls1, 3)) + pow(l, 11)/(42240
* pow(R, 5) * pow(ls1, 5));
        beita_p = Ai_1 + I * l * l/(2 * ls1 * R);
        beita_p = beita_p * 180/pi;
        beita_p = trans(beita_p);
    }
    else if (Kp > = Khy&&Kp < = Kyh)    //圆曲线内的坐标和方位角
    {
        double beita;
        beita = (2 * l - ls1)/(2 * R);
        double p1, q1;
        p1 = ls1 * ls1/(24 * R) - pow(ls1, 4)/(2688 * pow(R, 3)) + pow(ls1, 6)/(506880 * pow(R, 5));
        q1 = ls1/2 - pow(ls1, 3)/(240 * R * R) + pow(ls1, 5)/(34560 * pow(R, 4));
        xp_1 = R * sin(beita) + q1;
```

```
                yp_1 = R * (1 - cos(beita)) + p1;
                beita_p = Ai_1 + I * beita;
                beita_p = beita_p * 180/pi;
                beita_p = trans(beita_p);
            }
            xp = Xzh + xp_1 * cos(Ai_1) - I * yp_1 * sin(Ai_1);
            yp = Yzh + xp_1 * sin(Ai_1) + I * yp_1 * cos(Ai_1);
        }
        else if (Kp > = Kyh&&Kp < = Khz)
        {
            Xhz = xi + T2 * cos(Ai_2);
            Yhz = yi + T2 * sin(Ai_2);
            l = Khz - Kp;
            double xp_2, yp_2;                    //P 点局部坐标
            xp_2 = l - pow(l, 5)/(40 * R * R * ls2 * ls2) + pow(l, 9)/(3456 * pow(R, 4) * pow(ls2, 4));
        yp_2 = pow(l, 3)/(6 * R * ls2) - pow(l, 7)/(336 * pow(R, 3) * pow(ls2, 3)) + pow(l, 11)/(42240 * pow(R,
5) * pow(ls2, 5));

            xp = Xhz - xp_2 * cos(Ai_2) - I * yp_2 * sin(Ai_2);
            yp = Yhz - xp_2 * sin(Ai_2) + I * yp_2 * cos(Ai_2);
            beita_p = Ai_2 - I * l * l/(2 * ls2 * R);
            beita_p = beita_p/pi * 180;
            beita_p = trans(beita_p);
        }
    }
```

线路基本型曲线要素、主点桩号及中桩坐标计算界面及算例如图 11 - 12 所示。

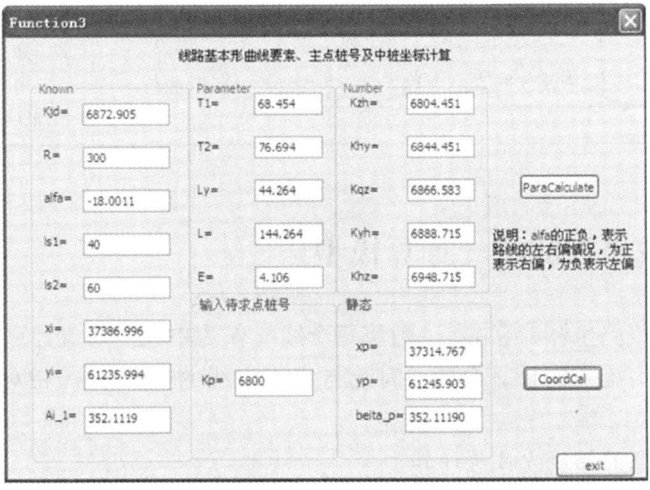

图 11 - 12　线路基本型曲线要素、主点桩号及中桩坐标计算界面及算例

基本型曲线要素及中桩坐标计算公式的适用情况见表 11－1。

表 11－1　基本型曲线要素及中桩坐标计算公式的适用情况

类型	几何示意图	曲线名称	曲线特点	适用情况
单曲线	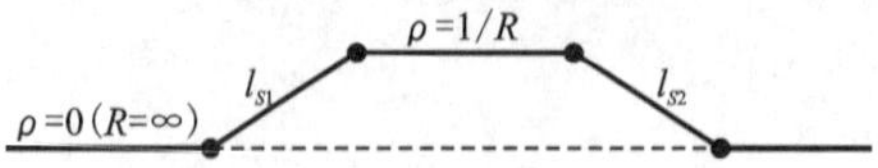 $\rho=0(R=\infty)$　l_{S1}　$\rho=1/R$　l_{S2}	对称基本型曲线	$l_{S1}\neq0$，$l_{S2}\neq0$ $l_{S1}=l_{S2}=l_S$	适用
	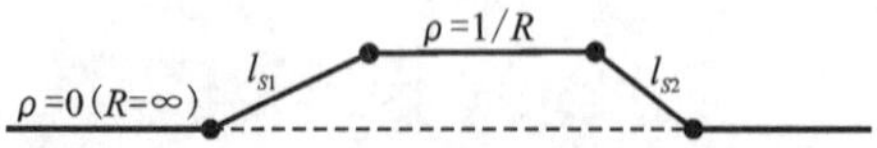 $\rho=0(R=\infty)$　l_{S1}　$\rho=1/R$　l_{S2}	不对称基本型曲线	$l_{S1}\neq0$，$l_{S2}\neq0$ $l_{S1}\neq l_{S2}$	适用
	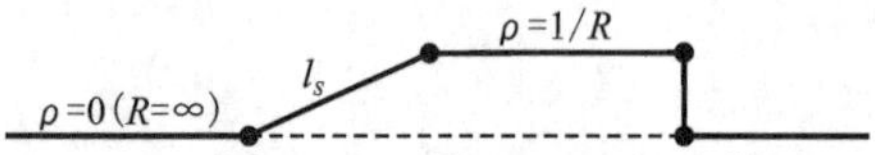 $\rho=0(R=\infty)$　l_S　$\rho=1/R$	一侧带缓曲的不对称曲线	$l_{S1}\neq0$，$l_{S2}=0$ 或反之	适用
	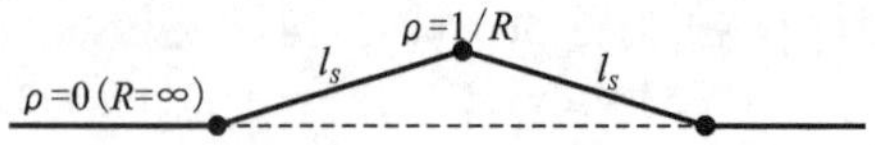 $\rho=0(R=\infty)$　l_S　$\rho=1/R$　l_S	对称型凸形曲线	$L_y=0$ $l_{S1}=l_{S2}=l_S$	适用
	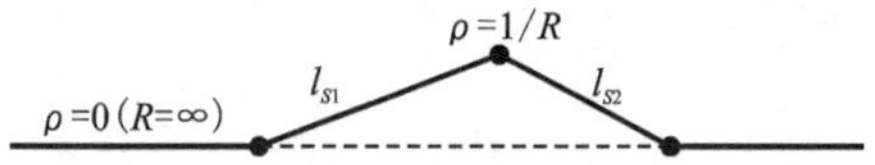 $\rho=0(R=\infty)$　l_{S1}　$\rho=1/R$　l_{S2}	不对称型凸形曲线	$L_y=0$ $l_{S1}\neq l_{S2}$	适用
	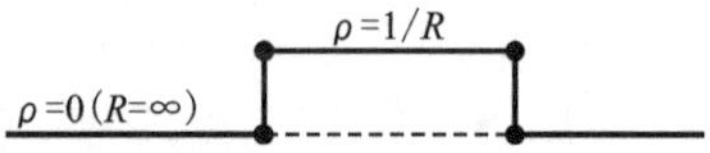 $\rho=0(R=\infty)$　$\rho=1/R$	不带缓曲的单圆曲线	$l_{S1}=l_{S2}=0$	适用
组合曲线	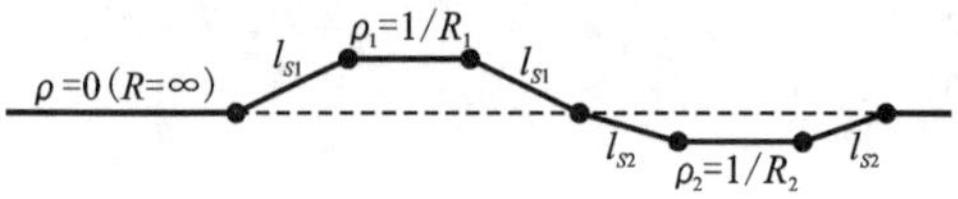 $\rho=0(R=\infty)$　l_{S1}　$\rho_1=1/R_1$　l_{S1}　l_{S2}　$\rho_2=1/R_2$　l_{S2}	S 型曲线	可分解为两个基本型曲线	适用
	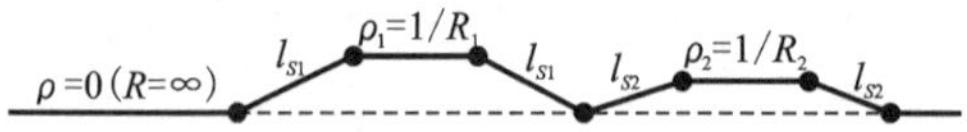 $\rho=0(R=\infty)$　l_{S1}　$\rho_1=1/R_1$　l_{S1}　l_{S2}　$\rho_2=1/R_2$　l_{S2}	C 型曲线	可分解为两个基本型曲线	适用
	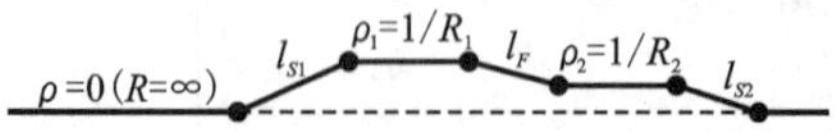 $\rho=0(R=\infty)$　l_{S1}　$\rho_1=1/R_1$　l_F　$\rho_2=1/R_2$　l_{S2}	卵形曲线	两同向圆曲线之间夹一段不完整缓和曲线 l_F	不适用

11.3　路线坐标的统一计算模型

在立交匝道的线路坐标计算中，一般将每个线元作为单独的对象计算其要素和坐标，不论何种线元，均采用统一的计算公式，因此与道路主线的“交点法”相对应，称之为“线元法”。

1. 曲线上任意点的切线方位角计算

如图 11－13，设回旋曲线起点 A 的曲率为 ρ_A，其里程为 K_A；回旋曲线终点 B 的曲率为 ρ_B，其里程为 K_B。$x'-A-y'$为以 A 为坐标原点，以 A 点切线为 x'轴的局部坐标系；$X-O-Y$

为路线整体坐标系。

由于回旋曲线上各点曲率半径 R_i 和该点离曲线起点的距离 l_i 成反比，故该回旋曲线上任意点的曲率为：

$$\rho_i = \frac{1}{R_i} = \frac{l_i}{c}(c\text{ 为常数}) \tag{11-31}$$

由式(11－31)可知，回旋曲线上任意点的曲率按线性变化，由此回旋曲线上里程为 K_i 点的曲率为：

$$\rho_i = \rho_A + \frac{\rho_B - \rho_A}{L} \cdot l_i \tag{11-32}$$

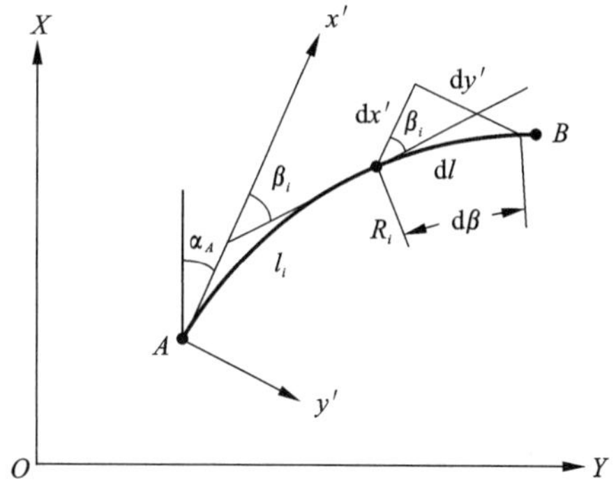

图 11－13　曲线元上任意点坐标计算图式

式中：$L = K_B - K_A$，为回旋曲线长度；$l_i = K_i - K_A$，为任意点距回旋曲线起点的长度。当曲线右偏时，ρ_A、ρ_B 取正；当曲线左偏时，ρ_A、ρ_B 取负。

在图 11－13 中有：

$$\left.\begin{aligned} d\beta &= \frac{1}{R_i}dl = \rho_i dl \\ \beta_i &= \int_0^{l_i} \rho_i dl \end{aligned}\right\} \tag{11-33}$$

将式(11－32)代入式(11－33)得：

$$\begin{aligned} \beta_i &= \int_0^{l_i} \rho_i dl = \int_0^{l_i} \left(\rho_A + \frac{\rho_B - \rho_A}{L} \cdot l\right) dl \\ &= \rho_A \cdot l_i + (\rho_B - \rho_A) \cdot \frac{l_i^2}{2L} \\ &= \frac{\rho_A + \rho_i}{2} \cdot l_i \end{aligned} \tag{11-34}$$

对于式(11－34)，当回旋曲线起点连接直线($\rho_A = 0$)且 $l_i = l_S$ 时，即：任意点为完整回旋曲线终点时：

$$\beta = \frac{l_S}{2R} \tag{11-35}$$

式(11－35)即为缓和曲线角的计算公式。

若已知回旋曲线起点 A 的切线方位角 α_A，则里程为 K_i 的切线方位角为：

$$\alpha_i = \alpha_A + \beta_i \tag{11-36}$$

将式(11－34)代入式(11－36)得：

$$\alpha_i = \alpha_A + \rho_A \cdot l_i + (\rho_B - \rho_A) \cdot \frac{l_i^2}{2L} = \alpha_A + \frac{\rho_i + \rho_A}{2} \cdot l_i \tag{11-37}$$

(1)当 $\rho_A = 0$，$\rho_B = 0$ 时，$\rho_i = 0$，则：$\alpha_i = \alpha_A$，式(11－37)变成计算直线段上任意点切线方位角计算公式；

(2)当 $\rho_A = 1/R$，$\rho_B = 1/R$ 时，$\rho_i = 1/R$，则 $\alpha_i = \alpha_A + \dfrac{l_i}{R}$，式(11－37)代表圆曲线上任意点切线方位角计算公式。

式(11－37)抓住了各种曲线元的共性，因此从式(11－37)出发推导的各种公式具有通用性。若已知曲线段起点和终点的曲率及起点的切线方位角，式(11－37)便能计算任意线元点位的切线方位角。

任意线元点位的切线方位角计算的关键代码如下：

```
//回旋曲线上任一点的切线方位角计算
//参数 rhoA, rhoB 分别为回旋曲线起点终点处的曲率
//参数 L 起点终点里程差
//参数 KA, KB 分别为回旋曲线起点终点处的里程
//参数 Ki 回旋曲线上一点的里程
//参数 ls 回旋曲线总长 R 终点处曲率半径
//参数 alfaA 起点处切线方位角
double BearingCompute(double rhoA, double L, double rhoB, double li, double alfaA)
{
    //double L, li;
    //L = KB - KA;              //线路总里程差
    //li = Ki - KA;             //任一点距回旋曲线起点的长度
    double rhoi;                //回旋曲线上任一点的曲率
    rhoi = rhoA + (rhoB - rhoA) * li/L;
    double alfa_i;              //参数 alfa_i 回旋曲线上一点处的切线方位角
    double beita_i;             //参数 beita_i 曲线上一点处的回旋角

    beita_i = (rhoA + rhoi) * li/2;
    /* alfa_i = alfaA + beita_i; */
    alfa_i = alfaA + rhoA * li + (rhoB - rhoA) * li * li/(2 * L);

    return alfa_i;
}
```

2. 曲线上任意点的坐标计算

由图 11－13 可得回旋曲线上点位在 $x'-A-y'$ 局部坐标系下的坐标计算公式：

$$\left.\begin{aligned} dx' &= dl\cos\beta_i \\ dy' &= dl\sin\beta_i \end{aligned}\right. \Rightarrow \left.\begin{aligned} x'_i &= \int_0^{l_i}\cos\beta_i dl \\ y'_i &= \int_0^{l_i}\sin\beta_i dl \end{aligned}\right\} \tag{11-38}$$

设回旋曲线起点 A 在路线整体坐标系 $X-O-Y$ 下的坐标为(x_A, y_A)，则回旋曲线上任意点在路线整体坐标系 $X-O-Y$ 下的坐标为：

$$\left.\begin{aligned} x_i &= x_A + \int_0^{l_i}\cos\alpha_i dl \\ y_i &= y_A + \int_0^{l_i}\sin\alpha_i dl \end{aligned}\right\} \tag{11-39}$$

虽然式(3－39)是由回旋曲线导出的，但通过前面所述设置相应的 ρ_A、ρ_B 值，也同样适

用于直线段和圆曲线段的计算。

结合式(11 -37)和式(11 -39)，积分函数可表达为：

$$\left.\begin{aligned} x_i &= x_A + \int_0^{l_i} \cos\left[\alpha_A + \rho_A \cdot l + (\rho_B - \rho_A) \cdot \frac{l^2}{2L}\right] \mathrm{d}l \\ y_i &= y_A + \int_0^{l_i} \sin\left[\alpha_A + \rho_A \cdot l + (\rho_B - \rho_A) \cdot \frac{l^2}{2L}\right] \mathrm{d}l \end{aligned}\right\} \tag{11 -40}$$

某些计算器和数学软件具有定积分的计算功能，可直接用式(11 -40)来计算匝道中线的坐标。

3. 路线坐标积分计算的数值算法

线元要素与坐标的统一计算公式涉及积分的计算，在使用计算机编程计算时，需要通过一定的数值计算方法实现。

下面介绍两种比较常见的求积分的数值计算方法。

(1)复化 Simpson 公式

根据复化 Simpson 法的基本原理，积分式(11 -39)的复化 Simpson 公式可表述如下：

将积分区间[0，l_i]划分为 $n=2\,m$ 等分，步长为 $h=l_i/n$，则：

$$l_k = k \cdot h,\ k=0,\ 1,\ 2,\ \cdots,\ n \tag{11 -41}$$

设：$\alpha_k = \alpha_A + \rho_A \cdot l_k + (\rho_B - \rho_A) \cdot \dfrac{l_k^2}{2L}$

则式(11 -39)的复化 Simpson 公式为：

$$\left.\begin{aligned} x_i &\approx x_A + \frac{h}{3} \cdot \left[\cos\alpha_A + \cos\alpha_i + 4 \cdot \sum_{j=1}^{m} \cos\alpha_{2j-1} + 2 \cdot \sum_{j=1}^{m-1} \cos\alpha_{2j}\right] \\ y_i &\approx y_A + \frac{h}{3} \cdot \left[\sin\alpha_A + \sin\alpha_i + 4 \cdot \sum_{j=1}^{m} \sin\alpha_{2j-1} + 2 \cdot \sum_{j=1}^{m-1} \sin\alpha_{2j}\right] \end{aligned}\right\} \tag{11 -42}$$

分段数 n 为偶数，它的取值需要满足坐标计算精度的要求，道路工程中坐标计算精度一般要达到1 mm。按照这一原则，一般道路主线可取 $n=4$，而对于道路互通立交匝道的某些特殊线形，应取 $n=6$ 甚至更高。在编程计算时，对 m 的取值可从 1 开始，逐步加 1，直到前后两次的计算值小于某个限定值(如 0.0001)为止，因此其计算结果的精度可由程序自动控制。

复化 Simpson 法计算曲线上任一点坐标计算的关键代码如下：

```
//曲线上任一点的坐标计算
//参数 xA, yA 回旋曲线起点坐标
//参数 rhoA, rhoB 回旋曲线起点终点处的曲率
//参数 L 线路总里程差
//参数 li 任一点距回旋曲线起点的长度
//参数 alfaA 起点处切线坐标方位角
//参数 xi, yi 回旋曲线上任一点的坐标
void CoordCompute(double xA, double yA, double rhoA, double L, double rhoB, double li,
                  double alfaA, double &xi, double &yi)
{
```

```
    xi = 0; yi = 0;
    double alfa_i, alfa_k;
    alfa_i = BearingCompute(rhoA, L, rhoB, li, alfaA);
    int m, n, k;
    double xi_1, yi_1;                         //定义坐标的暂存变量
    m = 1;
    double temp;
    do
    {
        xi_1 = xi;
        yi_1 = yi;
        n = m* 2;
        double temp1, temp2, temp3, temp4; //用于计算坐标的一些暂存变量
        temp1 = 0;
        temp2 = 0;
        temp3 = 0;
        temp4 = 0;
        double h, lk;
        h = li/n;
        for (k = 1; k < = m; k + +)
        {
            lk = h * (2 * k - 1);
            alfa_k = BearingCompute(rhoA, L, rhoB, lk, alfaA);
            temp1 = temp1 + cos(alfa_k);
            temp3 = temp3 + sin(alfa_k);
        }
        for (int j = 1; j < = m - 1; j + +)
        {
            lk = h * (2 * j);
            alfa_k = BearingCompute(rhoA, L, rhoB, lk, alfaA);
            temp2 = temp2 + cos(alfa_k);
            temp4 = temp4 + sin(alfa_k);
        }
        xi = xA + h/3 * (cos(alfaA) + cos(alfa_i) + 4 * temp1 + 2 * temp2);
        yi = yA + h/3 * (sin(alfaA) + sin(alfa_i) + 4 * temp3 + 2 * temp4);
        temp = sqrt((xi - xi_1) * (xi - xi_1) + (yi - yi_1) * (yi - yi_1));
        m + +;
    }while(temp > 0.00001);
}
```

(2)Gauss-Legendre 公式

Gauss-Legendre 公式的积分区间要求是[-1, 1], 但对于积分式(11 -40), 由于积分区

间不是[-1, 1]，因此需进行变量置换：

$$l = \frac{l_i}{2} + \frac{l_i}{2} \cdot z = l_i \cdot \frac{z+1}{2} \tag{11-43}$$

则积分式(11-40)可变换为：

$$\left.\begin{aligned} x_i &= x_A + \frac{l_i}{2} \cdot \int_{-1}^{1} \cos\left[\alpha_A + \rho_A \cdot l_i \cdot \frac{z+1}{2} + (\rho_B - \rho_A) \cdot \frac{l_i^2}{2L} \cdot \left(\frac{z+1}{2}\right)^2\right] dz \\ y_i &= y_A + \frac{l_i}{2} \cdot \int_{-1}^{1} \sin\left[\alpha_A + \rho_A \cdot l_i \cdot \frac{z+1}{2} + (\rho_B - \rho_A) \cdot \frac{l_i^2}{2L} \cdot \left(\frac{z+1}{2}\right)^2\right] dz \end{aligned}\right\} \tag{11-44}$$

容易得出，积分式(11-40)的 Gauss-Legendre 公式为：

$$\left.\begin{aligned} x_i &\approx x_A + \frac{l_i}{2} \cdot \sum_{k=1}^{n} A_k \cdot \cos\left[\alpha_A + \rho_A \cdot l_i \cdot \frac{z_k+1}{2} + (\rho_B - \rho_A) \cdot \frac{l_i^2}{2L} \cdot \left(\frac{z_k+1}{2}\right)^2\right] \\ y_i &\approx y_A + \frac{l_i}{2} \cdot \sum_{k=1}^{n} A_k \cdot \sin\left[\alpha_A + \rho_A \cdot l_i \cdot \frac{z_k+1}{2} + (\rho_B - \rho_A) \cdot \frac{l_i^2}{2L} \cdot \left(\frac{z_k+1}{2}\right)^2\right] \end{aligned}\right\} \tag{11-45}$$

式中，求积结点 z_k 和求积系数 A_k 两个参数需要根据求积结点数 n 通过查表 11-2 得到。

表 11-2　Gauss-Legendre 求积公式计算参数 1

<table>
<tr><th>n</th><th>z_k</th><th>A_k</th><th>n</th><th>z_k</th><th>A_k</th></tr>
<tr><td>1</td><td>0</td><td>2</td><td rowspan="3">7</td><td rowspan="3">±0.949 107 912 3
±0.741 531 185 6
±0.405 845 151 4
0</td><td rowspan="3">0.129 484 966 2
0.279 705 391 5
0.381 830 050 5
0.417 959 183 7</td></tr>
<tr><td>2</td><td>±0.577 350 269 2</td><td>1</td></tr>
<tr><td>3</td><td>±0.774 596 669 2
0</td><td>0.555 555 555 6
0.888 888 888 9</td></tr>
<tr><td>4</td><td>±0.861 136 311 6
±0.339 981 043 6</td><td>0.347 854 845 1
0.652 145 154 9</td><td rowspan="2">8</td><td rowspan="2">±0.960 289 856 5
±0.796 666 477 4
±0.525 532 409 9
±0.183 434 642 5</td><td rowspan="2">0.101 228 536 3
0.222 381 034 5
0.313 706 645 9
0.362 683 783 4</td></tr>
<tr><td>5</td><td>±0.906 179 845 9
±0.538 469 310 1
0</td><td>0.236 926 885 1
0.478 628 670 5
0.568 888 888 9</td></tr>
<tr><td>6</td><td>±0.932 469 514 2
±0.661 209 386 5
±0.238 619 186 1</td><td>0.171 324 492 4
0.360 761 573 0
0.467 913 934 6</td><td>9</td><td>±0.968 160 239 5
±0.836 031 107 3
±0.613 371 432 7
±0.324 253 423 4
0</td><td>0.081 274 388 4
0.180 648 160 7
0.260 610 696 4
0.312 347 077 0
0.330 239 355 0</td></tr>
</table>

为简化公式，设 $t_k = \frac{z_k+1}{2}$，$R_k = \frac{A_k}{2}$，则式(11-45)变为：

$$\left.\begin{aligned} x_i &\approx x_A + l_i \cdot \sum_{k=1}^{n} R_k \cdot \cos\left[\alpha_A + \rho_A \cdot l_i \cdot t_k + \frac{\rho_B - \rho_A}{2L} \cdot l_i^2 \cdot t_k^2\right] \\ y_i &\approx y_A + l_i \cdot \sum_{k=1}^{n} R_k \cdot \sin\left[\alpha_A + \rho_A \cdot l_i \cdot t_k + \frac{\rho_B - \rho_A}{2L} \cdot l_i^2 \cdot t_k^2\right] \end{aligned}\right\} \tag{11-46}$$

相应地，t_k 和 R_k 两个参数根据求积结点数 n 通过查表 11-3 得到。

表 11－3　Gauss-Legendre 求积公式计算参数 2

n	t_k	R_k
1	0.5	1
2	0.211 324 865 4 0.788 675 134 6	0.5 0.5
3	0.112 701 665 4 0.5 0.887 298 334 6	0.277 777 777 8 0.444 444 444 4 0.277 777 777 8
4	0.069 431 844 2 0.330 009 478 2 0.669 990 521 8 0.930 568 155 8	0.173 927 422 6 0.326 072 577 4 0.326 072 577 4 0.173 927 422 6
5	0.953 089 923 0 0.046 910 077 1 0.769 234 655 1 0.230 765 345 0 0.5	0.118 463 442 6 0.118 463 442 6 0.239 314 335 3 0.239 314 335 3 0.284 444 444 5
6	0.966 234 757 1 0.033 765 242 9 0.830 604 693 3 0.169 395 306 8 0.619 309 593 1 0.380 690 407 0	0.085 662 246 2 0.085 662 246 2 0.180 380 786 5 0.180 380 786 5 0.233 956 967 3 0.233 956 967 3
7	0.974 553 956 2 0.025 446 043 9 0.870 765 592 8 0.129 234 407 2 0.702 922 575 7 0.297 077 424 3 0.5	0.064 742 483 1 0.064 742 483 1 0.139 852 695 8 0.139 852 695 8 0.190 915 025 3 0.190 915 025 3 0.208 979 591 9
8	0.980 144 928 3 0.019 855 071 8 0.898 333 238 7 0.101 666 761 3 0.762 766 205 0 0.237 233 795 1 0.591 717 321 3 0.408 282 678 8	0.050 614 268 2 0.050 614 268 2 0.111 190 517 3 0.111 190 517 3 0.156 853 323 0 0.156 853 323 0 0.181 341 891 7 0.181 341 891 7
9	0.984 080 119 8 0.015 919 880 3 0.918 015 553 7 0.081 984 446 4 0.806 685 716 4 0.193 314 283 7 0.662 126 711 7 0.337 873 288 3 0.5	0.040 637 194 2 0.040 637 194 2 0.090 324 080 4 0.090 324 080 4 0.130 305 348 2 0.130 305 348 2 0.156 173 538 5 0.156 173 538 5 0.165 119 677 5

关于 Gauss-Legendre 公式结点数 n 的取值，同样应满足计算精度的要求，一般道路主线和立交匝道的计算取 $n=2$，可满足 1 mm 的计算精度。但对于道路互通立交匝道中的某些特殊线形(缓和曲线较长，半径相对较小)，则计算误差会较大，这种情况可取 $n=3$ 或 $n=4$。当取 $n=4$ 时，基本可满足各种线形的计算精度要求。

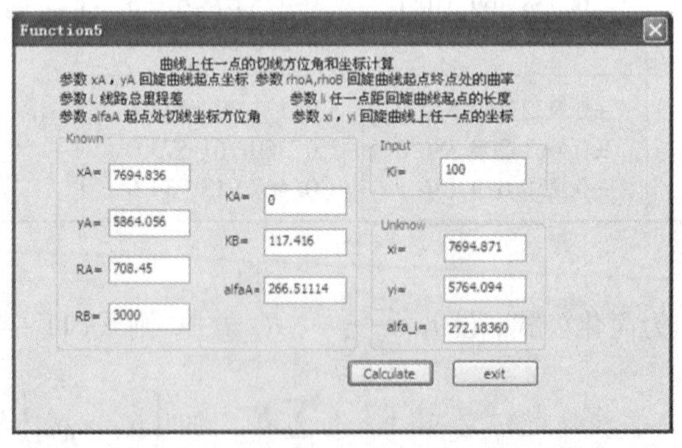

图 11－14　曲线上任一点坐标计算界面及算例

相比于复化 Simpson 求积公式，使用 Gauss-Legendre 求积公式的明显优点在于能使用较少的结点获得高精度的计算结果，因而可减少计算量，提高计算速度。这个公式的缺点在于需要查表确定有关计算参数。

曲线上任一点坐标计算界面及算例如图 11－14 所示。

11.4　线路外一点的定位计算

道路施工放样，除了要计算道路中线坐标以外，还通常要处理道路中线以外的点的定位问题，如道路边桩放样、路基坡口坡脚的确定、涵洞洞口放样、桥墩放样、路线外重要构造物寻求对应道路中线桩号与距离等。以上各种实际应用，都可归结为道路中线外一点的定位计算问题，它包括两个问题：

(1)已知路线外某点对应的桩号、距离、转角(通常与路线正交)，计算该点的坐标。上述道路边桩放样、路基坡口坡脚的确定、涵洞洞口放样、桥墩放样等都属于这个问题；

(2)已知路线外某定点的坐标，反求该点对应的道路中桩桩号以及相对位置信息(在路线的哪一侧、距道路中线的距离等)。上述的路线外重要构造物寻求对应道路中线桩号与距离就属于这个问题，有时确定路基坡口坡脚位置时也包含这个问题。

1. 线路中线外一点的坐标计算

通常，道路边桩放样、桥涵等结构物放样等工作中，都要进行道路中线某一特定桩号外一点的坐标计算。

这个问题的计算比较简单，如图 11 - 15 所示，道路中线上某一桩号 A 的坐标为(x_A，y_A)，其切线方位角为 α，对应于桩号 A 外分别有一点 B(路线右侧)和 C(路线左侧)，已知 B 点和 C 点距中桩点 A 的距离分别为 d_1，d_2，右转角为 β，需要求 B、C 点的坐标(x_B，y_B)和(x_C，y_C)。

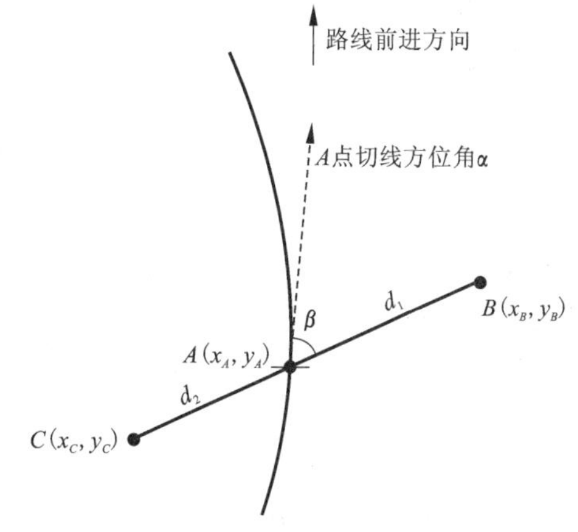

图 11 - 15　道路中线外一点坐标计算示意图

计算公式为：

路线右侧外一点坐标：

$$\left.\begin{aligned} x_B &= x_A + d_1 \cdot \cos(\alpha + \beta) \\ y_B &= y_A + d_1 \cdot \sin(\alpha + \beta) \end{aligned}\right\} \tag{11-47}$$

路线左侧外一点坐标：

$$\left.\begin{aligned} x_C &= x_A + d_2 \cdot \cos[\alpha - (180^\circ - \beta)] \\ y_C &= y_A + d_2 \cdot \sin[\alpha - (180^\circ - \beta)] \end{aligned}\right\} \tag{11-48}$$

或：

$$\left.\begin{aligned} x_C &= x_A - d_2 \cdot \cos(\alpha + \beta) \\ y_C &= y_A - d_2 \cdot \sin(\alpha + \beta) \end{aligned}\right\} \tag{11-49}$$

2. 由路线外一点反求桩号的计算

这个问题在有些文献中又称定点求桩、坐标反算、投影归算等，目的是确定路线外一点与道路中线之间的相对关系，是在道路全线内求解路线外的一个定点至道路中线之间距离最近点的桩号、距中线距离(含左右位置)。

路线定点求桩计算在工程实际中经常用到：

(1)在道路设计阶段，常需测定某些重要地物点与初步设计线路之间的相对关系，以便为线路最终设计提供准确的数值依据。

(2)道路施工前期，由于占地范围难以在拆迁前于实地标出，而需要在拆迁过程中快速确定地面点与线路的位置关系，以实时确定拆迁是否到位。

(3)道路施工阶段，放样边坡桩是施工测量一项工作量很大且直接影响工程进度的重要工作。随着全站仪的广泛应用，传统的边坡桩放样方法已逐渐被直接测设方法所代替，其实质就是通过测定边坡上的三维坐标，实时确定该点到线路中线的距离，通过与设计距离比较，将所放边桩调整到满足设计距离之处。可见，放样工作的核心是路线定点求桩。

(4)道路竣工阶段，通过测定边线或中线上的点，可以确定建成线路与设计线路的偏差，从而最终提供准确的验收数据。

由此可见，路线定点求桩这一基本内容贯穿于道路建设的全过程。

如图 11-16，AB 为一已知曲线元，其起点为 A，终点为 B，P'为路线外一已知点，P 点为 P'对应在中线上的中桩点。定点求桩也就是根据 P'点的坐标计算对应的中桩 P 的桩号 K_P 以及距中桩的距离 D_P，并判别 P'点在路线的左侧还是右侧。

定点求桩归根结底可视同为求 l_P 和 D_P 两个参数。若 l_P 求得，根据线元起点 A 的桩号 K_A 可容易求得 P 点的桩号 K_P，而 D_P 作为 P'点距曲线元的垂距，通过规定其数值的正负性来说明 P'点在路线的左侧还是右侧，一般规定 P'为负值时，P'点位于路线左侧，P'为正值时为右侧。

若线元是直线或者圆曲线，l_P 和 D_P 这两个参数可使用数学公式直接求得，而线元若是缓和曲线的话，便无法直接求得了，而需利用计算机的高速计算特性，采用逐步趋近的算法求得。为便于统一计算，这里不管何种线元，均采用逐步趋近的算法，它适用于三种线元的定点求桩计算。

如图 11-17，已知曲线元起点 A 的坐标$(x_A,\ y_A)$，切线方位角 α_A，起点和终点的曲率 ρ_A、ρ_B，曲线元长度即 A 至 B 的弧长 L，路线外一点 P'的坐标为$(x_P',\ y_P')$，现求 l_P 和 D_P 这两个参数。

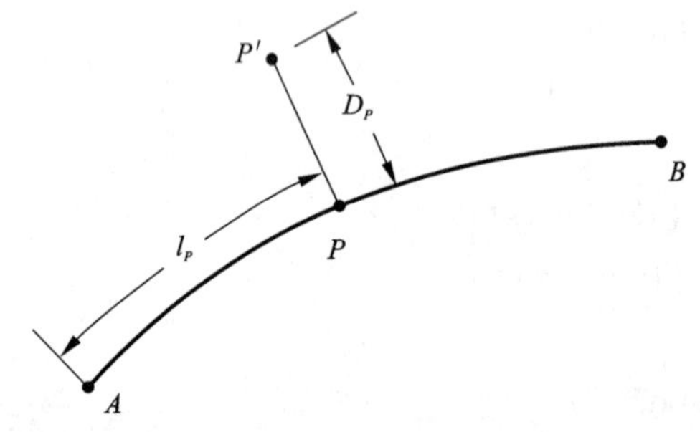

图 11-16　路线外一点与曲线元的相对关系

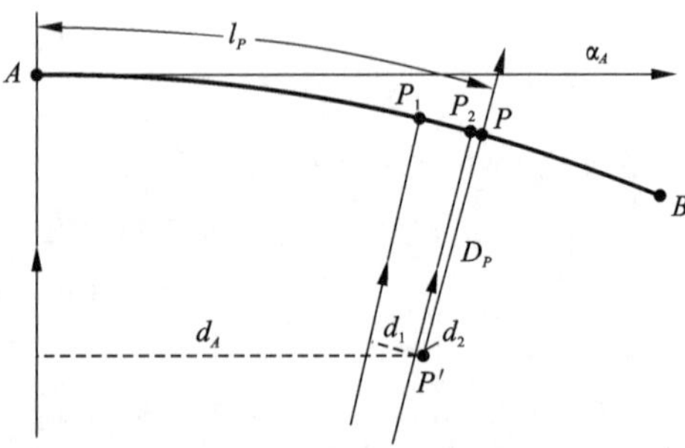

图 11-17　l_P 和 D_P 的计算原理

在 l_P 和 D_P 两个参数中，如果已知 l_P，则可求得 P 点桩号并求得 P 点坐标$(x_P,\ y_P)$，从而 P 与 P'间的距离 D_P 可方便求得，故问题的关键在于如何求解 l_P。

由图 11-16 可知，曲线元上的点有无穷多个，相应的垂线(即法线)也有无穷多个，但通过 P'点的法线却是唯一的，因此只要 P'点到曲线元上任一点的法线的垂距为 0，则问题即可求解。

这里规定通过曲线元上点的法线方位一律指向路线左边桩方向，即 $\alpha_{法}=\alpha_{切}-90$。则 P' 点至曲线元上任一点法线的垂距 d 为：

$$d=(y'_P-y_i)\cdot\cos(\alpha_i-90)-(x'_P-x_i)\cdot\sin(a_i-90) \tag{11-50}$$

下面介绍逐步趋近计算的步骤：

(1)以曲线元起点 A 作为起算点，计算 x_A、y_A、α_A，并代替式(11 -50)中的 x_i、y_i、α_i，可得 P'点至 A 点法线的垂距 d_A。

(2)以 d_A 作为 l_P 的近似值，可得曲线上一点 P_1，计算 x_{P1}、y_{P1}、α_{P1}，并代替式(11 -50)中的 x_i、y_i、α_i，可得 P'点至 P_1 点法线的垂距 d_1。

(3)若 d_1 小于限差(一般取 0.001 m)，则以 d_A+d_1 为所求 P 点至 A 点的弧长 l_P；如果 d_1 不满足限差要求，则以(d_A+d_1)作为 l_P 新的近似值，得曲线上另一点 P_2，按前述方法计算 P' 点至 P_2 点法线的垂距 d_2。

(4)若 d_2 小于限差，则以$(d_A+d_1+d_2)$为所求 P 点至 A 点的弧长 l_P，否则，重复以上步骤，直到 d_i 小于限差为止。

按以上计算步骤最终有：

$$l_P = d_A + \sum d_i \tag{11-51}$$

则对应的 P 点的桩号：

$$K_P=K_A+l_P \tag{11-52}$$

并可求得 P 点坐标$(x_P,\ y_P)$及切线方位角 α_P，则 P'点距中桩距离为：

$$D_P=\frac{y_P-y'_P}{\sin(\alpha_P-90)} \tag{11-53}$$

式(11 -53)中，若计算结果为负值，表示 P'点在路线左侧，若为正值，则表示 P'点在路线右侧。由于在式(11 -53)中，当 $\alpha_P\to 90°$时，结果会有较大偏差，为避免这种情况，一般根据 P'点和 P 点两点坐标反求距离，而仅用式(11 -53)结果的正负值判别左右位置。

路线外一点反求桩号计算关键代码如下：

```
//由路线外一点反求桩号的计算
//参数 xA, yA 曲线元起点 A 的坐标
//参数 alfa_A 切线方位角
//参数 rho_A, rho_B 起点终点的曲率
//参数 L 曲线元长度
//参数 xp1, yp1 路线外一点 P'的坐标
//参数 lp, Dp 分别为 P 点距起点的里程差和距中桩距离
//Dp 的正负性说明 P′点在路线的左侧还是右侧, 规定为负值时, 位于路线左侧, 正值时, 位于路线右侧
void NumberOfPointCompute(double xA, double yA, double alfa_A, double rho_A, double rho_B, double L,
                          double xp1, double yp1, double &lp, double &Dp)
{
    double xi, yi;
    double alfa_i;
    xi = xA;
```

```
    yi = yA;
    alfa_i = alfa_A;
    lp = 0;
    double dA;                          //迭代中产生的距离
    double rhoB;                        //迭代中产生的方位角
    do
    {
        dA = (ypl - yi) * cos(alfa_i - pi/2) - (xpl - xi) * sin(alfa_i - pi/2);
        lp = dA + lp;
        alfa_i = BearingCompute(rho_A, L, rho_B, lp, alfa_A);
        CoordCompute(xA, yA, rho_A, L, rho_B, lp, alfa_A, xi, yi);
    }while(dA > 0.001);
    Dp = (xi - xpl)/sin(alfa_i);
}
```

说明：以上代码中函数 BearingCompute( )和 CoordCompute( )在 11.3 中定义。

路线外一点反求桩号计算界面及算例如图 11－18 所示。

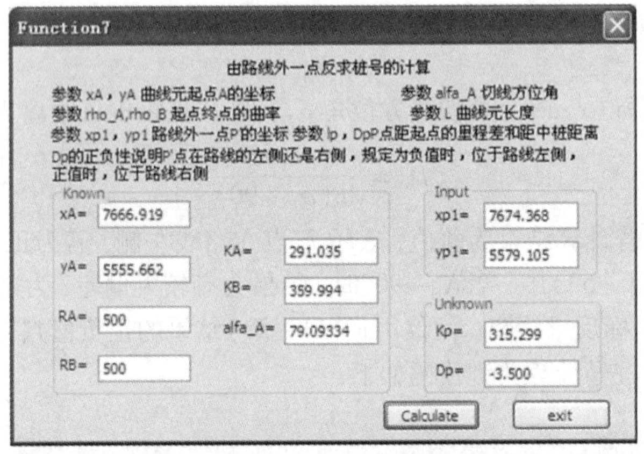

图 11－18　路线外一点反求桩号计算界面及算例

11.5　线路纵断面高程计算

1. 竖曲线要素计算公式

如图 11－19 所示，沿路线前进方向，i_1 为后坡坡度，i_2 为前坡坡度，当 $i_1 - i_2 < 0$ 时为凹竖曲线，反之为凸竖曲线。设变坡点高程为 H_0，竖曲线半径为 R，则有：

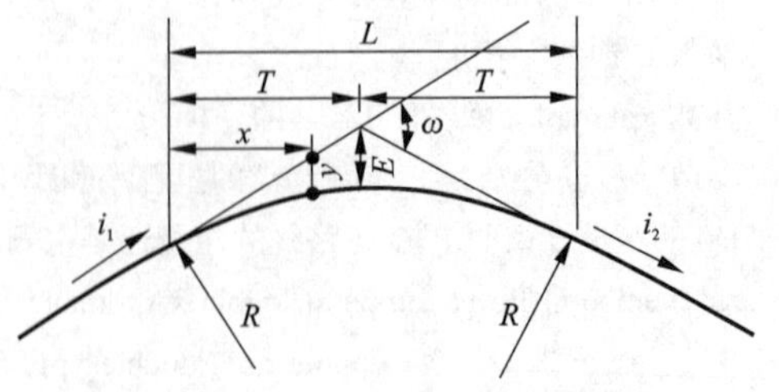

图 11－19　竖曲线要素示意图

变坡角：

$$\omega = |i_1 - i_2| \tag{11-54}$$

竖曲线长度：

$$L = R \cdot \omega \tag{11-55}$$

切线长度：

$$T = \frac{L}{2} \tag{11-56}$$

竖曲线外距：

$$E = \frac{T^2}{2R} = \frac{T \cdot \omega}{4} \tag{11-57}$$

竖曲线上任一点切竖差：

$$y = \frac{x^2}{2R} \tag{11-58}$$

式中：x——任一点桩号与竖曲线起点(或终点)桩号之差。

2. 中桩设计高程计算公式

竖曲线外直坡段上任一点的设计高程：

$$\left.\begin{aligned} h &= H_0 - d \cdot i_1(\text{后直坡段}) \\ h &= H_0 + d \cdot i_2(\text{前直坡段}) \end{aligned}\right\} \tag{11-59}$$

式中：d——任一点桩号与变坡点桩号之差。

竖曲线内任一点的设计高程：

$$h = h_1 \pm y(\text{凹竖曲线取“+”，凸竖曲线取“-”}) \tag{11-60}$$

式中：h_1——计算点的切线高程，可参照直坡段上点的高程计算。

路线竖曲线要素及高程计算关键代码如下：

```
//竖曲线要素计算公式
//参数 i1, i2 分别为后坡坡度, 前坡坡度
//参数 R 竖曲线半径
//参数 x 任一点桩号与竖曲线起点桩号之差
//参数 omi, L, T, E, y 分别为变坡角, 竖曲线长度, 切线长度, 竖曲线外距, 竖曲线上任一点切竖差
void ParaOfVerticurve(double i1, double i2, double R, double K, double H, double &L,
                        double &T, double &E, double &Szy, double &Syz)
{
    double omi;
    if ((R) = =0)
    {
        AfxMessageBox(_T("请输入正确的参数!"));
    }
    else
    {
        omi = fabs(i1 - i2);
        L = R * omi;
        T = L/2;
        E = T * T/(2 * R);
```

```
            Szy = K - T;
        DSyz = K + T;
        }
    }
    //高程计算
    //sig参数值为代表凸竖曲线,为-1代表凹竖曲线
    double HightCompute(double Kp, double K, double Szy, double Syz, double T, double R, double H, double i1,
double i2, double sig/*表示坡度的凹凸*/)
    {
        double x;    //任一点的桩号与竖曲线起点桩号之差
        double y;
        double h1;
        double h;
        double d;
        if (sig==1||sig==-1)
        {
            if (Kp<K&&Kp>=Szy)
            {
                x = Kp - Szy;
                y = x*x/(2*R);
                d = fabs(K - Kp);
                hl = H - d*i1;
                h = hl - sig*y;
            }
            else if (Kp<K&&Kp<Szy)
            {
                d = fabs(K - Kp);
                hl = H - d*i1;
                h = hl;
            }
            else if (Kp>K&&Kp<Syz)
            {
                x = Syz - Kp;
                y = x*x/(2*R);
                d = fabs(K - Kp);
                hl = H + d*i2;
                h = hl - sig*y;
            }
            elseif (Kp>K&&Kp>Syz)
            {
                d = fabs(K - Kp);
                hl = H + d*i2;
```

```
            h = h1;
        }
    }
    else
        AfxMessageBox(_T("请输入正确的 sig 参数!"));
    return h;
}
```

路线竖曲线要素及高程计算界面及算例如图 11 - 20 所示。

图 11 - 20　路线竖曲线要素及高程计算界面及算例

第 12 章　坐标转换程序设计

在我国的测绘事业发展过程中，我们国家先后采用了北京 54 坐标系、西安 80 国家大地坐标系和 2000 国家大地坐标系。随着 GPS 系统的快速发展和普及，很多测绘单位也采用了 WGS84 坐标系。由于工程建设的需要，很多城市同时还建立了独立地方坐标。在同一坐标系下坐标的表示方式又有空间直角坐标、大地坐标、平面投影坐标。因此在测量数据处理过程中，经常会遇到坐标系统的转换问题。技术人员需要将不同的坐标系下的数据进行相互转换，在这些坐标转换的过程中既会运用到同一坐标系下的坐标转换模型，又会用到不同坐标系下的坐标转换模型。

12.1　地球坐标系统的基本理论与方法

地球的自然表面是一个起伏很大、不规则、不能用简单的数学公式来表达的复杂曲面。我们很难在这样一个曲面上来解算测量学中产生的几何问题。为便于测绘工作的进行，一般选一个形状和大小都很接近于地球而数学计算很方便的椭球体，称为地球椭球体。

地球椭球体是由椭圆绕其短轴旋转而成的几何体。椭圆短轴，即地球的自转轴——地轴(Earth's axis)。短轴的两个端点是地极(Poles)，分别被称为地理北极和地理南极。长轴绕短轴旋转所成的平面是赤道平面。长轴端点 q 旋转而成的圆周是赤道 qq'(Equator)(如图 12－1 所示)。

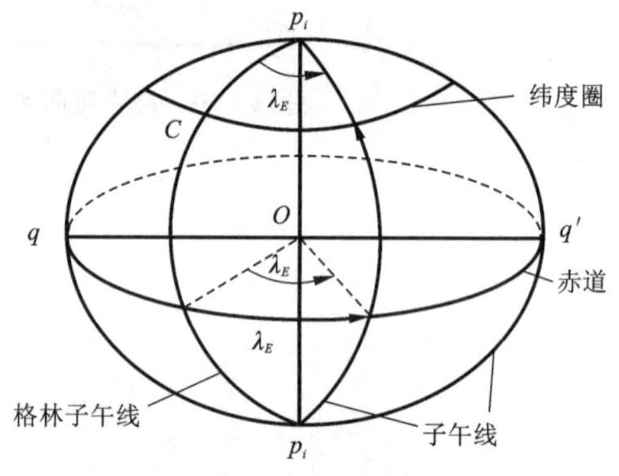

图 12－1　地球椭球体

过短轴的任一平面是子午圈平面，它与地球椭球体表面相交的截痕是一椭圆，称为子午圈(Meridian)。其中由地理北极到地理南极的半个椭圆，叫做地理子午线、子午线或经线(Meridian line)。与赤道平面相平行的、与地轴正交的平面，称为纬度圈平面。它与地球椭球表面相交的截痕是一个圆，称为纬度圆(Parallel of Latitude)。

地球椭球的基本几何参数：

椭圆的长半轴：a

椭圆的短半轴：b

椭圆的扁率：

$$\alpha = \frac{a-b}{a} \tag{12-1}$$

椭圆的第一偏心率：

$$e=\frac{\sqrt{a^2-b^2}}{a} \tag{12-2}$$

椭圆的第二偏心率：

$$e'=\frac{\sqrt{a^2-b^2}}{b} \tag{12-3}$$

极曲率半径(极点处的子午线曲率半径)：

$$c=\frac{a^2}{b} \tag{12-4}$$

常见地球椭球的椭球参数如表 12－1 所示。

表 12－1　椭球参数

椭球参数	年代	长半径/m	扁率分母	采用国家、地区
克拉索夫斯基	1940	6378245	298.3	苏、东欧、中、朝鲜等
1975 年大地坐标系	1975	6378140	298.257	1975 年国际第三个推荐值
WGS－84	1984	6378137	298.25722	GPS 定位系统
CGCS2000	2008	6378137	298.257222101	中国

按坐标原点的不同，测绘坐标系统可以分为以下几类(如图 12－2 所示)：

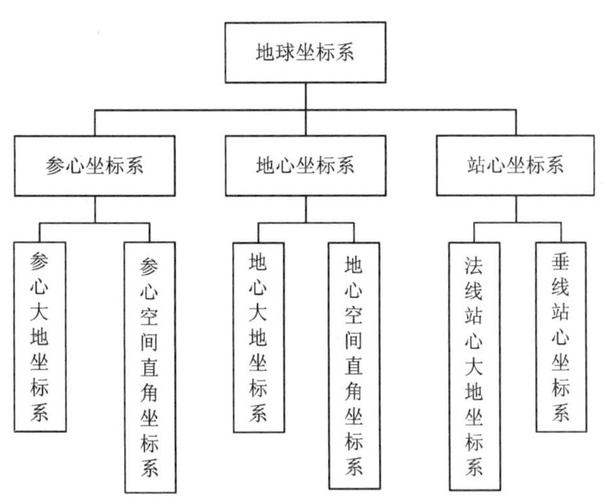

图 12－2　不同坐标系的分类

1. 地心坐标系统(地心空间直角坐标系、地心大地坐标系)

以地球质心为坐标系原点的地球坐标系称为地心坐标系。由于地球的形状是不断变化的，海洋潮汐、固体潮汐、大气潮汐、两极冰雪的移动，大陆板块运动和局部地壳变形都会影响地心的位置，因此非常精确地确定地球质心的位置是很困难的。所以，对于地心的位置，目前只能通过在一定的精度范围内建立地心坐标系来标定它。由于地球模型不同，世界上有过许多种地心坐标系，如：WGS－60、WGS－66、WGS－72、WGS－84 等。

2. 参心坐标系统(参心空间直角坐标系、参心大地坐标系)

以参考椭球的中心为坐标原点的坐标系称为参心坐标系。各个国家或地区，为了处理大地测量成果，计算点位坐标，测绘地图和进行工程建设，需要建立一个适合本国的地理坐标系。早期建立的大地坐标系都是利用天文观测、天文大地水准面测量和重力大地水准面高度差测量的方法，设定地面坐标的原点(即大地原点)，建立天文大地坐标网，然后通过相对地面坐标原点及天文大地坐标网点进行弧度测量而建立的局部坐标系，它的地球椭球体的定位和定向是依据地面参考点——大地原点来实现的，即相对定位，它使得在一定范围内地球椭球体表面与大地水准面有最佳的符合。由于所采用的地球椭球不同，或地球椭球虽相同，但椭球的定位和定向不同，而有不同的参心坐标系。

空间直角坐标系的原点位于椭球中心 O(地球质心)，Z 轴和椭球短半径重合(Z 轴指向地球北极)，指向北，X 指向经度零点(起始子午面与赤道面交线)，Y 轴垂直于 XOZ 平面并与 X、Z 轴构成右手坐标系。在该坐标系中，P 点的位置用 X、Y、Z 表示(如图 12-3)。

大地坐标系又称地理坐标系，指的是由赤道和格林经线为基准圈的球面坐标系。地球椭球体表面上任意一点的地理坐标，可以用地理经度、地理纬度和大地高 H 来表示(如图 12-4)。

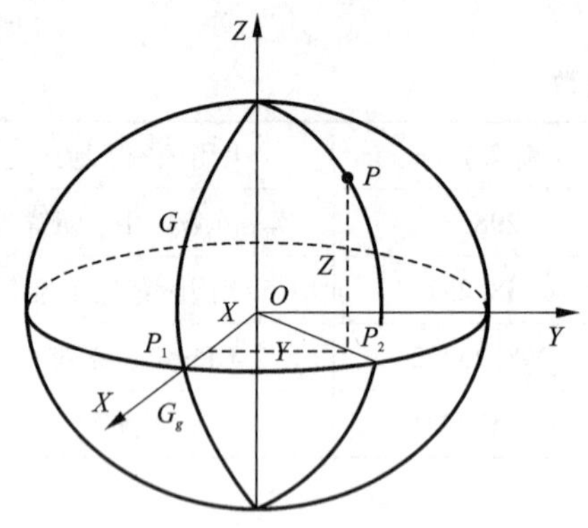

图 12-3 空间直角坐标系

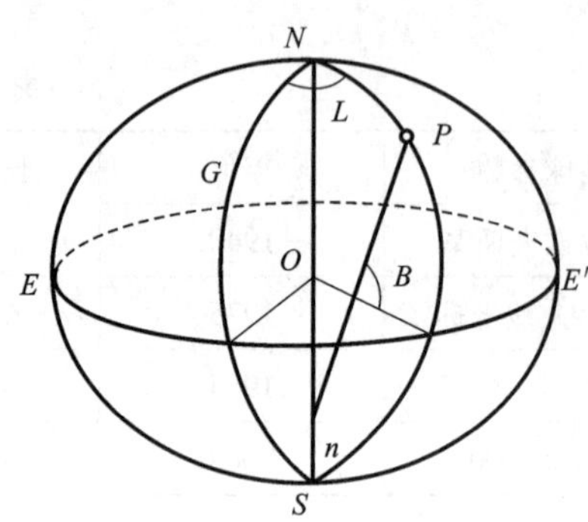

图 12-4 大地坐标系图

3. 站心坐标系统(垂线站心坐标系、法线站心坐标系)

如图 12-5 所示，站心坐标系 NEU 以测站 P 为原点，P 点的法线方向为 U 轴(指向天顶为正)，N 轴指向过 P 点的大地子午线的切线北方向，E 轴与 NPU 平面垂直，构成左手坐标系。

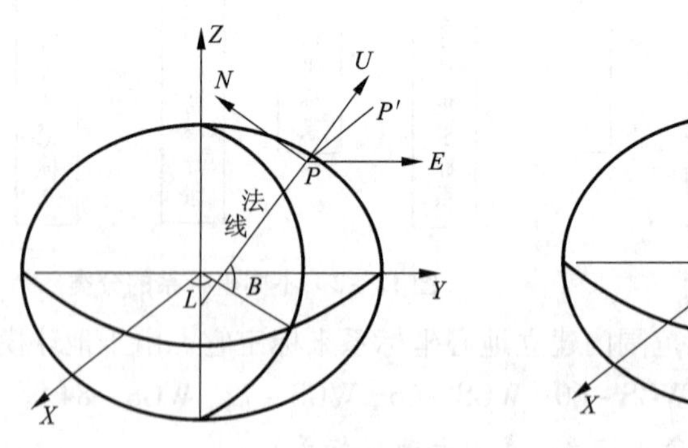

图 12-5 站心坐标系

12.2　我国常见坐标系统

12.2.1　1954 北京坐标系统

20 世纪 50 年代，在我国天文大地网建立初期，为了加速社会主义经济建设和国防建设，迅速发展我国的测绘事业，全面开展测图工作，迫切需要建立一个参心大地坐标系统，为此，1954 年总参谋部测绘局在有关方面的建议与支持下，鉴于当时的历史条件，以 1942 年苏联普尔科沃坐标系为基础，平差我国东北及东部地区一等锁，这样传算过来的坐标系统，定名为 1954 北京坐标系统。其特点总结如下：

(1)属于参心大地坐标系统。

(2)采用克拉索夫斯基椭球参数。

(3)与 1942 年苏联普尔科沃坐标系之间无旋转。

(4)大地原点是苏联普尔科沃天文台。

(5)大地高程是以 1956 年青岛验潮站求出的黄海平均海平面为基准。

(6)高程异常是以苏联 1955 年大地水准面重新平差结果为起算值，按照我国天文水准路线推算出来的。

1954 北京坐标系存在着很多缺点，主要表现在：

(1)克拉索夫斯基椭球参数同现代精确的椭球参数的差异较大，并且不包含表示地球物理特性的参数，因而给理论和实际工作带来了许多不便。

(2)椭球定向不十分明确，椭球的短半轴既不指向国际通用的 CIO 极，也不指向目前我国使用的 JYD 极。参考椭球面与我国大地水准面呈西高东低的系统性倾斜，东部高程异常达 60 余米，最大达 67 m。

(3)该坐标系统的大地点坐标是经过局部分区平差得到的，因此，全国的天文大地控制点实际上不能形成一个整体，区与区之间有较大的隙距，如在有的接合部中，同一点在不同区的坐标值相差 1 ~ 2 m，不同分区的尺度差异也很大，而且坐标传递是从东北到西北和西南，后一区是以前一区的最弱部作为坐标起算点，因而一等锁具有明显的坐标积累误差。

12.2.2　1980 年西安大地坐标系统

为了适应我国大地测量发展的需要，1978 年，我国决定重新对全国天文大地网施行整体平差，并且建立新的国家大地坐标系统，整体平差在新大地坐标系统中进行，这个坐标系统就是 1980 年西安大地坐标系统。其特点如下：

(1)采用 1975 年大地测量与地球物理联合会(IUGG)第 16 届大会推荐的 4 个基本椭球参数。

(2)参心大地坐标系是在 1954 北京坐标系基础上建立起来的。

(3)椭球面与似大地水准面在我国境内的结合最为密合，是多点定位。

(4)定向明确，椭球短轴平行于地球质心指向的地极原点的方向，起始大地子午面平行于我国起始天文子午面。相对 1954 北京坐标系没有旋转。

(5)大地原点位于我国中部，位于西安市以北 60 km 处的泾阳县永镇，简称西安原点。

(6)大地高程基准采用1956年黄海高程基准。

12.2.3 WGS-84坐标系

WGS-84坐标系是目前GPS所采用的坐标系统。GPS所发布的星历参数就是基于此坐标系统的。WGS-84坐标系统的全称是World Geodical System-84(世界大地坐标系-84),它是一个地心地固坐标系统。WGS-84坐标系的坐标原点位于地球的质心,Z轴指向BIH1984.0定义的协议地球极方向,X轴指向BIH1984.0的起始子午面和赤道的交点,Y轴与X轴和Z轴构成右手系。WGS-84坐标系原点与WGS-84椭球的集合中心重合,Z轴也与旋转椭球的旋转轴重合。

WGS-84世界大地坐标系是现有的应用于绘制地图、航海图、大地测量和导航的最好的全球大地参考系统。

12.2.4 2000国家大地坐标系

2000国家大地坐标系,是我国当前最新的国家大地坐标系,英文名称为China Geodetic Coordinate System 2000,英文缩写为CGCS2000。随着社会的进步,国民经济建设、国防建设和社会发展、科学研究等对国家大地坐标系提出了新的要求,迫切需要采用原点位于地球质量中心的坐标系统(以下简称地心坐标系)作为国家大地坐标系。采用地心坐标系,有利于采用现代空间技术对坐标系进行维护和快速更新,测定高精度大地控制点三维坐标,并提高测图工作效率。

2008年3月,由国土资源部正式上报国务院《关于中国采用2000国家大地坐标系的请示》,并于2008年4月获得国务院批准。自2008年7月1日起,中国将全面启用2000国家大地坐标系,由国家测绘局受权组织实施。

2000国家大地坐标系是全球地心坐标系在我国的具体体现,其原点为包括海洋和大气的整个地球的质量中心。Z轴指向BIH1984.0定义的协议极地方向(BIH国际时间局),X轴指向BIH1984.0定义的零子午面与协议赤道的交点,Y轴按右手坐标系确定。

12.3 地球坐标转换

坐标系和基准两方面要素构成了完整的坐标系统,因此坐标转换包括坐标系变换与基准变换。所谓基准是指为描述空间位置而定义的点、线、面。在大地测量中,基准是指用以描述地球形状的地球椭球的参数,如:地球椭球的长短半轴和物理特征的有关参数、地球椭球在空间中的定位及定向,还有在描述这些位置时所采用的单位长度的定义等。

坐标系变换就是在不同的坐标表示形式间进行变换(相同基准下的坐标转换)。基准变换是指在不同的参考基准(椭球)间进行变换(不同基准下的坐标转换)。

12.3.1 坐标系变换

坐标系变换包括大地坐标系和空间直角坐标系的互相转换、空间直角坐标系与站心坐标系间的转换和高斯投影坐标正反算。

1. 大地坐标转换至空间直角坐标

由空间大地坐标系转换到空间直角坐标系的数学关系为：

$$\left.\begin{aligned} X &= (N+H)\cos B\cos L \\ Y &= (N+H)\cos B\sin L \\ Z &= [N(1-e^2)+H]\sin B \end{aligned}\right\} \tag{12-5}$$

其中式中 B、L、H 为椭球面上的大地纬度、大地经度、大地高，X、Y、Z 为空间直角坐标。

$$\text{卯酉圈曲率半径 } N = \frac{a}{\sqrt{1-e^2\sin^2 B}} \tag{12-6}$$

$$\text{椭球的偏心率 } e = \sqrt{\frac{a^2-b^2}{b^2}} \tag{12-7}$$

代码如下：

```
void CCoorTrans:: GeotoComp()
{
//大地坐标转换为地心坐标
    doubled Rb, dRl;
    UpdateData(TRUE);
    double dN;
    // 度分秒转化为弧度
    dRb = DegtoRad(dB);
    dRl = DegtoRad(dL);
    // 根据公式计算地心坐标系坐标
    dN = a/sqrt(1 - e * e * sin(dRb) * sin(dRb));
    dX = (dN + dH) * cos(dRb) * cos(dRl);
    dY = (dN + dH) * cos(dRb) * sin(dRl);
    dZ = (dN * (1 - e * e) + dH) * sin(dRb);
    // 保留四位小数四舍五入
    dX = Round(dX, 4);
    dY = Round(dY, 4);
    dZ = Round(dZ, 4);
    UpdateData(FALSE);
}
```

2. 空间直角坐标转换至大地坐标

$$L = \arctan\left(\frac{Y}{X}\right) \tag{12-8}$$

$$B = \arctan\left(\frac{Z(N+H)}{\sqrt{(X^2+Y^2)}[N(1-e^2)+H]}\right) \tag{12-9}$$

$$H = \frac{Z}{\sin B} - N(1-e^2) \tag{12-10}$$

以 H 的初值为 0 进行迭代计算直到达到 H 和 B 的要求精度。

代码如下:

```
void CCoorTrans:: ComptoGeo()
{
    // 地心坐标转换为大地坐标
    UpdateData(TRUE);
    double h, pcs;
    const double eps = 1e - 5;        //设定精度
    // 计算经度
    dL = ((fabs(dX) > = 1e - 5)? atan(dY/dX): 0);
    // 判别点落在赤道平面上三四象限上情况并加以纠正
    if (dX < 0)
    {
        dL = (dY > = 0? dL + PI: dL - PI);
    }
    if ((fabs(dY) > = 1e - 5)||(fabs(dX) > = 1e - 5))        // 计算纬度和高程
    {
        dB = atan(dZ/sqrt(dX * dX + dY * dY));        // 设定纬度初始值进行迭代
        dH = 0;
        do        // do...while 语句迭代计算
        {
            dN = a/sqrt(1 - e * e * sin(dB) * sin(dB));
            h = sqrt(dX * dX + dY * dY)/cos(dB) - dN;
            dB = atan(dZ/(sqrt(dX * dX + dY * dY) * (1 - e * e * dN/(dN + h))));
            pcs = h - dH;
            dH = h;
        }
        while(fabs(pcs) > = eps);        // 判断精度是否符合要求
    }
    else        // 单独定义 Z 轴上的大地坐标
    {
        dB = 0;
        dN = a/sqrt(1 - e * e * sin(dB) * sin(dB));
        dH = sqrt(dX * dX + dY * dY)/cos(dB) - dN;
    }
    dB + = 1e - 10;        // 必要修正, 防止出现"秒"情况
    dL + = 1e - 10;        // 必要修正, 防止出现"秒"情况
    // 弧度转化为度分秒形式
    dB = RadtoDeg(dB);
    dL = RadtoDeg(dL);
    // 保留位数四舍五入
```

```
        dB = RoundDeg(dB, 4);
        dL = RoundDeg(dL, 4);
        dH = Round(dH, 6);
        UpdateData(FALSE);
    }
```

3. 空间直角坐标转换至站心坐标

站心坐标系：以测站 P 为原点，P 点的法线方向为轴(指向天顶为正)，轴指向过 P 点的大地子午线的切线北方向，轴与平面垂直，构成左手坐标系(如图 12－6)。

$$\begin{bmatrix} N \\ E \\ U \end{bmatrix} = \begin{bmatrix} -\sin B\cos L & -\sin B\sin L & \cos B \\ -\sin L & \cos L & 0 \\ \cos B\cos L & \cos B\sin L & \sin B \end{bmatrix} \begin{bmatrix} \Delta X \\ \Delta Y \\ \Delta Z \end{bmatrix} \tag{12-11}$$

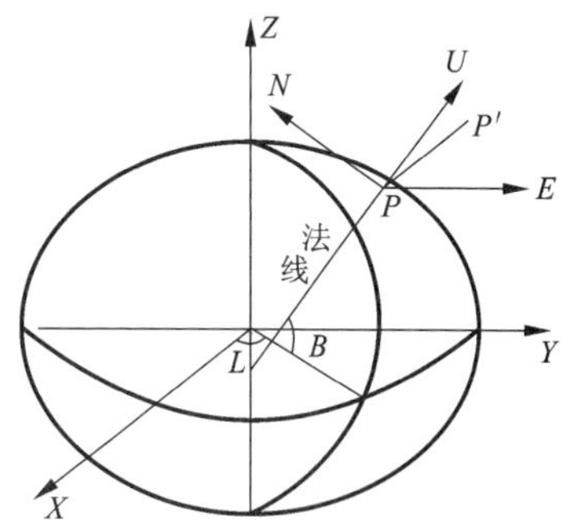

图 12－6　站心坐标系

4. 高斯投影

所谓地图投影，简略说来就是将椭球面各元素(包括坐标、方向和长度)按一定的数学法则投影到平面上。这里所说的数学法则可用下面两个方程式表示：

$$\begin{aligned} x &= F_1(L,\ B) \\ y &= F_2(L,\ B) \end{aligned} \tag{12-12}$$

式中 L, B 是椭球面上某点的大地坐标，是该点投影后的平面(投影面)直角坐标。

地图投影的基本要求有以下几点：

(1)应采用等角投影(又称正形投影)。

(2)要求长度和面积变形不大，并能用简单公式计算由变形而引起的改正数。

(3)要求投影能很方便地分带进行，并能按高精度的、简单的、同样的计算公式和用表把各带联成整体。保证每个带进行单独投影，并组成本身的直角坐标系统，然后再将这些带用简单的数学方法联接在一起，从而组成统一的系统。

高斯投影又称横轴椭圆柱等角投影。有一椭圆柱面横套在地球椭球体外面，并与某一条子午线(称中央子午线或轴子午线)相切，椭圆柱的中心轴通过椭球体中心，然后用一定的投影方法将中央子午线两侧各一定经差范围内的地区投影到椭圆柱面上，再将此柱面展开即成为投影面(如图 12－7 所示)。

我国规定按经差6°和3°进行投影分带，为大比例尺测图和工程测量采用3°带投影。特殊情况下工程测量控制网也可用1. 5°带或任意带。但为了测量成果的通用，需同国家6°和3°带相联系。如用 n'表示3°带的带号，L 表示3°带中央子午线的经度，它们的关系是 $L=3n'$，如图 12－8 所示。

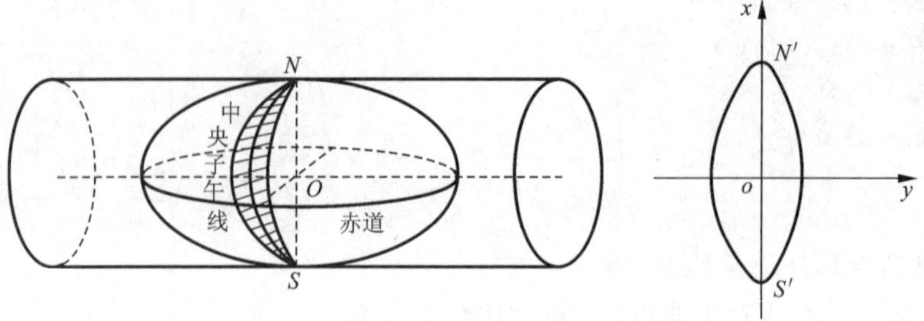

图 12-7 高斯投影

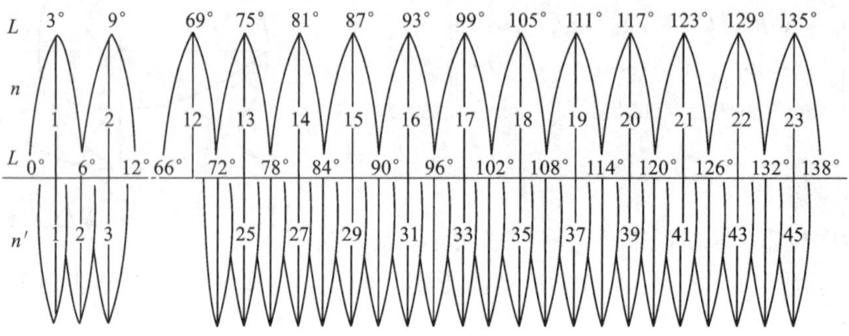

图 12-8 分带投影

高斯投影正算程序代码:

```
// 高斯正算
CGaussForward:: CGaussForward(double dB, double dL, double dCML)
{
    CAngle B(dB);
    CAngle L(dL);
    CAngle CML(dCML);
    CAngle _L(L - CML);
    // 计算参数
    dB = B(Radian);
    double l = _L(Radian);
    double N = a/sqrt(1 - pow(sin(dB) * e, 2));
    double t = tan(dB);
    double Eta = _e * cos(dB);
    double X = ComptX(dB);
    // 计算平面坐标
    dX = X + N * sin(dB) * cos(dB) * l * l/2
        + N * sin(dB) * pow(cos(dB), 3) * (5 - t * t + 9 * Eta * Eta + 4 * pow(Eta, 4)) * pow(l, 4)/24
        + N * sin(dB) * pow(cos(dB), 5) * (61 - 58 * t * t + pow(t, 4)) * pow(l, 6)/720;
```

```
        dY = 5e5 + N * cos(dB) * l
            + N * pow(cos(dB), 3) * (1 - t * t + Eta * Eta) * pow(l, 3)/6
            + N * pow(cos(dB), 5) * (5 - 18 * t * t + pow(t, 4) + 14 * Eta * Eta - 58 * pow(Eta * t, 2)) * pow(l,
5)/120;
        // 保留位小数
        dX = Round(dX, 4);
        dY = Round(dY, 4);
    }

    // 计算参数 X
    double CGaussForward:: ComptX(double dB)
    {
        const double A2 = - (e * e * 3/4 + pow(e, 4) * 60/64 + pow(e, 6) * 525/512 + pow(e, 8) * 17640/16384)/
2;
        const double A4 = (pow(e, 4) * 15/64 + pow(e, 6)* 210/512 + pow(e, 8) * 8820/16384)/4;
        const double A6 = - (pow(e, 6) * 35/512 + pow(e, 8)* 2520/16384)/6;
        const double A8 = (pow(e, 8) * 315/16384)/8;
        return a * (1 - e * e) * (A0 * dB + A2 * sin(2 * dB) + A4 * sin(4 * dB) + A6 * sin(6 * dB) + A8 * sin(8 *
dB));
    }

    // 分带高斯正算
    CZoneForward:: CZoneForward(double dB, double dL, float fZone)
    {
        CAngle L(dL);
        if(fZone = =3)                                          // 判断度带情况
            L(Degree) - =1.5;
        int ZoneNum = L(Degree)/fZone + 1;                      // 计算带号
    if(ZoneNum < =0)
            ZoneNum = 360/fZone + ZoneNum;                      // 西半球情况
        CAngle CML((ZoneNum - 0.5) * fZone + 1.5, Degree);      // 计算中央经线经度
        CGaussForwardTmp(dB, dL, CML(DMS));                     // 高斯正算
        dX = Tmp.dX;
        dY = Tmp.dY;
        dY = (dY > =0? dY + ZoneNum * 1e6: dY - ZoneNum * 1e6);// 添加带号
    }
```

高斯投影坐标反算程序代码：

```
    // 高斯反算
    CGaussInverse:: CGaussInverse(double dX, double dY, double dCML)
    {
```

```
        // 计算参数
        dY- =5e5;
        double Bf = ComptBf(dX);
        double tf = tan(Bf);
        double Etaf = _e * cos(Bf);
        double Nf = a/sqrt(1 - pow(e * sin(Bf), 2));
        double Mf = Nf/(1 + pow(_e * cos(Bf), 2));
        // 计算纬度
        dB = Bf - tf/(2 * Mf * Nf) * dY * dY
            + tf/(24 * Mf * pow(Nf, 3)) * (5 +3 * tf * tf + Etaf * Etaf - 9 * pow(Etaf * tf, 2)) * pow(dY, 4)
            - tf/(720 * Mf * pow(Nf, 5)) * (61 +90 * tf * tf +45 * pow(tf, 4)) * pow(dY, 6);
        // 计算经差
        double l = dY/(Nf * cos(Bf))
                    - (1 +2 * tf * tf + Etaf * Etaf) * pow(dY, 3)/(6 * pow(Nf, 3) * cos(Bf))
                    +(5 +28 * tf * tf +24 * pow(tf, 4) +6 * Etaf * Etaf +8 * pow(Etaf * tf, 2)) * pow(dY, 5)
                    /(120 * pow(Nf, 5) * cos(Bf));
        CAngle B(dB, Radian);
        CAngle _L(l, Radian);
        CAngle CML(dCML);
        CAngle L(CML + _L);
        // 秒位保留位小数
        B(Second) = Round(B(Second), 4);
        L(Second) = Round(L(Second), 4);
        dB = B(DMS);
        dL = L(DMS);
    }
    //计算参数 Bf
    double CGaussInverse:: ComptBf(double dX)
    {
        doubleB0 = dX/(a * (1 - e * e) * A0);
        const double K0 =(e * e * 3/4 +pow(e, 4) * 45/64 +pow(e, 6) * 350/512 +pow(e, 8) * 11025/16384)/2;
        const double K2 = - (pow(e, 4) * 63/64 +pow(e, 6) * 1108/512 +pow(e, 8) * 58239/16384)/3;
        const double K4 =(pow(e, 6) * 604/512 +pow(e, 8) * 68484/16384)/3;
        const double K6 = - (pow(e, 8)* 26328/16384)/3;
        return B0 + sin(2 * B0) * (K0 + pow(sin(B0), 2) * (K2 + pow(sin(B0), 2) * (K4 + K6 * pow(sin(B0),
2)))); ;
    }

    // 分带高斯反算
    CZoneInverse:: CZoneInverse(double dX, double dY, float fZone)
    {
```

```
    int ZoneNum = dY/1e6;                          // 提取带号
    dY = dY - ZoneNum * 1e6;                       // 计算去带号和改正值后的 Y 左边
    if(ZoneNum > 180/fZone)
        ZoneNum = ZoneNum - 360/fZone;             // 西半球情况
    CAngle CML((ZoneNum - 0.5) * fZone, Degree);
    // 判断度带情况
    if(fZone = = 3)
        CML(Degree) + = 1.5;
    CGaussInverseTmp(dX, dY, CML(DMS));            //高斯反算
    dB = Tmp.dB;
    dL = Tmp.dL;
}
```

12.3.2　基准变换

1. 坐标转换模型

(1)布尔沙模型：用于不同地球椭球基准下的空间直角坐标系间的点位坐标转换。涉及七个参数，即三个平移参数，三个旋转参数和一个尺度变化参数。

(2)三维七参数转换模型：用于不同地球椭球基准下的大地坐标系间的点位坐标转换，涉及三个平移参数，三个旋转参数和一个尺度变化参数，同时需顾及两种大地坐标系所对应的两个地球椭球长半轴和扁率差。

(3)二维七参数转换模型：用于不同地球椭球基准下的地心坐标系向大地坐标系的点位坐标转换，涉及三个平移参数，三个旋转参数和一个尺度变化参数。

(4)三维四参数转换模型：用于局部区域内、不同地球椭球基准下的地心坐标系向大地坐标系间的坐标转换，涉及三个平移参数和一个旋转参数。

(5)二维四参数转换模型：用于局部区域内、不同高斯投影平面坐标转换，涉及两个平移参数，一个旋转参数和一个尺度参数。对于三维坐标，需将坐标通过高斯投影变换得到平面坐标，再计算转换参数。

(6)多项式拟合模型：不同范围的坐标转换均可用多项式拟合。有椭球面和平面两种形式。椭球面上多项式拟合模型适用于全国或大范围的拟合；平面拟合多用于相对独立的平面坐标系统转换。

2. 坐标转换参数的计算

当坐标转换参数已知时，坐标转换按相应的模型进行就可以了。但事实上，两个坐标系中的转换参数一般不知道，而只是已知一部分点在两个坐标系中的坐标(通常称为公共点)，这时需要利用这些公共点计算出两个坐标系间转换参数，然后利用相应的模型进行坐标转换。

1)七参数模型参数计算

(1)三点法

当对转换参数的精度要求不高，或只有 3 个公共点时，可采用这种方法。对 3 个公共点，

按某种转换模型可列出 9 个方程。也可以按以下步骤进行：

①取 1 个公共点在两个坐标系中的坐标之差作为平移参数，或者取 3 个点在两个坐标系中的坐标差的平均值作为平移参数。

②由两个点在两个坐标系中的坐标反算相应的边长 S_1 和 S_2，则尺度参数可取为：

$$\delta u = \frac{S_1 - S_2}{S_1} \tag{12-13}$$

或者由 3 个点 3 边长计算出 3 个尺度参数，取其平均值作为尺度参数。

③将平移参数和尺度参数作为已知值，利用转换模型求定旋转参数。

(2)多点法

由布尔沙转换模型：

$$\begin{bmatrix} X \\ Y \\ Z \end{bmatrix}_T = \begin{bmatrix} \Delta X_0 \\ \Delta Y_0 \\ \Delta Z_0 \end{bmatrix} + (1+m)\begin{bmatrix} X \\ Y \\ Z \end{bmatrix}_S + \begin{pmatrix} 0 & \varepsilon_z & \varepsilon_y \\ -\varepsilon_z & 0 & \varepsilon_x \\ \varepsilon_y & -\varepsilon_x & 0 \end{pmatrix}\begin{bmatrix} X \\ Y \\ Z \end{bmatrix}_S \tag{12-14}$$

列误差方程：

$$\begin{bmatrix} V_X \\ V_Y \\ V_Z \end{bmatrix} = \begin{bmatrix} 1 & 0 & 0 & 0 & -Z_S & Y_S & X_S \\ 0 & 1 & 0 & Z_S & 0 & -X_S & Y_S \\ 0 & 0 & 1 & -Y_S & X_S & 0 & Z_S \end{bmatrix}\begin{bmatrix} \Delta X_0 \\ \Delta Y_0 \\ \Delta Z_0 \\ \varepsilon_x \\ \varepsilon_y \\ \varepsilon_z \\ m \end{bmatrix} - \left(\begin{bmatrix} X \\ Y \\ Z \end{bmatrix}_T - \begin{bmatrix} X \\ Y \\ Z \end{bmatrix}_S\right) \tag{12-15}$$

由最小二乘求解转换参数，不难看出，这种方法利用了所有的公共点，可望得到较好的结果，但因为将每个点的坐标精度都视为精度相同的观测值，因此这也是一种近似的方法。

2)四参数模型参数计算

四参数模型用于平面直角坐标系间的转换。以下是采用两点法进行计算。

设两个点在两个平面坐标系中的坐标分别为：$(X_{T_1},\ Y_{T_1})$、$(X_{T_2},\ Y_{T_2})$、$(X_{S_1},\ Y_{S_1})$、$(X_{S_2},\ Y_{S_2})$则：

$$\theta = \arctan\left(\frac{Y_{T_2} - Y_{T_1}}{X_{T_2} - X_{T_1}}\right) - \arctan\left(\frac{Y_{S_2} - Y_{S_1}}{X_{S_2} - X_{T_1}}\right),\ K = \frac{d_T}{d_S} = \frac{\sqrt{(X_{T_2} - X_{T_1})^2 + (Y_{T_2} - Y_{T_1})^2}}{\sqrt{(X_{S_2} - X_{S_1})^2 + (Y_{S_2} - Y_{S_1})^2}}$$

把旋转角和缩放比例代入四参数模型求得平移参数：

$$\left.\begin{aligned} X_T &= \Delta X + K\cos\theta \cdot X_S - K\sin\theta \cdot Y_S \\ Y_T &= \Delta Y + K\sin\theta \cdot X_S + K\cos\theta \cdot Y_S \end{aligned}\right\} \tag{12-16}$$

以上为两点法，下面介绍多点法：为方便计算，令 $K\cos\theta = \mu$，$K\sin\theta = \nu$。

列误差方程，并用泰勒级数展开得：

$$\begin{bmatrix} V_X \\ V_Y \end{bmatrix} = \begin{bmatrix} 1 & 0 & X_T & -Y_T \\ 0 & 1 & Y_T & X_T \end{bmatrix}\begin{bmatrix} \delta_{\Delta X} \\ \delta_{\Delta Y} \\ \delta_\mu \\ \delta_\nu \end{bmatrix} - \begin{pmatrix} X_S - u_0 X_T + v_0 Y_T - \Delta X_0 \\ Y_S - u_0 Y_T - v_0 X_T - \Delta Y_0 \end{pmatrix} \tag{12-17}$$

其中$\begin{bmatrix}\delta_{\Delta X}\\ \delta_{\Delta Y}\\ \delta_{\mu}\\ \delta_{\nu}\end{bmatrix}$为待估参数的改正数，$\begin{bmatrix}\Delta X_0\\ \Delta Y_0\\ u_0\\ v_0\end{bmatrix}$为待估参数的初值。

取数初值 $\Delta X_0=0$，$\Delta Y_0=0$，$u_0=1$，$v_0=0$ 则：

$$\begin{bmatrix}V_X\\ V_Y\end{bmatrix}=\begin{bmatrix}1 & 0 & X_S & -Y_S\\ 0 & 1 & Y_S & X_S\end{bmatrix}\begin{bmatrix}\delta_{\Delta X}\\ \delta_{\Delta Y}\\ \delta_{\mu}\\ \delta_{\nu}\end{bmatrix}-\begin{pmatrix}X_T-X_S\\ Y_T-Y_S\end{pmatrix} \tag{12-18}$$

用最小二乘求得未知数改正数后，加上初始值求得最终参数。

$$\Delta X=\Delta X_0+\delta_{\Delta X},\ \Delta Y=\Delta Y_0+\delta_{\Delta Y},\ u=u_0+\delta_u,\ v=v_0+\delta_v$$

若未知数改正数较大，并应以平差后的值作为初始值，进行迭代计算：

$$\Delta X=\Delta X_0+\delta_{\Delta X},\ \Delta Y=\Delta Y_0+\delta_{\Delta Y},\ u=u_0+\delta_u,\ v=v_0+\delta_v$$

进行迭代时，常数项部分应该用式(12－19)计算，系数阵不变。

$$\begin{pmatrix}X_T-u_0X_S+v_0Y_S-\Delta X_0\\ Y_T-u_0Y_S-v_0X_S-\Delta Y_0\end{pmatrix} \tag{12-19}$$

当 4 个参数较大时，以上迭代过程收敛较慢甚至发散，因此常用两点法先求得四个参数的初始值，常数项部分同样用上式计算。求得参数 ΔX，ΔY，μ，ν 后利用下式计算旋转参数和缩放比例参数：$\theta=\arctan\left(\frac{\nu}{u}\right)$，$K=\mu/\cos\theta$。

3）二维坐标参数计算

二维坐标的转换参数有两个：一个是转换前后两点所成射线的方位角 θ，另一个两点间的平移量 d。设转换前的坐标为 X_1、Y_1，转换后的坐标为 X_2、Y_2。X 轴为南北方向的，Y 轴为东西方向的。则 $X_2=X_1+d\cdot\cos\theta$，$Y_2=Y_1+d\cdot\sin\theta$。

两点的平移量 d 的计算如下所示：

```
// 求平面上两点间距离
double Dist(double X1, double Y1, double X2, double Y2)
{
    double d;
    d = sqrt((X2 - X1) * (X2 - X1) + (Y2 - Y1) * (Y2 - Y1));
    return d;
}
```

转换前后两点所成射线的方位角 θ 求解如下所示：

```
//求两点的方位角
double Azimuth(double X1, double Y1, double X2, double Y2)
{
```

```
double dx, dy;
    dx = X2 - X1;
    dy = Y2 - Y1 + EPSILON;
return PI - sgn(dy) * PI/2 - atan(dx/dy);
}
```

12.4 坐标转换程序设计与实现

坐标转换程序设计的功能模块结构如图 12-9 所示。

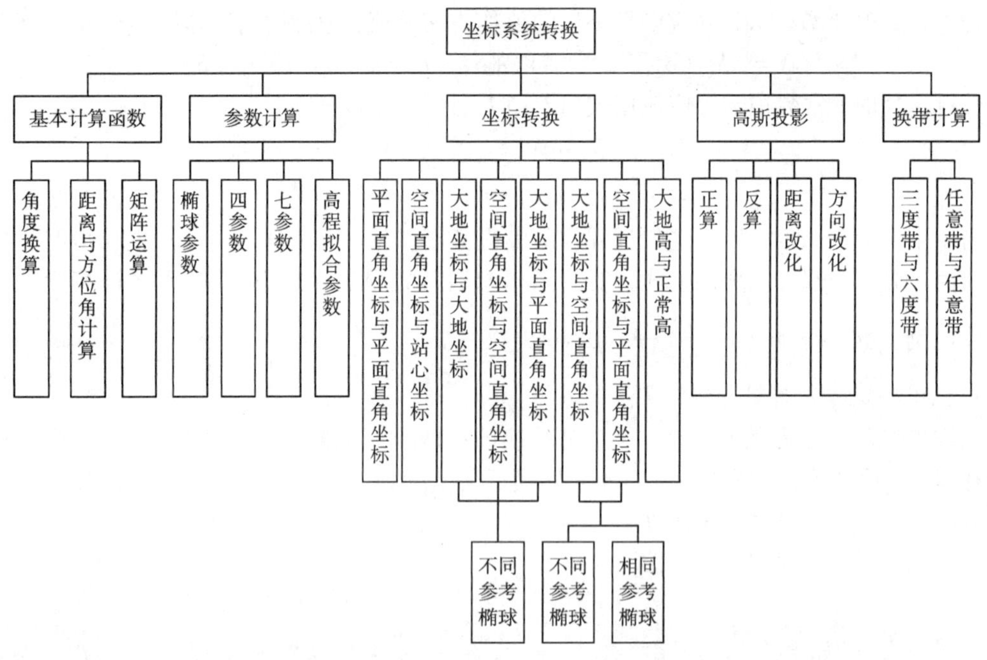

图 12-9 坐标转换程序设计的功能模块结构

1. 高斯投影模块

高斯投影可认为是同一参考椭球体下的大地坐标与平面直角坐标之间的转换，由于其计算比较复杂，这里单独成立一模块。该模块包括高斯投影的正算和反算，以及距离改化和方向改化功能。

2. 坐标转换模块

坐标转换模块与高斯投影模块为整个应用程序的主体。坐标转换可分为相同参考椭球体下的坐标转换与不同参考椭球体下的坐标转换两大类，其中每一类又包括大地坐标、空间直角坐标以及平面直角坐标间的转换。具体有：

(1)相同椭球基准下大地坐标与空间直角坐标转换。

(2)相同椭球基准下大地坐标与平面直角坐标转换(即高斯投影计算)。

(3)相同椭球基准下空间直角坐标与平面直角坐标转换。

(4)不同椭球基准下大地坐标与空间直角坐标转换。

(5)不同椭球基准下大地坐标与大地坐标。

(6)不同椭球基准下空间直角坐标与空间直角坐标转换。

(7)不同椭球基准下大地坐标与平面直角坐标转换。

(8)不同椭球基准下空间直角坐标与平面直角坐标转换。

(9)不同平面直角坐标系间的转换(平面直角坐标系间的转换统一用四参数模型)。

(10)空间直角坐标至站心坐标转换(站心空间直角坐标、站心极坐标)、大地高与正常高间的转换。

以上坐标转换中只有(1)、(2)、(6)、(9)、(10)为基本的坐标转换，而其他坐标转换则由这些基本坐标转换组合完成。

(1)③=①+②，相同椭球基准下空间直角坐标到平面直角坐标的转换步骤：先把空间直角坐标转换成相同椭球下的大地坐标，然后进行高斯投影正算；相同椭球下平面坐标到空间坐标的转换步骤：先进行高斯投影反算求得大地坐标，然后再把大地坐标转换成空间直角坐标。

(2)④=⑥+①，不同椭球基准下大地坐标至空间直角坐标转换步骤：先把大地坐标转换成相同椭球下的空间直角坐标，然后按七参数模型进行不同椭球体间空间直角坐标转换；不同椭球下空间直角坐标至大地坐标的转换步骤：先按七参数模型进行不同椭球体间空间直角坐标转换，然后进行相同椭球体下空间直角坐标至大地坐标的转换。

(3)⑤=⑥+①+⑥，不同椭球基准下大地坐标至大地坐标的转换步骤：先把大地坐标转换成相同椭球下的空间直角坐标，然后按七参数模型进行不同椭球体间空间直角坐标转换，最后再把空间直角坐标转换成相同椭球下的大地坐标。

(4)⑦=②+⑨，不同椭球基准下大地坐标至平面直角坐标转换步骤：先把大地坐标进行高斯投影正算(注意投影时用的椭球参数与大地坐标的椭球参数相同)，然后利用四参数模型进行不同平面直角坐标间的转换。不同椭球下平面直角坐标至大地坐标的转换步骤：先利用四参数模型进行不同平面直角坐标间的转换，然后把平面直角坐标进行高斯投影反算(注意投影时用的椭球参数与转换后平面坐标的椭球参数相同)，求得大地坐标。

(5)⑧=①+②+⑨，不同椭球基准下空间直角坐标至平面直角坐标转换步骤：先把空间直角坐标转换成相同椭球体下的大地坐标，然后进行高斯投影，求得相同椭球体下的高斯平面坐标，最后利用四参数模型进行不同平面直角坐标的转换。不同椭球下平面直角坐标至空间直角坐标的转换步骤：利用四参数模型进行不同平面直角坐标的转换，然后进行高斯投影反算，求得大地坐标，最后进行同一椭球下的大地坐标至空间直角坐标的转换。

注意：平面直角坐标至三维空间直角坐标转换时，一般已知的是正常高，因此需要把正常高转换成大地高，然后才能进行大地坐标至空间直角坐标间的转换。

3. 参数计算模块

参数计算模块主要包括不同基准的空间直角坐标的七参数计算、不同平面直角坐标的四参数计算以及高程拟合参数计算。

坐标转换类结构设计如图 12－10 所示。

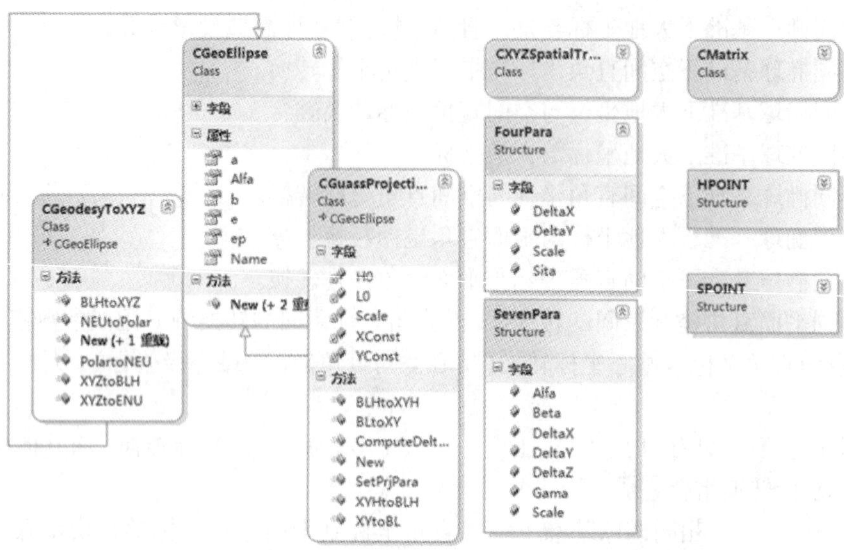

图 12-10 坐标转换类结构设计

12.4.1 两点法求平面转换的四参数

利用两点法求平面转换的四参数，没有多余观测，可以直接计算。

```
//两点法求平面转换的四参数
void CXYZSpatialTrans:: ComFourParaUsingTwoPoints(HPOINT PointS[ ], HPOINT PointT[ ])
{
        FP.Sita = Azimuth(PointT[0].X, PointT[0].Y, PointT[1].X, PointT[1].Y) -
                  Azimuth(PointS[0].X, PointS[0].Y, PointS[1].X, PointS[1].Y);
        FP.Scale  = Dist(PointT[0].X, PointT[0].Y, PointT[1].X, PointT[1].Y) /
                    Dist(PointS[0].X, PointS[0].Y, PointS[1].X, PointS[1].Y);
        FP.DeltaX = PointT[0].X - FP.Scale * cos(FP.Sita) * PointS[0].X
                                + FP.Scale * sin(FP.Sita) * PointS[0].Y;

        FP.DeltaY = PointT[0].Y - FP.Scale * sin(FP.Sita) * PointS[0].X
                                - FP.Scale * cos(FP.Sita) * PointS[0].Y;
}
```

12.4.2 多点法求平面转换的四参数

多于两点求平面转换的四参数，由于有多余观测，须进行平差计算。

```
//多点法求平面转换的四参数
void CXYZSpatialTrans:: ComFourPara(HPOINT PointS[ ], HPOINT PointT[ ], int PointCount)
// ComFourParaUsingTwoPoints(PointS, PointT)
{
```

```
double u, v, K, Sita, DeltaX, DeltaY ;

//初始化
DeltaX =0;
DeltaY=0;
u=1;
v=0;
int intCount ;
        intCount = PointCount;
CMatrix dx(4, 1) ;                              //待估参数改正数
CMatrix B(2 * intCount, 4);                     //误差方程系数矩阵
        CMatrix W(2 * intCount, 1) ;            //误差方程常数项
          CMatrix BT, N, InvN, BTW ;

        for (int i =0; i < intCount; i + +)
            //计算误差方程系数矩阵
        {
            B(2 * i, 0) =1;
            B(2 * i, 1) =0;
            B(2 * i, 2) = PointS[ i ].X;
            B(2 * i, 3) = - PointS[ i ].Y;

            B(2 * i +1, 0) =0;
            B(2 * i +1, 1) =1;
            B(2 * i +1, 2) = PointS[ i ].Y;
            B(2 * i +1, 3) = PointS[ i ].X;
        }
            for (int i =0; i < intCount; i + +)
            {
                //计算误差方程系常数
                W(2 * i, 0) = PointT[ i ].X - u * PointS[ i ].X + v * PointS[ i ].Y - DeltaX;
                W(2 * i +1, 0) = PointT[ i ].Y - u * PointS[ i ].Y - v * PointS[ i ].X - DeltaY;
            }

            //最小二乘求解
            BT= ~B;                             //转置
            N = BT * B ;                        //法方程矩阵
            InvN = N.Inv();
            BTW = BT * W;
            dx = InvN * BTW;
            DeltaX = DeltaX + dx(0, 0);
            DeltaY = DeltaY + dx(1, 0);
```

```
            u = u + dx(2, 0);
            v = v + dx(3, 0);

            Sita = atan(v/u);
            K = u/cos(Sita);
            FP.DeltaX = DeltaX;
            FP.DeltaY = DeltaY;
            FP.Scale = K;
            FP.Sita = Sita;
}
```

12.4.3 多点法求平面转换的七参数

一个点可以列出三个方程，要求解七参数，最少需要3个公共点，多于3个点，必须进行平差求解。

```
//多点法求平面转换的七参数
void CXYZSpatialTrans:: ComSevenPara(SPOINT PointS[ ], SPOINT PointT[ ], int PointCount)
{
CMatrix B(PointCount * 3, 7);          // 如果是个已知点, 9 * 7 矩阵 V = B * X - L 中的矩阵 B
CMatrix dX(7, 1);                      // V = B * X - L 中的矩阵 X
    CMatrix L(PointCount * 3, 1);      //V = B * X - L 中的矩阵 L, 如果是个已知点, 9 * 1 矩阵
    CMatrix BT, N, InvN, BTL ;
    //L 矩阵
    for (int i =0; i  < PointCount * 3; i + +)
{
if(i % 3 = = 0)
{
L(i, 0) = PointT[  i/3  ].X;
}
else if (i % 3 = =1)
{
L(i, 0) = PointT[ i/3 ].Y;
}
else if (i % 3 = =2)
{
L(i, 0) = PointT[ i/3 ].Z;
}
}

//B 矩阵
```

```
for (int i =0; i  <PointCount * 3; i + +)
{
if (i % 3 = =0)
{
B(i, 0) =1;
B(i, 1) =0;
B(i, 2) =0;
B(i, 3) = PointS[ i/3 ].X;
B(i, 4) =0;
B(i, 5) = - PointS[ i/3 ].Z;
B(i, 6) = PointS[ i/3 ].Y;
}
else if (i % 3 = =1)
{
B(i, 0) =0;
B(i, 1) =1;
B(i, 2) =0;
B(i, 3) = PointS[ i/3 ].Y;
            B(i, 4) = PointS[ i/3 ].Z;
            B(i, 5) =0;
            B(i, 6) = - PointS[  i/3  ].X;
        }
        else if (i % 3  = = 2)
        {
            B(i, 0) =0;
            B(i, 1) =0;
            B(i, 2) =1;
            B(i, 3) = PointS[  i/3  ].Z;
            B(i, 4) = - PointS[  i/3  ].Y;
            B(i, 5) = PointS[  i/3  ].X;
            B(i, 6) =0;
        }
    }
    BT = ~B;                                //转置
    N = BT * B ;                            //法方程矩阵
    InvN = N.Inv();
    BTL = BT * L;
    dX = InvN * BTL;

// 结果
SP.DeltaX = dX(0, 0);
    SP.DeltaY = dX(1, 0);
    SP.DeltaZ = dX(2, 0);
    SP.Scale = dX(3, 0) - 1;
    SP.Alfa = dX(4, 0)/dX(3, 0);
```

```
    SP.Beta =  dX(5, 0)/dX(3, 0);
    SP.Gama = dX(6, 0)/dX(3, 0);
}
```

12.4.4 不同椭球基准下空间直角坐标与空间直角坐标转换

利用七参数进行不同椭球基准下的空间直角坐标转换如下:

```
//已知七参数进行不同椭球基准下空间直角坐标转换, SP 为七参数
void CXYZSpatialTrans:: SPointTrans(SPOINT PointSource, SPOINT &PointTarget)
{
    PointTarget.X = (1 + SP.Scale) * (PointSource.X + SP.Gama * PointSource.Y -  SP.Beta * PointSource.Z)
+ SP.DeltaX;
    PointTarget.Y = (1 + SP.Scale) * ( - SP.Gama * PointSource.X + PointSource.Y + SP.Alfa * PointSource.
Z) + SP.DeltaY;
    PointTarget.Z = (1 + SP.Scale) * (SP.Beta * PointSource.X - SP.Alfa * PointSource.Y +  PointSource.Z)
+ SP.DeltaZ;

}
```

12.4.5 不同平面直角坐标系间的转换

利用四参数对不同平面直角坐标系的转换代码如下:

```
//已知四参数进行平面坐标转换, PointSource 为源坐标, PointTarget 为目标坐标, FP 为四参数
void CXYZSpatialTrans:: HPointTrans(HPOINT PointSource, HPOINT &PointTarget)
    {
PointTarget.X = FP.DeltaX + FP.Scale * PointSource.X * cos(FP.Sita)
                              - FP.Scale * PointSource.Y * sin(FP.Sita);
PointTarget.Y = FP.DeltaY + FP.Scale * PointSource.X * sin(FP.Sita)
                              + FP.Scale * PointSource.Y * cos(FP.Sita);
    }
```

第 13 章　平差程序设计

13.1　线性方程求解

在自然科学和工程技术问题中，很多问题的解决常为解线性方程组的问题，如：最小二乘参数估计。

矩阵运算操作在平差程序设计中经常用到，因此矩阵运算的模块是平差程序设计中一个非常重要的模块，其中主要包括：矩阵相乘，加，减，矩阵转置，矩阵求逆，条件数，特征值，特征向量等矩阵操作运算。

13.1.1　高斯消去法

高斯消去法，又称高斯消元法，实际上就是我们俗称的加减消元法。数学上，高斯消去法或称高斯－约当消去法，由高斯和约当得名(很多人将高斯消去作为完整的高斯－约当消去的前半部分)，它是线性代数中的一个算法，用于决定线性方程组的解，决定矩阵的秩，以及决定可逆方矩阵的逆。当用于一个矩阵时，高斯消去产生“行消去梯形形式”。

在高斯消去法中，我们试图将原 n 元线性方程组消减为三角形(又称上三角形)。在三角矩阵中，对角线以下的矩阵元素的系数均为 0。对高斯消去法而言，最有用的是各行经标准化处理后对角线元素均为 1 的三角矩阵。图 13－1 为标准化后三角矩阵形式的原方程，对角线上的系数和向量 Y 的各分量数值已不再是原来的数值。

$$\begin{bmatrix} 1 & 1 & 1 \\ 0 & 1 & -1 \\ 0 & 0 & 1 \end{bmatrix} * \begin{bmatrix} x_1 \\ x_2 \\ x_3 \end{bmatrix} = \begin{bmatrix} 4 \\ 1 \\ 1 \end{bmatrix}$$

图 13－1　标准三角矩阵形式的原方程

与图 13－1 对应的 3 个方程为：

$x_1 + x_2 + x_3 = 4$；

$x_2 - x_3 = 1$；

$x_3 = 4$；

高斯消去法算法的基本方法为：

(1)将原方程组变换为标准矩阵；

(2)用回代法求解 x_i。

下面我们来考虑一般情况：

对 n 阶线性方程组：

$$\left.\begin{aligned} a_{11}x_1 + a_{12}x_2 + \cdots + a_{1n}x_n = b_1 \\ a_{21}x_1 + a_{22}x_2 + \cdots + a_{2n}x_n = b_2 \\ \cdots \\ a_{n1}x_1 + a_{n2}x_2 + \cdots + a_{nn}x_n = b_n \end{aligned}\right\} \tag{13-1}$$

转化为等价的(同解)的三角形方程组

$$\left.\begin{aligned} b_{11}x_1+b_{12}x_2+\cdots+b_{1n}x_n=g_1 \\ b_{22}x_2+\cdots+b_{2n}x_n=g_2 \\ \cdots \\ b_{nn}x_n=g_n \end{aligned}\right\} \tag{13-2}$$

以上称为消元过程，逐次计算出x_1，x_2，x_3，…，x_n称为回代过程。

注意我们下面统一记号：$a_{ij}\to a_{ij}^1$，$b_i=b_i^1$

原方程$A^{(1)}X=b^{(1)}$；$A^{(1)}=[a_{ij}^{(1)}]$，$b^{(1)}=(b_1^{(1)},\cdots,b_n^{(1)})^T$

若$a_{11}^{(1)}\neq 0$：则有

(第二行)-(第一行)$\times a_{21}^{(1)}\div a_{11}^{(1)}$ →(新第1行)

(第三行)-(第一行)$\times a_{31}^{(1)}\div a_{11}^{(1)}$ →(新第2行)

……

(第 n 行)-(第一行)$\times a_{n1}^{(1)}\div a_{11}^{(1)}$ →(新第 n 行)

第一方程不动，上述消元过程第2~第 n 个方程全消去了变量1，而系数和常数项全得到新值：

$$\left.\begin{aligned} a_{11}^{(1)}x_1+a_{12}^{(1)}x_2+a_{13}^{(1)}x_3+\cdots+a_{1n}^{(1)}x_n=b_1^{(1)} \\ a_{22}^{(2)}x_2+a_{23}^{(2)}x_3+\cdots+a_{2n}^{(2)}x_n=b_2^{(2)} \\ a_{32}^{(2)}x_2+a_{33}^{(2)}x_3+\cdots+a_{3n}^{(2)}x_n=b_3^{(2)} \\ \cdots \\ a_{n2}^{(2)}x_2+a_{n3}^{(2)}x_3+\cdots+a_{nn}^{(2)}x_n=b_n^{(2)} \end{aligned}\right\} \tag{13-3}$$

得到新同解方程组：$A^{(2)}x=b^{(2)}$；

$$\text{其中}A^{(2)}=\begin{matrix} a_{11}^{(1)} & a_{12}^{(1)} & \cdots & a_{1n}^{(1)} \\ 0 & a_{22}^{(2)} & \cdots & a_{2n}^{(2)} \\ \vdots & \vdots & & \vdots \\ 0 & a_{n2}^{(2)} & \cdots & a_{nn}^{(2)} \end{matrix},\ b^{(2)}=\begin{matrix} b_1^{(1)} \\ b_2^{(2)} \\ \vdots \\ b_n^{(2)} \end{matrix} \tag{13-4}$$

这里 $a_{ij}^{(2)}=a_{ij}^{(1)}-m_{i1}a_{1j}^{(1)}$，$m_{i1}=a_{i1}^{(1)}/a_{11}^{(1)}$，$b_i^{(2)}=b_1^{(1)}-b_1^{(1)}m_{i1}$，$i$，$j=2$，3，…，$n$。

第二步消元：若$a_{22}^{(2)}\neq 0$，对除第一行第一列外的子阵作同样的计算。

第 $N-1$ 步消元后，得到等价三角方程组：

$$A^{(n)}x=b^{(n)} \tag{13-5}$$

$$\left.\begin{aligned} a_{11}^{(1)}x_1+a_{12}^{(1)}x_2+a_{13}^{(1)}x_3+\cdots+a_{1n}^{(1)}x_n=b_1^{(1)} \\ a_{22}^{(2)}x_2+a_{23}^{(2)}x_3+\cdots+a_{2n}^{(2)}x_n=b_2^{(2)} \\ a_{33}^{(3)}x_3+\cdots+a_{3n}^{(3)}x_n=b_3^{(3)} \\ \cdots \\ a_{nn}^{(n)}x_n=b_n^{(n)} \end{aligned}\right\} \tag{13-6}$$

系数矩阵与常数项：

$$A^{(n)}=\begin{bmatrix} a_{11}^{(1)} & a_{12}^{(1)} & a_{13}^{(1)} & \cdots & a_{1n}^{(1)} \\ 0 & a_{22}^{(2)} & a_{23}^{(2)} & \cdots & a_{2n}^{(2)} \\ 0 & 0 & a_{33}^{(3)} & \cdots & a_{3n}^{(3)} \\ \vdots & \vdots & \vdots & & \vdots \\ 0 & 0 & 0 & 0 & a_{nn}^{(n)} \end{bmatrix},\ b^{(n)}=\begin{bmatrix} b_1^{(1)} \\ b_2^{(2)} \\ b_3^{(3)} \\ \vdots \\ b_n^{(n)} \end{bmatrix} \tag{13-7}$$

计算出$A^{(n)}$，$b^{(0)}$的过程称为消去过程。

1. 消去过程算法

对于(13－7)式可以简化为如下形式：

$$\begin{matrix} a_{11}^{(1)} & \cdots & \cdots & & & a_{1n}^{(1)} & b_1^{(1)} \\ & \ddots & & & & & \vdots \\ & & a_{kk}^{(k)} & a_{kk+1}^{(k)} & \cdots & a_{kn}^{(k)} & b_k^{(k)} \\ & & 0 & a_{ij}^{(k+1)} & \cdots & & b_j^{(k+1)} \\ & & \vdots & & & & \\ & & 0 & & & & \end{matrix} \tag{13-8}$$

其中：$a_{ik}^{(k)}=0$；$k+1\leqslant i\leqslant n$；$k=1, 2, \cdots, n-1$；

$a_{ij}^{(k+1)}=a_{ij}^{(k)}-a_{kj}^{(k)}(a_{ik}^{(k)}/a_{kk}^{(k)})$；

$b_i^{(k+1)}=b_i^{(k)}-b_k^{(k)}(a_{ik}^{(k)}/a_{kk}^{(k)})$；$k+1\leqslant i, j\leqslant n$

下面是高斯消去的主要代码：

```
/* 对增广矩阵 aug 三角形化, 若不存在唯一解, 由 sol_existsp 返回 FALSE */
void Gauss(double aug [N][N+1], int *sol_existsp) /* 输入/输出 - 表示 N 个方程组得增广矩阵, 输出
- 指示方程组有惟一解的标志 */
{
    int j , k , p;
    double piv_recip, xmult; /* piv_recip 主元素的倒数 */
    /* 设方程组的满秩的; 沿对角线下移 */
    *sol_existsp = TRUE;
    for(p = 0; *sol_existsp&&p < (N - 1); ++p)
    {
        /* 第 p 行第 p 列的主元素 */
        Pivot (aug, p, sol_existsp);
        if (*sol_existsp)
        {
            //主元素行标准化
            piv_recip = 1.0/ aug[p][p];
            aug[p][p] = 1.0;
            for (k = p + 1; k < N + 1; ++k);
            aug[p][k] *= piv_recip;
            /* 消去主元素下面的系数 */
```

```
            for (j=p+1; k<N+1; ++k){
                xmult = - [j][p];
                aug[j][p] =0;
                for(k=p+1; k<N+1; ++k)
                    aug [j][k] += xmult * aug[p][k];
            }
        }
    }
```

2. 回代过程算法

对于式(13-4)，可以从其最后一行式一直往上代，即：

$$x_n = \frac{b_n^{(n)}}{a_{nn}^{(n)}};\ x_i = (b_i^{(i)} - \sum_{j=i+1}^{n} a_{ij}^{(i)} x_j)/a_{ii}^{(i)},\ i = n-1, n-2, \cdots, 1$$

下面是回代过程的主要代码：

```
void back_sub (double aug[N-1][N])                    //用回代法解线性方程组
{
    for (int i=N-2; i>=0; --i)
    {
        {
            sum=0;
            for (j=i+1; j<N; ++j)
                sum+=aug[i][j] * x[j];
            x[i]=aug[i][j] - sum;
        }
    }
}
```

13.2 矩阵的基本运算

矩阵运算操作在平差程序设计中经常用到，因此矩阵运算的模块是平差程序设计中一个非常重要的模块，其中主要包括：矩阵相乘、加、减，矩阵转置，矩阵求逆，条件数，特征值，特征向量等矩阵操作运算。矩阵运算主要通过二维数组来实现。

13.2.1 矩阵加减运算

两个矩阵相加减，必须保证两个矩阵的行和列都相等，计算公式：$c_{ij}=a_{ij}+b_{ij}$。下面以矩阵相加为例，其主要代码为：

```
CMatrix operator +(const CMatrix& m1, const CMatrix& m2)
{
    if((m1.Col()! =m2.Col()) ||(m1.Row()! =m2.Row()))
    {
        throw("CMatrix:: operator +: The two matrix have different size!");
    }
    CMatrix matTmp(m1.Row(), m1.Col());
    for(int i =0; i <m1.Row(); i + +)
    {
        for(int j =0; j <m1.Col(); j + +)
        {
            matTmp(i, j) =m1(i, j) +m2(i, j);
        }
    }
    return matTmp;
}
```

13.2.2 矩阵相乘

矩阵 A 与矩阵 B 相乘必须满足条件矩阵 A 的列等于矩阵 B 的行。设 A 为 $m\times n$ 阶矩阵，B 为 $n\times l$ 阶矩阵，那么 A 与 B 乘积矩阵 C 为 $m\times l$ 阶矩阵。乘积矩阵 C 各元素计算为：

$$c_{ij} = \sum_{k=0}^{n-1} a_{ik} b_{kj}, \ i = 0, 1, \cdots\cdots, m-1; j = 0, 1, \cdots\cdots, l-1$$

主要代码为：

```
CMatrix operator *(const CMatrix& m1, const CMatrix& m2)
{
    if((m1.Col()! =m2.Row()))
    {
        throw("CMatrix:: operator *: The col of matrix m1 doesn't equ to row of m2 !");
    }
    CMatrix matTmp(m1.Row(), m2.Col());
    for(int i =0; i <m1.Row(); i + +)
    {
        for(int j =0; j <m2.Col(); j + +)
        {
            for(int k =0; k <m2.Row(); k + +)
            {
                matTmp(i, j) + =m1(i, k) *m2(k, j);
            }
        }
    }
    return matTmp;
}
```

13.2.3 矩阵转置

已知矩阵 A 求 A 的转置矩阵 AT, 公式为 $a\,T_{ij}=a_{ji}$。主要代码为:

```
CMatrix operator ~(const CMatrix& m)
{
    CMatrix matTmp(m.Col(), m.Row());
    for (int i =0; i < m.Row(); i + +)
        for (int j =0; j < m.Col(); j + +)
        {
            matTmp(j, i) = m(i, j);
        }
        return matTmp;
}
```

13.2.4 矩阵求逆

本节主要介绍高斯-约当列主元求逆算法。设原矩阵存放在二维数组 B 中, 逆矩阵存放在二维数组 A 中, 用数组 $Ip(n)$ 记录主行。主要计算步骤如下:

(1)拷贝数组 B 至 A 中循环 $k=1$ to n 做到第7步。

(2)选列主元 $|a_{i_k k}| = \text{Max}\,|a_{ik}|(k \le i \le n)$; $c_0 \leftarrow a_{i_k k}$, $Ip(k) \leftarrow i_k$。

(3)如果$c_0=0$, 则停止计算, 原矩阵为奇异矩阵。

(4)如果$i_k=k$, 则转5, 否则换行$a_{kj} \leftrightarrow a_{ik,j}(j=1, 2, \cdots\cdots, n)$

(5)计算乘数。

$h \leftarrow a_{kk} \leftarrow 1/c_0$;

$a_{ik} \leftarrow m_{ik} = -a_{ik}.h(i=1, 2, \cdots\cdots, n$, 且 $i \ne k)$。

(6)消元

$a_{ij} \leftarrow a_{ij} + m_{ij}a_{kj}$

(7)计算主行。

$a_{ij} \leftarrow a_{kj} \cdot h$

(8)交换列。

对于 $k=n-1, n-2, \cdots\cdots, 2, 1$

①$t=Ip(k)$;

②如果($t=k$ 则转3), 否则换列: $a_{ij} \leftrightarrow a_{it}(i=1, 2, \cdots\cdots, n)$;

③继续循环。

采用选全主元法进行矩阵求逆的程序主要代码为:

```
CMatrix CMatrix:: Inv()
{
    if (iRow! =iCol)
    {
        throw("待求逆的矩阵行列不相等!");
    }
    int i, j, k, vv;
    CMatrix InvMat(iRow, iRow);
    //复制矩阵
    InvMat = * this;
    int * MainRow = new int[iRow];
    int * MainCol = new int[iRow];                //用于记录主元素的行和列
    double dMainCell;                             //主元元素的值
    double dTemp;                                 //临时变量
    for(k = 0; k < iRow; k + +)
    {
        dMainCell = 0;
        //选全主元
        for(i = k; i < iRow ; i + +)
        {
            for(j = k; j < iRow; j + +)
            {
                dTemp = fabs(InvMat(i, j));
                if(dTemp > dMainCell)
                {
                    dMainCell = dTemp;
                    MainRow[k] = i;
                    MainCol[k] = j;
                }
            }
        }
        if(fabs(dMainCell) < 0.0000000000001)     //矩阵秩亏,不能求逆
        {
            throw("矩阵秩亏");
        }
        if(MainRow[k] ! = k)                      //交换行
        {
            for(j = 0 ; j < iRow; j + +)
            {
                vv = MainRow[k];
                dTemp = InvMat(k, j);
                InvMat(k, j) = InvMat(vv, j);
```

```
                InvMat(vv, j) = dTemp;
            }
        }
        if(MainCol[k] ! = k)                        //交换列
        {
            for(i =0; i < iRow; i + +)
            {
                vv = MainCol[k];
                dTemp = InvMat(i, k);
                InvMat(i, k) = InvMat(i, vv);
                InvMat(i, vv) = dTemp;
            }
        }
        InvMat(k, k) = 1.0/InvMat(k, k);            //计算乘数
            for(j =0; j < iRow; j + +)              //计算主行
            {
                if(j ! = k)
                {
                    InvMat(k, j) = InvMat(k, j) * InvMat(k, k);
                }
            }
            for(i =0; i < iRow; i + +)              //消元
            {
                if(i ! =k)
                {
                for(j =0; j < iRow; j + +)
                {
                    if(j ! = k)
                    {
                        InvMat(i, j) - = InvMat(i, k) * InvMat(k, j);
                    }
                }
            }
        }
        for(i =0; i < iRow; i + +)                  //计算主列
        {
            if(i ! = k)
            {
                InvMat(i, k) = - InvMat(i, k) * InvMat(k, k);
            }
        }
    }
```

```
    for(k = iRow - 1; k > =0; k - - )
    {
        if(MainCol[k] ! = k)                    // 交换行
        {
            for(j =0; j < iRow; j + +)
            {
                vv = MainCol[k];
                dTemp = InvMat(k, j);
                InvMat(k, j) = InvMat(vv, j);
                InvMat(vv, j) = dTemp;
            }
        }
        if(MainRow[k] ! = k)                    //交换列
        {
            for(i =0; i < iRow; i + +)
            {
                vv = MainRow[k];
                dTemp = InvMat(i, k);
                InvMat(i, k) = InvMat(i, vv);
                InvMat(i, vv) = dTemp;
            }
        }
    }
    delete[] MainRow;
    delete[] MainCol;
    return InvMat;
}
```

13.3　测量平差基本原理与编程实现

13.3.1　条件平差原理及编程实现

在测量工作中，为了能及时发现错误和提高成果的精度，常做多余观测，这就产生了平差问题。如果一个几何模型中有 r 个多余观测，就产生 r 个条件方程，以条件方程的平差方法，就是条件平差。

下面阐述条件平差基本原理，设有 r 个线形条件方程：

$$\left.\begin{aligned} a_1\hat{L}_1 + a_2\hat{L}_2 + \cdots + a_n\hat{L}_n + a_0 = 0 \\ b_1\hat{L}_1 + b_2\hat{L}_2 + \cdots + b_n\hat{L}_n + b_0 = 0 \\ \vdots \\ r_1\hat{L}_1 + r_2\hat{L}_2 + \cdots + r_n\hat{L}_n + r_0 = 0 \end{aligned}\right\} \tag{13-9}$$

a_i, b_i, …, $r_i(i=1, 2, \cdots, n)$为条件方程系数，a_0, b_0, …, r_0为条件方程常数项。

用$\hat{L}=L+V$代入式(13-9)：

$$\left.\begin{aligned}a_1v_1+a_2v_2+\cdots+a_nv_n+w_a=0\\b_1v_1+b_2v_2+\cdots+b_nv_n+w_b=0\\\vdots\\r_1v_1+r_2v_2+\cdots+r_nv_n+w_r=0\end{aligned}\right\}\tag{13-10}$$

式中 w 为条件方程的闭合差，即：

$$\left.\begin{aligned}w_a=a_1L_1+a_2L_2+\cdots+a_nL_n+a_0\\w_b=b_1\hat{L}_1+b_2\hat{L}_2+\cdots+b_n\hat{L}_n+b_0\\\vdots\\w_r=r_1\hat{L}_1+r_2\hat{L}_2+\cdots+r_n\hat{L}_n+r_0\end{aligned}\right\}\tag{13-11}$$

$$令\ A_{r\times n}=\begin{bmatrix}a_1&a_2&\cdots&a_n\\b_1&b_2&\cdots&b_n\\\vdots&\vdots&\vdots&\vdots\\r_1&r_2&\cdots&r_n\end{bmatrix},\ W_{r\times1}=\begin{bmatrix}w_a\\w_b\\\vdots\\w_r\end{bmatrix},\ V_{n\times1}=\begin{bmatrix}v_a\\v_b\\\vdots\\v_r\end{bmatrix}\tag{13-12}$$

$$AV+W=0\tag{13-13}$$

根据最小二乘原理，要在满足式(13-13)的条件下使得

$$V^TPV=\min\varphi=V^TPV-2K^T(AV+W)=\min\tag{13-14}$$

K 为联系数，求导数得：

$$\frac{\partial\varphi}{\partial V}=2V^TP-2K^TA=0\tag{13-15}$$

两边转置得：$PV=A^TK$

由此可得到改正数：

$$V=P^{-1}A^TK=QA^TK\tag{13-16}$$

将式(13-16)代入式(13-15)得：$AQA^TK+W=0$，

令$N_{aa}=AQA^T$，则：

$$N_{aa}K+W=0\tag{13-17}$$

式(13-17)即为联系数方程，解得

$$K=-N_{aa}^{-1}W\tag{13-18}$$

将式(13-18)代入式(13-16)得：$V=P^{-1}A^TK=QA^TK$，可得观测值改正数，代入$\hat{L}=L+V$；求得平差后观测值，在由平差后观测值计算待估计参数。

条件平差基本步骤：

(1)根据平差问题的具体情况，列出条件方程，条件方程的个数等于多余观测数。即计算条件方程的系数与闭合差；

(2)组成法方程；

(3)解法方程，求出联系数 K；

(4)将 K 代入改正数方程，求出观测值改正数 V，并求出观测值平差值；

(5)用平差后观测值重新计算闭合差，检查平差的正确性；

(6)平差后观测值计算待估参数;

(7)精度评定。

13.3.2 间接平差原理及编程实现

将每个观测值表达成独立待估参数的函数，即观测方程。这种以观测方程为函数模型的平差方法就是间接平差。

间接平差的基本原理：

观测方程：

$\tilde{L}=f(\hat{X}_1, \hat{X}_2, \cdots, \hat{X}_t)$

$L+V=f(X_1^0+x_1, X_2^0+x_2, \cdots, X_t^0+x_t)$

按一阶泰勒级数展开：

$$L+V=f(X_1^0, X_2^0, \cdots, X_n^0)+\frac{\partial f}{\partial X_1}\cdot x_1+\frac{\partial f}{\partial X_2}\cdot x_2+\cdots+\frac{\partial f}{\partial X_t}\cdot x_t$$

令 $L^0=f(X_1^0, X_2^0, \cdots, X_n^0)$, $f=L-L^0$

$$b_1=\frac{\partial f}{\partial X_1}, b_2=\frac{\partial f}{\partial X_2}, \cdots, b_t=\frac{\partial f}{\partial X_t}$$

得误差方程：

$$V=b_1x_1+b_2x_2+\cdots+b_tx_t-f \tag{13-19}$$

设有 n 个观测值，则可以列出 n 个误差方程：

方程如下：

$$\left.\begin{aligned} v_1&=b_{11}x_1+b_{12}x_2+\cdots+b_{1t}x_t-f_1\\ v_2&=b_{21}x_1+b_{22}x_2+\cdots+b_{2t}x_t-f_2\\ &\vdots\\ v_n&=b_{n1}x_1+b_{n2}x_2+\cdots+b_{nt}x_t-f_n \end{aligned}\right\}$$

$$\text{令 } V_{n\times1}\begin{bmatrix} v_1\\ v_2\\ \vdots\\ v_n \end{bmatrix}, B_{n\times t}=\begin{bmatrix} b_{11} & b_{12} & \cdots & b_{1t}\\ b_{21} & b_{22} & \cdots & b_{2t}\\ \vdots & \vdots & \vdots & \vdots\\ b_{n1} & b_{n2} & \cdots & b_{nt} \end{bmatrix}, \hat{x}_{t\times1}=\begin{bmatrix} x_1\\ x_2\\ \vdots\\ x_t \end{bmatrix}, f_{n\times1}=\begin{bmatrix} f_1\\ f_2\\ \vdots\\ f_n \end{bmatrix}$$

$V=B\hat{x}-f$

根据最小二乘原理：$V^TPV=\min$，求极值：

$$\frac{\partial(V^TPV)}{\partial x}=2V^TP\frac{\partial V}{\partial x}=2V^TPB=0 \tag{13-20}$$

转置得：$B^TPV=0$，用误差方程代入其中得：

$$B^TP(BX-f)=0 \tag{13-21}$$

令$N_{bb}=B^TPB$, $f_\varepsilon=B^TPf$，得

法方程：

$$N_{bb}\hat{x}-f_\varepsilon=0 \tag{13-22}$$

法方程解得：

$$\hat{x}=N_{bb}^{-1}f_c \tag{13-23}$$

单位权中误差：

$$\sigma = \pm \sqrt{V^T PV/(n-t)} \qquad (13-24)$$

间接平差计算步骤：

(1)根据实际平差问题，选择 t 个独立的待估参数。

(2)根据观测值与已知数据计算待估参数的近似值。

(3)列误差方程。将观测方程线性化，计算误差方程的系数与常数项(由已知数据及待估参数的近似值计算)。

(4)组成法方程。

(5)解算法方程，求出待估参数的改正数$\hat{x}$，计算参数的平差值$\hat{X} = X^0 + \hat{x}$。

(6)由误差方程计算观测值残差 V，求出观测值的平差值。

(7)精度评定。计算单位权中误差、参数的平差精度及观测值的验后精度。

注意：单位权中误差 $\sigma = \pm \sqrt{V^T PV/(n-t)}$，参数平差精度 $\Sigma_{xx} = \sigma^2 Q_{xx} = \sigma^2 N_{bb}^{-1}$，观测值的验后精度 $Q_{LL} = BQ_{xx}B^T$。

13.3.3　单导线间接平差程序设计

当精度要求较高时，简易平差就不符合要求了，此时就要对单导线进行严密平差。

下面我们介绍单导线间接平差基本原理。若有 m 个测站点，则角度观测值为 m 个，边长观测值有$(m-1)$个，待定点数有$(m-2)$个。因此共有 $n=2m-1$ 个观测值，$t=2(m-2)$个未知数(待估参数为未知点的平面坐标)。平差时可列 m 个角度误差方程，$(m-1)$个边长误差方程。

在单导线的严密平差中，建立边长和角度误差方程都是至关重要的步骤。

1. *角度误差方程*

下面我们就先来推导一下角度的观测模型。如图 13-2 角度的观测模型。

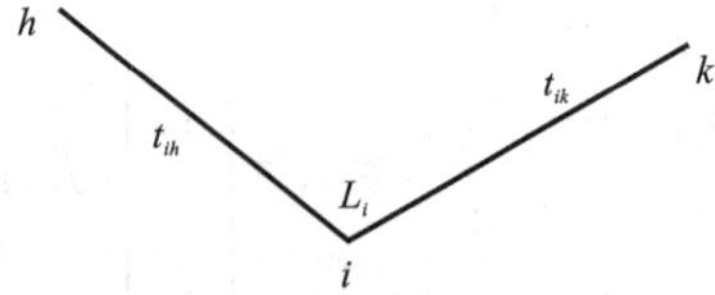

图 13-2　角度的观测模型

角度观测模型：$\widetilde{L}_i = \alpha_{ik} - \alpha_{ih} = \arctan\left(\dfrac{Y_k - Y_i}{X_k - X_i}\right) - \arctan\left(\dfrac{Y_h - Y_i}{X_h - X_i}\right)$

$$L_i + v_i = \arctan\left(\frac{\Delta Y_{ik}^0 - (y_k - y_i)}{\Delta X_{ik}^0 - (x_k - x_i)}\right) - \arctan\left(\frac{\Delta Y_{ih}^0 - (y_h - y_i)}{\Delta X_{ih}^0 - (x_h - x_i)}\right)$$

按泰勒级数展开可得：

$$v_i = (a_{ik} - a_{ih})\hat{x}_i + (b_{ik} - b_{ih})\hat{y}_i - a_{ik}\hat{x}_k - b_{ik}\hat{y}_k + a_{ih}\hat{x}_h + b_{ih}\hat{y}_h - f_i$$

其中：

$$a_{ik} = \rho''\frac{\Delta Y_{ik}^0}{(S_{ik}^0)^2},\ b_{ik} = -\rho''\frac{\Delta X_{ik}^0}{(S_{ik}^0)^2},\ a_{ih} = \rho''\frac{\Delta Y_{ih}^0}{(S_{ih}^0)^2},\ b_{ih} = -\rho''\frac{\Delta X_{ih}^0}{(S_{ih}^0)^2},\ f_i = L_i - (\alpha_{ik}^0 - \alpha_{ih}^0)$$

注意：此时 v 和 f 都以秒为单位。

以上都是误差方程为角度观测误差方程的一般形式，即 I，k，h 都为未知点。但是当遇到特殊情况，如 i 为已知点，则$x_i=0$，$y_i=0$；同理得出当 k，h 也为已知点的时候的情况。

因此，在单导线中，第一个和最后一个角度误差方程只有一个未知点上有坐标未知数系数，而第二个和倒数第二个则只有两个未知点上有坐标未知数系数，其余的则有有三个未知点上有坐标未知数系数。

根据上述分析，m 个角度观测值可以列出如下 m 个角度观测值误差方程：

$$\left.\begin{aligned}
&v_1=-a_{12}\hat{x}_1-b_{12}\hat{y}_1-f_1\\
&v_2=(a_{23}-a_{21})\hat{x}_1+(b_{23}-b_{21})\hat{y}_1-a_{23}\hat{x}_2-b_{23}\hat{y}_2-f_2\\
&\vdots\\
&v_i=(a_{i(i+1)}-a_{i(i-1)})\hat{x}_{i-1}+(b_{i(i+1)}-b_{i(i-1)})\hat{y}_{i-1}-a_{i(i+1)}\hat{x}_i-b_{i(i+1)}\hat{y}_i+a_{i(i-1)}\hat{x}_{i-2}+b_{i(i-1)}\hat{y}_{i-2}-f_i\\
&\vdots\\
&v_{m-1}=(a_{m(m-1)}-a_{(m-1)(m-2)})\hat{x}_{m-2}+(b_{m(m-1)}-b_{(m-1)(m-2)})\hat{y}_{m-2}-a_{(m-1)(m-2)}\hat{x}_{m-3}-b_{(m-1)(m-2)}\hat{y}_{m-3}-f_{m-1}\\
&v_m=a_{m(m-1)}\hat{x}_{m-2}+b_{m(m-1)}\hat{y}_{m-2}-f_{m-1}
\end{aligned}\right\}$$

$$V_{m\times1}=B_{m\times(2m-4)}x_{(2m-4)\times1}-f_{m\times1}\tag{13-25}$$

2. 边长误差方程

我们知道了列角度误差方程方法，那边长呢？下面我们就来推导一下边长的模型。如图 13-3 所示。

图 13-3　边长误差模型

边长观测方程：$\tilde{L}_{ik}=\sqrt{(X_k-X_i)^2+(Y_k-Y_i)^2}$

$L_i+v_i=\sqrt{(\Delta X_{ik}^0+x_k-x_i)^2+(\Delta Y_{ik}^0+y_k-y_i)^2}$

按泰勒级数展开，得：

$v_i=-c_{ik}\hat{x}_i-d_{ik}\hat{y}_i+c_{ik}\hat{x}_k+d_{ik}\hat{y}_k-f_i$

其中：$c_{ik}=\dfrac{\Delta X_{ik}^0}{S_{ik}^0}$，$d_{ik}=\dfrac{\Delta Y_{ik}^0}{S_{ik}^0}$，$f_i=L_i-S_{ik}^0$

注意：v 和 f 都以毫米为单位

类似的，对于单导线中的第一个和最后一个边长观测值，只有一个点上有坐标未知数系数，其余的都有坐标未知数系数。对于 $m-1$ 个边长观测值，可列 $m-1$ 个边长误差方程：

$$\left.\begin{aligned}
&v_{m+1}=c_{12}\hat{x}_1+d_{12}\hat{y}_1-f_{m+1}\\
&v_{m+2}=-c_{23}\hat{x}_1-d_{23}\hat{y}_1+c_{23}\hat{x}_2+d_{23}\hat{y}_2-f_{m+2}\\
&\vdots\\
&v_{m+i}=-c_{i(i+1)}\hat{x}_{i-1}-d_{23}\hat{y}_{i-1}+c_{i(i+1)}\hat{x}_i+d_{i(i+1)}\hat{y}_i-f_{m+i}\\
&\vdots\\
&v_{m+(m-1)}=-c_{(m-1)m}\hat{x}_{m-2}-d_{(m-1)m}\hat{y}_{m-2}-f_{m+(m-1)}
\end{aligned}\right\}$$

$$V_{(m-1)\times1}=B_{(m-1)\times(2m-4)}x_{(2m-4)\times1}-f_{(m-1)\times1}\tag{13-26}$$

3. 定权

我们认为观测值是独立的，则权矩阵 P 为一对角矩阵。根据先验方向观测中误差和边长观测中误差来定权。

我们已经知道角度的定权公式，边长的定权公式分别为 $p_\beta=\frac{\mu^2}{m_\beta^2}$，$p_S=\frac{\mu^2}{m_S^2}$，其中 $m_s=\pm\sqrt{SB}$ mm，注意：以上定权的方式还不是严密的，因为角度和边长是不同的观测量，可采用赫尔默特方差分量估计，迭代定权。

(1)方向观测值的权

在等精度方向观测的控制网中，可把方向观测值的权定为 1，不同精度的观测网中，则选择其中一种作为单位权中误差 u(单位：s)，其他方向观测值中误差为 m(单位：s)，则$p=\frac{u^2}{m_\beta^2}$。

(2)边长观测值的权

我们知道 $p_s=\frac{\mu^2}{m_s^2}$，其中边长中误差可由 $m_s=\pm(A+B\cdot S\cdot 10^{-4})$或 $m_s=\pm\sqrt{SB}$(单位：cm)计算，A 为测距仪常数误差，B 为测距仪比例误差因子。在导线网中一般取方向观测值中误差为单位权中误差。

例如，观测方向中误差 $m_r=\pm5''$，边长测量中误差 $m_{si}=\pm0.5\sqrt{Si}$cm，可假设单位权中误差则方向观测权 $\mu=\pm5''$，则方向观测值的权为 1，观测边权为 $=100/Si$。

以上定权的方式还不是严密的，因为角度和边长是不同的观测量，可采用赫尔默特方差分量估计，迭代定权。

单导线平差计算具体步骤如下：

第一步：读取观测数据与已知点坐标数据；

第二步：计算未知点近似坐标(推算方法与简易计算中一样)；

第三步：计算角度观测值误差方程的系数和常数项；

第四步：计算边长观测值误差方程的系数和常数项；

第五步：组成误差方程，得到系数矩阵和常数项矩阵；

第六步：定权，得到权矩阵；

第七步：组成并解算法方程；

第八步：计算观测值残差及平差后观测值；

第九步：精度评定(单位权中误差、观测值验后误差、点位误差，误差椭圆参数计算)；

第十步：输出结果。

13.3.4 水准网间接平差程序设计

1. 公式推导

我们知道水准测量的观测值为两高程点的高差，待估参数为未知点的高程值。

$\tilde{L}_1=\Delta H_{12}=H_2-H_1$

$L_1+V_1=H_2^0=H_1^0+x_2-x_1$

误差方程：$V_1=b_1x_1+b_2x_2-f_1$

其中：$b_1=-1$，$b_2=1$，$f_1=L-\Delta H_{21}^0$

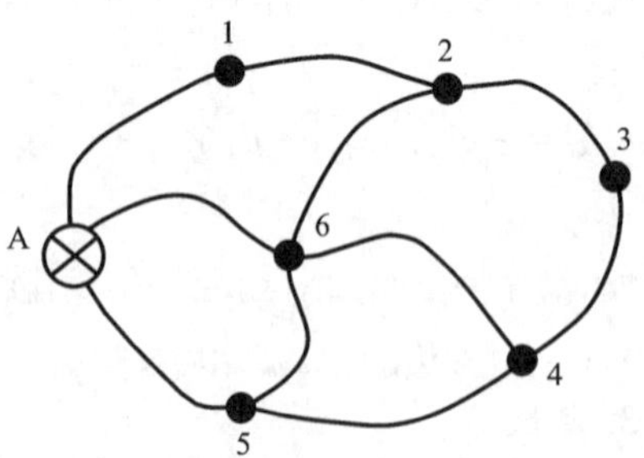

图 13-4 水准网示意图

近似高程计算：

$H_1^0 = H_1 + h_1$

$H_2^0 = H_A + h_1$

$H_3^0 = H_B - h_4$

$V = BX - f$

其中：

$$V = \begin{bmatrix} v_1 \\ v_2 \\ v_3 \\ v_4 \\ v_5 \\ v_6 \\ v_7 \end{bmatrix},\ x = \begin{bmatrix} x_1 \\ x_2 \\ x_3 \end{bmatrix},\ B = \begin{bmatrix} 1 & 0 & 0 \\ 0 & 1 & 0 \\ 1 & 0 & 0 \\ 0 & 0 & -1 \\ -1 & 1 & 0 \\ 1 & 0 & -1 \\ 0 & 1 & -1 \end{bmatrix},\ f = \begin{bmatrix} f_1 \\ f_2 \\ f_3 \\ f_4 \\ f_5 \\ f_6 \\ f_7 \end{bmatrix}$$

权矩阵为：

$P = diag(1/S_1 \quad 1/S_2 \quad 1/S_3 \quad 1/S_4 \quad 1/S_5 \quad 1/S_6 \quad 1/S_7)$

解得：$\hat{x} = (B^T PB)^{-1}(B^T Pf)$

平差后高程值：$\hat{H} = H^0 + \hat{x}$

水准网平差计算一般步骤如下：

(1)读取观测数据和已知数据；

(2)计算未知点高程近似值；

(3)列高差观测值误差方程；

(4)根据水准路线长度计算高差观测值的权；

(5)组成法方程；

(6)解法方程，求得未知点高程改正数及平差后高程值；

(7)求高差观测值残差及平差后高差观测值；

(8)精度评定；

(9)输出平差结果。

其具体的算法流程图如图13－5所示。

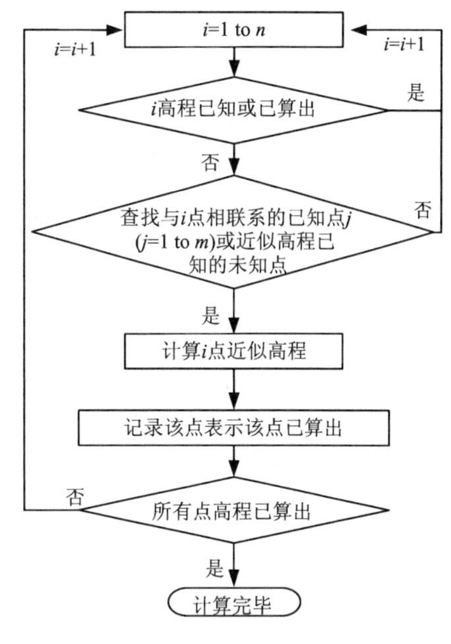

图13－5　算法流程图

2. 格式设计

(1)输入数据格式的设计

我们可以按照下面的格式来设计，也可以按其他方式设计，这都没有特别的规定。

2——已知点数

A, 5.000

B, 6.000——已知点点号及高程

3——未知点数

X1, X2, X3——未知点点号

7——高差观测值个数

A, X1, 1.359, 1

A, X2, 2.009, 1

B, X1, 0.363, 2

X3, B, 0.640, 2

X1, X2, 0.657, 1

X3, X1, 1.000, 1

X3, X2, 1.650, 1.5——高差观测数据：起点，终点，高差，路线长度

(2)界面的设计

图13-6为一个参考的界面设计。

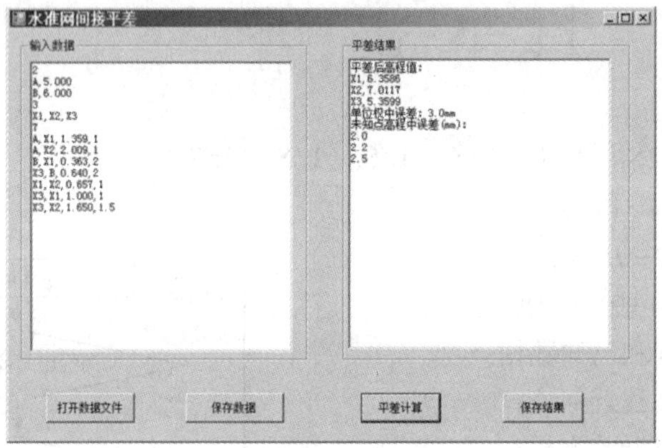

图13-6 界面设计

13.4 实例

13.4.1 实例一：大地四边形条件平差

大地四边形(如图13-7所示)，是以AB为基线，具有对角线的四边形。它是建立桥梁控制网常用的形式。该实例使用条件平差的方法计算大地四边形中的两个待定点的坐标。

如图13-7所示的大地四边形，已知点A、B的坐标，为了得到点C、D的坐标，观测了8个角度($a_1 \sim a_8$)，由此可以构成3个独立的图形条件，即：

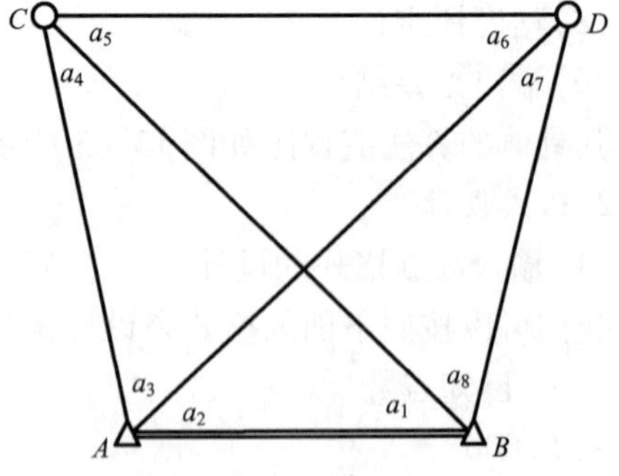

图13-7 大地四边形

$$\left.\begin{aligned}\hat{a}_1+\hat{a}_2+\hat{a}_3+\hat{a}_4+\hat{a}_5+\hat{a}_6+\hat{a}_7+\hat{a}_8-360°=0\\ \hat{a}_1+\hat{a}_2+\hat{a}_3+\hat{a}_4-180°=0\\ \hat{a}_1+\hat{a}_2+\hat{a}_7+\hat{a}_8-180°=0\end{aligned}\right\}\tag{13-27}$$

由此得到条件方程

$$\left.\begin{aligned}v_1+v_2+v_3+v_4+v_5+v_6+v_7+v_8+w_1=0\\ v_1+v_2+v_3+v_4+w_2=0\\ v_1+v_2+v_7+v_8+w_3=0\end{aligned}\right\}\tag{13-28}$$

其中

$$\left.\begin{aligned}w_1=a_1+a_2+a_3+a_4+a_5+a_6+a_7+a_8-360°\\ w_2=a_1+a_2+a_3+a_4-180°\\ w_3=a_1+a_2+a_7+a_8-180°\end{aligned}\right\}\tag{13-29}$$

另外，还可以根据边角关系列出 1 个极条件，例如

$$\frac{\overline{AB}}{\overline{AC}}\times\frac{\overline{AD}}{\overline{AB}}\times\frac{\overline{AC}}{\overline{AD}}=1\tag{13-30}$$

用观测的角度关系来表示式(13－30)就是

$$\frac{\sin\hat{a}_4\sin(\hat{a}_1+\hat{a}_8)\sin\hat{a}_6}{\sin\hat{a}_1\sin\hat{a}_7\sin(\hat{a}_4+\hat{a}_5)}=1\tag{13-31}$$

其线性形式为

$$\begin{aligned}\cot a_4\cdot v_4+\cot(a_1+a_8)\cdot(v_1+v_8)+\cot a_6\cdot v_6-\\ \cot a_1\cdot v_1-\cot a_7\cdot v_7-\cot(a_4+a_5)\cdot(v_4+v_5)+w_d=0\end{aligned}\tag{13-32}$$

其中

$$w_d=\left(1-\frac{\sin a_1\sin a_7\sin(a_4+a_5)}{\sin a_4\sin(a_1+a_8)\sin a_6}\right)\rho''$$

将上述条件方程组成条件方程组

$$AV+W=0\tag{13-33}$$

其中

$$A=\begin{bmatrix}1&1&1&1&1&1&1&1\\1&1&1&1&0&0&0&0\\1&1&0&0&0&0&1&1\\b_{41}&0&0&b_{44}&-\cot(a_4+a_5)&\cot a_6&\cot a_7&\cot(a_1+a_8)\end{bmatrix}$$

$b_{41}=\cot(a_1+a_8)-\cot a_1$

$b_{44}=\cot a_4-\cot(a_4+a_5)$

$V=(v_1\quad v_2\quad v_3\quad v_4\quad v_5\quad v_6\quad v_7\quad v_8)^T$

$W=(w_1\quad w_2\quad w_3\quad w_d)^T$

由于本例中只有角度观测值，取各观测值等权，因此权矩阵 P 为 8×8 的单位阵。

将以上 A，P，W 带入式(13－18)，即得联系数 K，再带入式(13－16)，可以求得观测值的改正数 V，进而可以用改正后的角度观测值，根据前方交会方法求得待定点坐标。

对应图 13－7 的大地四边形，组建条件方程的主要代码如下：

```
//组成条件方程, A为条件方程系数, W为条件方程闭合差
void CGeodeticQuadrangle:: FormConditionEquations(CMatrix& A, CMatrix& W)
{
A.SetSize(4, 8);
W.SetSize(4, 1);

//A的第一行
for(int i =0; i <4; i + +)
A(0, i) =1;

//A的第二行
A(1, 0) =1;
A(1, 1) =1;
A(1, 6) =1;
A(1, 7) =1;

//A的第三行
for(int i =0; i <8; i + +)
    A(2, i) =1;

//A的第四行
A(3, 0) =1/tan(m_pAngleObs[0](RAD) +m_pAngleObs[7](RAD)) - 1 /tan(m_pAngleObs[0](RAD));
A(3, 3) =1 /tan(m_pAngleObs[3](RAD)) - 1/tan(m_pAngleObs[3](RAD) +m_pAngleObs[4](RAD));
A(3, 4) = - 1/tan(m_pAngleObs[3](RAD) +m_pAngleObs[4](RAD)); ;
A(3, 5) =1 /tan(m_pAngleObs[5](RAD));
A(3, 6) = - 1 /tan(m_pAngleObs[6](RAD));
A(3, 7) =1/tan(m_pAngleObs[0](RAD) +m_pAngleObs[7](RAD));

//W矩阵(单位: ″)
W(0, 0) = (m_pAngleObs[0](DEG) +m_pAngleObs[1](DEG) +m_pAngleObs[2](DEG) +m_pAngleObs
[3](DEG) - 180) *3600;

W(1, 0) = (m_pAngleObs[0](DEG) +m_pAngleObs[1](DEG) +m_pAngleObs[6](DEG) +m_pAngleObs
[7](DEG) - 180) *3600;

W(2, 0) = (m_pAngleObs[0](DEG) +m_pAngleObs[1](DEG) +m_pAngleObs[2](DEG) +m_pAngleObs
[3](DEG)
        +m_pAngleObs[4](DEG) +m_pAngleObs[5](DEG) +m_pAngleObs[6](DEG) +m_pAngleObs[7]
(DEG) - 360) *3600;

W(3, 0) =(1 - (sin(m_pAngleObs[0](RAD)) * sin(m_pAngleObs[6](RAD)) * sin(m_pAngleObs[3](RAD)
 + m_pAngleObs[4](RAD)))
        / (sin(m_pAngleObs[3](RAD)) * sin(m_pAngleObs[0](RAD) + m_pAngleObs[7](RAD)) * sin(m_
pAngleObs[5](RAD)))) * Ro;

}
```

```
//条件平差计算主函数
void CGeodeticQuadrangle:: ConditionAdjust(const CString& strFileName)
{
//定权
CMatrix P;                              //权矩阵
P = Weight();

//组成条件方程
CMatrix A;                              //条件方程系数阵
CMatrix W;                              //条件方程闭合差
FormConditionEquations(A, W);

//求解法方程
CMatrix N, InvN;                        //法方程系数矩阵
CMatrix K;                              //联系数矩阵
CMatrix Zero(4, 1);                     //一个零矩阵
CMatrix V;                              //观测值改正数

//求法方程系数矩阵
N  = A * P.Inv() *  ~A;
InvN = N.Inv();

//求联系数矩阵
K = Zero - InvN * W;

//求改正数
V = P.Inv() *  ~A * K;

//计算平差后的观测值
for(int i = 0; i < 8; i + + )
    m_pAngleObs[i](DEG) = m_pAngleObs[i](DEG) + V(i, 0)/3600;

//前方交会计算待定点坐标
double dCAB = m_pAngleObs[1](RAD) + m_pAngleObs[2](RAD);
double dABC = m_pAngleObs[0](RAD);
ForeIntersecPos(m_pKnownPoint[0].X, m_pKnownPoint[0].Y,
    m_pKnownPoint[1].X, m_pKnownPoint[1].Y,
    dCAB, dABC,
    m_pUnknownPoint[0].X, m_pUnknownPoint[0].Y);
double dDAB = m_pAngleObs[1](RAD);
double dABD = m_pAngleObs[0](RAD) + m_pAngleObs[7](RAD);
ForeIntersecPos(m_pKnownPoint[0].X, m_pKnownPoint[0].Y,
```

```
        m_pKnownPoint[1].X, m_pKnownPoint[1].Y,
        dDAB, dABD,
        m_pUnknownPoint[1].X, m_pUnknownPoint[1].Y);

//计算单位权中误差
    CMatrix Omiga;
    Omiga = ~V * P * V;
double Sigma;
    Sigma = sqrt(Omiga(0, 0)/4);

CStdioFile SF;
CString strLine;
setlocale(LC_ALL, "");
if(! SF.Open(strFileName, CFile:: modeCreate | CFile:: modeWrite)) return;

//开始写数据
    SF.WriteString(_T("- - - - - - - - - - -大地四边形条件平差结果- - - - - - - - - - -\n"));
SF.WriteString(_T("\r\n 观测值平差结果: \r\n"));
SF.WriteString(_T("序号\t 平差后的角度(DMS)\r\n"));
for(int i =0; i <8; i + +)
{
    strLine.Format(_T("% d\t% .6f\r\n"),
        i +1,
        m_pAngleObs[i](DMS));
    SF.WriteString(strLine);
}

strLine.Format(_T("\r\n 单位权中误差: % .1f(″)\r\n"), Sigma);
SF.WriteString(strLine);

SF.WriteString(_T("\r\n 控制点成果表: \r\n"));
SF.WriteString(_T("点名\tX(m)\t\tY(m)\t\t 备注\r\n"));
for(int i =0; i <2; i + +)
{
    strLine.Format(_T("% s\t% .4f\t% .4f\t 已知点\r\n"),
        m_pKnownPoint[i].strID,
        m_pKnownPoint[i].X,
        m_pKnownPoint[i].Y);
    SF.WriteString(strLine);
}
for(int i =0; i <2; i + +)
{
```

```
        strLine.Format(_T("% s\t% .4f\t% .4f\r\n"),
            m_pUnknownPoint[i].strID,
            m_pUnknownPoint[i].X,
            m_pUnknownPoint[i].Y);
        SF.WriteString(strLine);
    }

    SF.WriteString(_T("\r\nP 矩阵: \r\n"));
    OutMatrixToFile(P, SF);

    SF.WriteString(_T("\r\nA 矩阵: \r\n"));
    OutMatrixToFile(A, SF);

    SF.WriteString(_T("\r\nW 矩阵: \r\n"));
    OutMatrixToFile(W, SF);

    SF.WriteString(_T("\r\nV 矩阵: \r\n"));
    OutMatrixToFile(V, SF);

    SF.Close();

}
```

13.4.2　实例二：水准网条件平差

1. 条件平差基本原理

条件平差就是在满足 r 个条件方程式条件下，求使函数 V^TPV 最小的 V 值，满足此条件极值问题用拉格朗日乘法可以求出满足条件的 V 值。

函数模型：

$$\underset{rn}{A}\underset{n1}{\hat{L}}+\underset{r1}{A_0}=\underset{r1}{0}\qquad AV+W=0 \tag{13-34}$$

随机模型：

$$D=\sigma_0^2Q=\sigma_0^2P^{-1} \tag{13-35}$$

平差准则：

$$V^TPV=\min \tag{13-36}$$

2. 条件平差基本步骤

(1)列出 $r=n-t$ 个条件方程；

(2)组成法方程；

(3)求解联系系数向量 K；

(4)将 K 值代入改正数方程 $V=P^{-1}A^TK=QA^TK$ 中，求出 V 值，并求出平差值 $L=L+V$；

(5)用平差后观测值重新计算闭合差，检查平差的正确性；

(6)精度评定。

3. 运用传递矩阵建立条件方程系数阵的算法介绍

(1)传递数的定义

设某一水准网中水准路线数为 n，水准路线从 1 开始直至 n 依次编号。水准点(包括已知水准点和待定水准点)个数为 m，水准点从待定点开始编号，对待定点编号完再继续对已知点编号。则该水准网的传递数矩阵 T 为：

$$T_{m\times n}=\begin{bmatrix}T_1\\T_2\\\cdots\\T_m\end{bmatrix}=\begin{bmatrix}t_{11} & t_{12} & \cdots & t_{1n}\\t_{21} & t_{22} & \cdots & t_{2n}\\ & \cdots & & \\t_{m1} & t_{m2} & \cdots & t_{mn}\end{bmatrix}$$

其中，t_{ij}为第 i 号水准点相对于第 j 条水准路线的传递数。T_i 为第 i 号水准点的传递数向量，且 $T_i=(t_{i1},t_{i2},\cdots,t_{in})$。

(2)传递数的运算规则

在计算待定点近似高程的同时，依据所参与计算的水准路线起点和终点是否已知，以及未知水准点的近似高程是否已经计算这两种情况计算传递数矩阵，其运算规则如下：

①运算规则一：如果水准线路 j 的起点 i 为已知水准点，终点 k 为未知水准点，且该点的近似高程未知，则：$t_{kj}=1$，$T_k=(t_{k1},t_{k2},\cdots,t_{kj},\cdots,t_{kn})$，向量中除 t_{kj}外的其余分量值为 0。

②运算规则二：如果水准路线 j 的起点 i 为未知点，且该点的近似高程未知，终点 k 为已知点，则：$t_{ij}=-1$，$T_i=(t_{i1},t_{i2},\cdots,t_{ij},\cdots,t_{in})$，向量中除 t_{ij}的其余分量值为 0。

③运算规则三：如果水准路线 j 的起点 i 为未知点，但近似高程已知。终点 k 为未知点，但近似高程未知，则 T_k 的组成由两部分构成，一部分为该水准路线对终点的影响，为：$t_{kj}=1$，$T_k=(t_{k1},t_{k2},\cdots,t_{kj},\cdots,t_{kn})$向量中除 t_{kj}的其余分量值为 0；另一部分由起点的传递数向量传递给终点而得，则终点的传递数向量为：$T_k=T_k+T_i$。

④运算规则四：如果水准路线 j 的起点 i 为近似高程未知的待定点，终点 k 为近似高程已求出的待定水准点，则 T_i 的组成由两部分构成，一部分为该水准路线对起点的影响，为：$t_{ij}=-1$，$T_i=(t_{i1},t_{i2},\cdots,t_{ij},\cdots,t_{in})$，向量中除 t_{ij}外的其余分量值为 0；另一部分由终点的传递数向量传递给起点而得，则起点的传递数向量为：$T_i=T_i+T_k$。

运用上述四条运算规则，能够计算出每一个水准点的传递数向量，同时也就计算出了水准网的传递数矩阵。有了传递数矩阵 T，就能够方便地组成条件方程的系数阵 A。

(3)利用传递数建立条件方程系数阵

水准网的条件平差是先利用 t 条水准路线计算 t 个待定水准点的近似高程，则用于计算近似高程的水准路线条数为 $r=$ 水准路线总数 $n-t$，r 正好等于多余观测数。所以可以利用这 r 条水准路线建立条件方程。

设条件方程的系数阵 A 为：

$$A_{r \times m} = \begin{bmatrix} A_1 \\ A_2 \\ \cdots \\ A_r \end{bmatrix} = \begin{bmatrix} a_{11} & a_{12} & \cdots & a_{1n} \\ a_{21} & a_{22} & \cdots & a_{2n} \\ & \cdots & & \\ a_{r1} & a_{r2} & \cdots & a_{rn} \end{bmatrix}$$

其中：A_s 为第 s 个条件方程的系数所构成的行向量。

利用传递数矩阵 T 建立条件方程系数阵 A 的一般规则为：如果第 j 条水准线路未用于计算待定点的近似高程，其起点点号为 i，终点点号为 k，则：$A_s = T_i - T_k$，A_s 的第 j 个分量的值为 1。其中参数 s 为条件方程编号，值为 1，2，…，r。

计算近似高程以及传递矩阵主要代码示例如下：

```
//计算水准网高程近似值,并计算水准网的传递数矩阵 T
CMatrix CLevelingNet:: ApproHeight(void)
{
    CMatrix T(m_iUnknownPointCount + m_iKnownPointCount, m_iDHeightObsCount);
                                                    //水准网的传递数矩阵 T

    int n = 0;                                      //计数,每求得一个未知点的近似高程计一次数
    do
    {
        for(int i = 0; i < m_iDHeightObsCount; i + +)
        {
            if(m_pDHeightObs[i].cpStart -> Type = = 1  && m_pDHeightObs[i].cpEnd -> Type = = 0
&& m_pDHeightObs[i].cpEnd -> Flag = = 0)
                //如果起点为已知点,终点为未知点且近似高程未知
            {
                //计算近似高程
                m_pDHeightObs[i].cpEnd -> H = m_pDHeightObs[i].cpStart -> H + m_pDHeightObs
[i].dDHeight;
                m_pDHeightObs[i].cpEnd -> Flag = 1;
                m_pDHeightObs[i].Flag = 1;

                //计算传递矩阵 T
                int j = SearchPointIndex(m_pDHeightObs[i].cpEnd -> strID);
                T(j, i) = 1;

                n + +;
            }

            else if(m_pDHeightObs[i].cpStart -> Type = = 0  && m_pDHeightObs[i].cpStart -> Flag = =
0 && m_pDHeightObs[i].cpEnd -> Type = = 1)
                //如果终点为已知点,起点为已知点且近似高程未知
            {
```

```
                //计算近似高程
                m_pDHeightObs[i].cpStart -> H = m_pDHeightObs[i].cpEnd -> H - m_pDHeightObs
[i].dDHeight;
                m_pDHeightObs[i].cpStart -> Flag = 1;
                m_pDHeightObs[i].Flag = 1;

                //计算传递矩阵 T
                int k = SearchPointIndex(m_pDHeightObs[i].cpStart -> strID);
                T(k, i) = - 1;

                n++;
            }

            else if(m_pDHeightObs[i].cpStart -> Type == 0 && m_pDHeightObs[i].cpStart -> Flag == 1
                && m_pDHeightObs[i].cpEnd -> Type == 0 && m_pDHeightObs[i].cpEnd -> Flag == 0)
                //如果起点为近似高程已知的未知点,终点为近似高程未知的未知点
            {
                //计算近似高程
                m_pDHeightObs[i].cpEnd -> H = m_pDHeightObs[i].cpStart -> H + m_pDHeightObs
[i].dDHeight;
                m_pDHeightObs[i].cpEnd -> Flag = 1;
                m_pDHeightObs[i].Flag = 1;

                //计算传递矩阵 T
                int j = SearchPointIndex(m_pDHeightObs[i].cpEnd -> strID);
                T(j, i) = 1;
                int k = SearchPointIndex(m_pDHeightObs[i].cpStart -> strID);
                for(int m = 0; m < m_iDHeightObsCount; m++)
                    T(j, m) = T(j, m) + T(k, m);

                n++;
            }

            else if(m_pDHeightObs[i].cpStart -> Type == 0 && m_pDHeightObs[i].cpStart -> Flag == 0
                && m_pDHeightObs[i].cpEnd -> Type == 0 && m_pDHeightObs[i].cpEnd -> Flag == 1)
                //如果起点为近似高程未知的未知点,终点为近似高程已知的未知点
            {
                //计算近似高程
                m_pDHeightObs[i].cpStart -> H = m_pDHeightObs[i].cpEnd -> H - m_pDHeightObs
[i].dDHeight;
                m_pDHeightObs[i].cpStart -> Flag = 1;
                m_pDHeightObs[i].Flag = 1;
```

```
            //计算传递矩阵 T
            int k = SearchPointIndex(m_pDHeightObs[i].cpStart -> strID);
            T(k, i) = - 1;
            int j = SearchPointIndex(m_pDHeightObs[i].cpEnd -> strID);
            for(int m = 0; m < m_iDHeightObsCount; m + +)
                T(k, m) = T(k, m) + T(j, m);

            n + +;
        }
    }
}while(n < m_iUnknownPointCount);


return T;

}
```

组建条件方程主要代码如下：

```
//组成条件方程, T 为水准网的传递矩阵, A 为条件方程系数, W 为条件方程闭合差
void CLevelingNet:: FormConditionEquations(CMatrix T, CMatrix& A, CMatrix& W)
{
    A.SetSize(m_iDHeightObsCount-m_iUnknownPointCount, m_iDHeightObsCount); //条件方程系数阵
    W.SetSize(m_iDHeightObsCount - m_iUnknownPointCount, 1); //条件方程闭合差


    int Row = 0;                                          //A 和 W 矩阵的行号
    for(int i = 0; i < m_iDHeightObsCount; i + +)
    {
        if(m_pDHeightObs[i].Flag = = 0)            //如果改水准路线未参与近似高程的计算
        {
            //得到该水准路线起点和终点的编号
            int j = SearchPointIndex(m_pDHeightObs[i].cpStart -> strID);
            int k = SearchPointIndex(m_pDHeightObs[i].cpEnd -> strID);

            //计算条件方程系数阵
            for(int m = 0; m < m_iDHeightObsCount; m + +)
            {
                A(Row, m) = T(j, m) - T(k, m);
            }
            A(Row, i) = 1;
```

```
            //计算条件方程闭合差
             W(Row, 0) = m_pDHeightObs[i].cpStart -> H + m_pDHeightObs[i].dDHeight - m_
pDHeightObs[i].cpEnd -> H;

            Row++;
        }
    }

}
```

水准网条件平差计算主函数代码如下:

```
//条件平差计算主函数
void CLevelingNet:: ConditionAdjust(const CString& strFileName)
{
    if(m_iKnownPointCount ==0 || m_iUnknownPointCount ==0 || m_iDHeightObsCount ==0) return;
                                                //未读入数据则返回

    //定权
    CMatrix P;                                  //权矩阵
    P = Weight();

    //计算水准网高程近似值,并计算水准网的传递数矩阵 T
    CMatrix T;                                  //水准网的传递矩阵
    T = ApproHeight();

    //组成条件方程
    CMatrix A;                                  //条件方程系数阵
    CMatrix W;                                  //条件方程闭合差
    FormConditionEquations(T, A, W);

    //求解法方程
    int r  =m_iDHeightObsCount - m_iUnknownPointCount; //多余观测数
    CMatrix N, InvN;                            //法方程系数矩阵
    CMatrix K;                                  //联系数矩阵
    CMatrix Zero(r, 1);                         //一个零矩阵
    CMatrix V;                                  //观测值改正数

    //求法方程系数矩阵
    N  = A * P.Inv() * ~A;
    InvN = N.Inv();
```

```
    //求联系数矩阵
    K = Zero - InvN * W;

    //求改正数
    V = P.Inv() * ~A * K;

    //计算平差后的高差
    for(int i = 0; i < m_iDHeightObsCount; i + +)
    {
        m_pDHeightObs[i].dDHeight = m_pDHeightObs[i].dDHeight + V(i, 0);
    }

    //计算平差后的高程
    for(int i = 0; i < m_iUnknownPointCount; i + +)
    {
        m_pUnknownPoint[i].Flag = 0;          //将标记重新置为0
    }

    ApproHeight();                            //再计算一次待定点高程,此时为平差后的高程

    //计算单位权中误差
    CMatrix Omiga;
    Omiga = ~V * P * V;
double Sigma;
    Sigma = sqrt(Omiga(0, 0)/r);

    CStdioFile SF;
    CString strLine;
    setlocale(LC_ALL, "");
    if(! SF.Open(strFileName, CFile:: modeCreate | CFile:: modeWrite)) return;

    //开始写数据
    SF.WriteString(_T("----------水准网条件平差结果----------\n"));
    SF.WriteString(_T("\r\n 观测值平差结果: \r\n"));
    SF.WriteString(_T("起点\t 终点\t 平差后的高差(m)\r\n"));
    for(int i = 0; i < m_iDHeightObsCount; i + +)
    {
        strLine.Format(_T("%s\t%s\t%.4f\r\n"),
            m_pDHeightObs[i].cpStart -> strID,
            m_pDHeightObs[i].cpEnd -> strID,
            m_pDHeightObs[i].dDHeight);
```

```
        SF.WriteString(strLine);
    }

    strLine.Format(_T("\r\n单位权中误差: %.1f(mm)\r\n"), Sigma * 1000);
    SF.WriteString(strLine);

    SF.WriteString(_T("\r\n控制点成果表: \r\n"));
    SF.WriteString(_T("点名\tH(m)\t备注\r\n"));
    for(int i = 0; i < m_iKnownPointCount; i++)
    {
        strLine.Format(_T("%s\t%.4f\t已知点\r\n"),
            m_pKnownPoint[i].strID,
            m_pKnownPoint[i].H);
        SF.WriteString(strLine);
    }
    for(int i = 0; i < m_iUnknownPointCount; i++)
    {
        strLine.Format(_T("%s\t%.4f\r\n"),
            m_pUnknownPoint[i].strID,
            m_pUnknownPoint[i].H);
        SF.WriteString(strLine);
    }

    SF.Close();

}
```

13.4.3 实例三：水准网间接平差

水准网平差程序设计的目的在于巩固程序设计中过程的定义与调用、类的创建与使用以及间接平差模型及平差计算。以下的水准网平差的程序，数据从文件中读取，计算部分与界面无关。

1. 水准网间接平差模型

$$\left.\begin{aligned} \tilde{L}_1 &= \Delta H_{12} = H_2 - H_1 \\ L_1 + V_1 &= H_2^0 - H_1^0 + x_2 - x_1 \\ V_1 &= b_1 x_1 + b_2 x_2 - f_1 \end{aligned}\right\} \tag{13-37}$$

其中：$b_1 = -1$，$b_2 = 1$，$f_1 = L - \Delta H_{21}^0$

2. 计算示例

已知A、B点高程分别为$H_A=5.000$ m，$H_B=6.000$ m，为确定X_1、X_2、X_3点高程，进行了水准测量，观测结果为：

$H_1=+1.359$ m，$s_1=1$ km

$H_2=+2.009$ m，$s_2=1$ km

$H_3=+0.363$ m，$s_3=2$ km

$H_4=+0.640$ m，$s_4=2$ km

$H_5=+0.657$ m，$s_5=1$ km

$H_6=+1.000$ m，$s_6=1$ km

$H_7=+1.650$ m，$s_7=1$ km

近似高程计算：

$$\left.\begin{aligned}H_1^0&=H_1+h_1\\H_2^0&=H_A+h_1\\H_3^0&=H_B-h_4\end{aligned}\right\}\qquad(13-38)$$

$$V=BX-f\qquad(13-39)$$

其中：

$$V=\begin{bmatrix}v_1\\v_2\\v_3\\v_4\\v_5\\v_6\\v_7\end{bmatrix},\ X=\begin{bmatrix}X_1\\X_2\\X_3\end{bmatrix},\ B=\begin{bmatrix}1&0&0\\0&1&0\\1&0&0\\0&0&-1\\-1&1&0\\1&0&-1\\0&1&-1\end{bmatrix},\ f=\begin{bmatrix}f_1\\f_2\\f_3\\f_4\\f_5\\f_6\\f_7\end{bmatrix}\qquad(13-40)$$

权矩阵为：

$P=diag(1/S_1\quad 1/S_2\quad 1/S_3\quad 1/S_4\quad 1/S_5\quad 1/S_6\quad 1/S_7)$

解得：$\hat{X}=(B^TPB)^{-1}(B^TPf)$

平差后高程值：$\hat{H}=H^0+\hat{X}$

3. 误差方程的组成和计算程序主要代码示例

```
void LevelAdjust:: FormErrorEquation()//组成误差方程
{
    //设置各矩阵的大小
    v.SetSize(idHObsCount, 1);
    B.SetSize(idHObsCount, iUnKnowPointCount);
    x.SetSize(iUnKnowPointCount, 1);
    l.SetSize(idHObsCount, 1);
    Point EndPoint;
    Point StartPoint;              //建立两个点对象，分别用来保存每一观测数据的起始点和终点信息
```

```
    for(int i = 0; i < idHObsCount; i + +)          //计算常数项矩阵
    {
        EndPoint = *(SearchPointUsingID((pdHObs[i].EndPoint).dot));
        StartPoint = *(SearchPointUsingID((pdHObs[i].StartPoint).dot));
        double l0 = EndPoint.H - StartPoint.H;
        l(i, 0) = pdHObs[i].dH - l0;                //常数项 = 观测值 - 高差近似值
    }
    //求系数矩阵 B
    for(int i = 0; i < idHObsCount; i + +)          //先给 B 赋初值为
    {
        for(int j = 0; j < iUnKnowPointCount; j + +)
        {
            B(i, j) = 0;
        }
    }
    for(int i = 0; i < idHObsCount; i + +)          //根据每一观测值的终点和起始点, 确定 X1, X2 和 X3 的系数
    {
        X = (pdHObs[i].EndPoint).dot;
        for(int j = 0; j < iUnKnowPointCount; j + +)
        {
            if(X = = pUnKnowPoint[j].dot)   //如果终点是 X, 那么 X 所对应的未知点前的系数为
            {
                B(i, j) = 1;
                break;
            }
        }
        X = (pdHObs[i].StartPoint).dot;          //如果起始是 X, 那么 X 所对应的未知点前的系数为 - 1
        for(int j = 0; j < iUnKnowPointCount; j + +)
        {
            if(X = = pUnKnowPoint[j].dot)
            {
                B(i, j) = - 1;
                break;
            }
        }                                        //其他情况, 各项为初始的值
    }
}
void LevelAdjust:: EquationCompute()             //计算法方程
{
    CMatrix BT(iUnKnowPointCount, idHObsCount);
    BT = ~B ;                                    //B 的转置矩阵
    CMatrix NBB(iUnKnowPointCount, iUnKnowPointCount);
```

```
    NBB = BT * P * B;                                  //求 NBB
    CMatrix NBB1 = NBB.Inv();                          //求 NBB 的逆矩阵
    x = NBB1 * BT * P * l;
    for(int i = 0; i < iUnKnowPointCount; i + + )
    {
        pUnKnowPoint[ i ].H + = x(i, 0);               //未知点高程值 = 近似值 + 改正数
    }
}
```

精度评定主要代码如下：

```
void LevelAdjust:: Accuracy_Assessment()                              //精度评定
{
    v = B * x - l;
    CMatrix vT(1, idHObsCount);
    vT = ~ v;
    CMatrix r(1, 1);
    r = vT * P * v;
    r0 = sqrt(r(0, 0) * 1.0/(idHObsCount - iUnKnowPointCount));     //单位权中误差
    Qxx.SetSize(iUnKnowPointCount, iUnKnowPointCount);              //协因素矩阵的大小
    CMatrix BT(iUnKnowPointCount, idHObsCount);
    BT = ~ B ;
    CMatrix NBB(iUnKnowPointCount, iUnKnowPointCount);
    NBB = BT * P * B;
    Qxx = NBB.Inv();
}
```

13.4.4　实例四：单导线的严密平差

前面我们讲过了单导线的简易平差，而单导线的严密平差则是计算的主函数不同而已，其他则是和简易平差一样。在前面 12.3.3 的算法已经详细介绍过，这里就不再赘述。

单导线严密平差主要分为九步，分别是：

第一步：读取观测数据与已知点坐标数据。

第二步：计算未知点近似坐标，和简易平差一样的思想，我们就不再编写。

第三步：计算角度观测值误差方程的系数和常数项。

首先按 12.3.3 的算法，计算角度观测值误差方程的系数和常数项，其中 *Ai*、*Bi* 为测站点坐标未知数对应系数，*Aj*、*Bj* 为定向点坐标未知数对应的系数，*Ak*，*Bk* 为照准点坐标未知数对应的系数。

其主要代码如下：

```
void CSingleTraverse:: ComAngleObsEff(const CAngleObs& AngObs, double& Li,
                        double& Ai, double& Bi, double& Aj, double& Bj, double& Ak, double& Bk)
{
    double Aij, Bij, Aik, Bik;
    double Sij, Sik;
    //系数单位为(秒/mm)
    Sij = HDist( * AngObs.cpStartObj, * AngObs.cpStation);
    Aij = Ro * (AngObs.cpStartObj -> Y - AngObs.cpStation -> Y)/(Sij * Sij)/1000;
    Bij = - Ro * (AngObs.cpStartObj -> X - AngObs.cpStation -> X)/(Sij * Sij)/1000;
    Sik = HDist( * AngObs.cpEndObj, * AngObs.cpStation);
    Aik = Ro * (AngObs.cpEndObj -> Y - AngObs.cpStation -> Y)/(Sik * Sik)/1000;
    Bik = - Ro * (AngObs.cpEndObj -> X - AngObs.cpStation -> X)/(Sik * Sik)/1000;
    Ai = Aik - Aij;
    Bi = Bik - Bij;
    Aj = Aij;
    Bj = Bij;
    Ak = - Aik;
    Bk = - Bik;
    CAngle Fij, Fik;
    Fij = Azi( * AngObs.cpStation , * AngObs.cpStartObj);
    Fik = Azi( * AngObs.cpStation , * AngObs.cpEndObj);
    double Beta;
    Beta = Fik(RAD) - Fij(RAD); //左角的计算值
    if(Beta <0)
    {
        Beta + =2 * PI;
    }
    //常数项以秒为单位
    if(m_nAngleType = =1)                    //左角
    {
        Li = (AngObs.ObsValue(RAD) - Beta) * Ro;
    }
    else                                     //如果是右角, 则把右角换成左角进行计算
    {
        Li = (2 * PI - AngObs.ObsValue(RAD) - Beta) * Ro;
    }
}
```

第四步：计算边长观测值误差方程的系数和常数项。

同理我们可以写出边长观测方程的系数和常数项的函数，下面就是对应的代码，其中 *Ci*、*Di* 为测站点坐标未知数对应系数，*Ck*，*Dk* 为照准点坐标未知数对应的系数。

```
void CSingleTraverse:: ComDistObsEff(const CDistObs& DistObs, double& Li,
                        double& Ci, double& Di, double& Ck, double& Dk)
{
    double Sik;
    Sik = HDist( * DistObs.cpStart, * DistObs.cpEnd);
    double c, d;
    c = (DistObs.cpEnd -> X - DistObs.cpStart -> X)/Sik;
    d = (DistObs.cpEnd -> Y - DistObs.cpStart -> Y)/Sik;
    Ci = - c;
    Di = - d;
    Ck = c;
    Dk = d;
    Li = (DistObs.dDist - Sik) * 1000; //常数项以毫米为单位
}
```

第五步：组成误差方程，得到系数矩阵和常数项矩阵；下面就是组成法方程的源代码，其中，*B* 为系数矩阵，*L* 为常数项向量。同时计算角度观测值系数与常数项。

```
void CSingleTraverse:: FormErrorEquations(CMatrix& B, CMatrix& L)
{
    int iObsCount, iUnknownCount;
    iObsCount = m_iAngleObsCount + m_iDistObsCount;
    iUnknownCount = m_iUnknownPointCount* 2;

    B.SetSize(iObsCount, iUnknownCount);
    L.SetSize(iObsCount, 1);
    //计算角度观测值系数与常数项
    double Ai, Bi, Aj, Bj, Ak, Bk, Li;
    for(int i = 0; i < m_iAngleObsCount; i + +)
    {
        ComAngleObsEff(m_pAngleObs[i], Li, Ai, Bi, Aj, Bj, Ak, Bk);
        L(i, 0) = Li;
        if(i = = 0)
        {
            B(i, 0) = Ak;
            B(i, 1) = Bk;
        }
        else if(i = = 1)
        {
            B(i, 0) = Ai;
```

```
            B(i, 1) = Bi;
            B(i, 2) = Ak;
            B(i, 3) = Bk;
        }
        else if(i = = m_iAngleObsCount - 2)
        {
            B(i, (m_iAngleObsCount - 4)* 2) = Aj;
            B(i, (m_iAngleObsCount - 4)* 2 +1) = Bj;
            B(i, (m_iAngleObsCount - 3)* 2) = Ai;
            B(i, (m_iAngleObsCount - 3)* 2 +1) = Bi;
        }
        else if(i = = m_iAngleObsCount - 1)
        {
            B(i, (m_iAngleObsCount  - 3)* 2) = Aj;
            B(i, (m_iAngleObsCount  - 3)* 2 +1) = Bj;
        }
        else
        {
            B(i, (i - 2)* 2) = Aj;
            B(i, (i - 2)* 2 +1) = Bj;
            B(i, (i - 1)* 2) = Ai;
            B(i, (i - 1)* 2 +1) = Bi;
            B(i, i* 2) = Ak;
            B(i, i* 2 +1) = Bk;
        }
    }
```

第六步：定权，得到权矩阵；下面的代码中 SigmaAng 为角度观测值先验精度(单位：s)，SigmaDist 距离观测的精度(单位：cm)。

```
CMatrix CSingleTraverse:: Weight(double SigmaAng, double SigmaDist)
{
    int iTotalObsCount = m_iAngleObsCount + m_iDistObsCount;
    CMatrix P(iTotalObsCount, iTotalObsCount);
    P.Unit();
    for(int i =0; i < m_iDistObsCount; i + +)
    {
        P(m_iAngleObsCount + i, m_iAngleObsCount + i) =
            (SigmaAng * SigmaAng)/(SigmaDist * SigmaDist * m_pDistObs[i].dDist);
    }
    return P;
}
```

第七步：组成并解算法方程。

第八步：计算观测值残差及平差后观测值。

第九步：精度评定(包括单位权中误差、观测值验后误差、点位误差，误差椭圆参数计算)。

13.4.5　实例五：高程拟合

1. 平面拟合

```
//平面拟合(一次多项式)
void CHeightFit:: PlaneFit(const CString& strFileName)
{
    if(iKnownPointCount = =0 || iUnknownPointCount = =0) return;    //未读入数据则返回

    double dMeanX=0;
    double dMeanY=0;                                                //该区域内已知点 X, Y 的均值
    for(int i=0; i<iKnownPointCount; i++)
    {
        dMeanX+ =pKnownPoint[i].x;
        dMeanY+ =pKnownPoint[i].y;
    }
    dMeanX=dMeanX/iKnownPointCount;
    dMeanY=dMeanY/iKnownPointCount;


    CMatrix A(iKnownPointCount, 3);
    CMatrix X(3, 1);                                                //拟合参数
    CMatrix L(iKnownPointCount, 1);
    for(int i=0; i<iKnownPointCount; i++)
    {
        A(i, 0)=1;
        A(i, 1)=pKnownPoint[i].x - dMeanX;
        A(i, 2)=pKnownPoint[i].y - dMeanY;

        L(i, 0)= pKnownPoint[i].h;
    }

    CMatrix N;
    N= ~A*A;
    X=N.Inv()* ~A*L;

    CMatrix H;                                                      //拟合值
    CMatrix B(iUnknownPointCount, 3);
```

```
    for(int i =0; i < iUnknownPointCount; i + +)
    {
        B(i, 0) =1;
        B(i, 1) = pUnknownPoint[i].x - dMeanX;
        B(i, 2) = pUnknownPoint[i].y - dMeanY;
    }

    H = B * X; //拟合值
    for(int i =0; i < iUnknownPointCount; i + +)
    {
        pUnknownPoint[i].h = H(i, 0);
    }


    //开始写结果
    CStdioFile SF;
    CString strLine;
    setlocale(LC_ALL, "");
    if(! SF.Open(strFileName, CFile:: modeCreate | CFile:: modeWrite)) return;

    SF.WriteString(_T("- - - - - - - - - - -平面拟合结果- - - - - - - - - - -\r\n"));

    SF.WriteString(_T("\r\n H = a0 + a1 * dX + a2 * dY\r\n"));
    strLine.Format(_T("dX = X - X0, X0 为已知点 X 坐标的均值, X0 = %.4f\r\n"), dMeanX);
    SF.WriteString(strLine);
    strLine.Format(_T("dY = Y - Y0, Y0 为已知点 Y 坐标的均值, Y0 = %.4f\r\n"), dMeanY);
    SF.WriteString(strLine);
    strLine.Format(_T("a0 = %f, a1 = %f, a2 = %f\r\n"), X(0, 0), X(1, 0), X(2, 0));
    SF.WriteString(strLine);

    SF.WriteString(_T("\r\n 拟合高程: \r\n"));
    SF.WriteString(_T("X\t\tY\t\tH\t\r\n"));
    for(int i =0; i < iUnknownPointCount; i + +)
    {
        strLine.Format(_T("%.4f\t%.4f\t%.4f\r\n"),
            pUnknownPoint[i].x,
            pUnknownPoint[i].y,
            pUnknownPoint[i].h);
        SF.WriteString(strLine);
    }

    SF.Close();

}
```

2. 曲面拟合

```
void CHeightFit:: SurfaceFit(const CString& strFileName)                    //曲面拟合(二次多项式)
{
    if(iKnownPointCount = =0 || iUnknownPointCount = =0) return;        //未读入数据则返回

    double dMeanX =0;
    double dMeanY =0;                                                    //该区域内已知点 X, Y 的均值
    for(int i =0; i < iKnownPointCount; i + +)
    {
        dMeanX + =pKnownPoint[i].x;
        dMeanY + =pKnownPoint[i].y;
    }
    dMeanX = dMeanX/iKnownPointCount;
    dMeanY = dMeanY/iKnownPointCount;


    CMatrix A(iKnownPointCount, 6);
    CMatrix X(6, 1);                                                     //拟合参数
    CMatrix L(iKnownPointCount, 1);

    for(int i =0; i < iKnownPointCount; i + +)
    {
        A(i, 0) =1;
        A(i, 1) =pKnownPoint[i].x - dMeanX;
        A(i, 2) =pKnownPoint[i].y - dMeanY;
        A(i, 3) =(pKnownPoint[i].x - dMeanX) * (pKnownPoint[i].x - dMeanX);
        A(i, 4) =(pKnownPoint[i].x - dMeanX) * (pKnownPoint[i].y - dMeanY);
        A(i, 5) =(pKnownPoint[i].y - dMeanY) * (pKnownPoint[i].y - dMeanY);

        L(i, 0) = pKnownPoint[i].h;
    }

    CMatrix N;
    N = ~A * A;
    X =N.Inv() * ~A * L;

    CMatrix H;                                                           //拟合值
    CMatrix B(iUnknownPointCount, 6);

    for(int i =0; i < iUnknownPointCount; i + +)
    {
```

```
        B(i, 0) = 1;
        B(i, 1) = pUnknownPoint[i].x - dMeanX;
        B(i, 2) = pUnknownPoint[i].y - dMeanY;
        B(i, 3) = (pUnknownPoint[i].x - dMeanX) * (pUnknownPoint[i].x - dMeanX);
        B(i, 4) = (pUnknownPoint[i].x - dMeanX) * (pUnknownPoint[i].y - dMeanY);
        B(i, 5) = (pUnknownPoint[i].y - dMeanY) * (pUnknownPoint[i].y - dMeanY);
    }

    H = B * X; //拟合值
    for(int i = 0; i < iUnknownPointCount; i++)
    {
        pUnknownPoint[i].h = H(i, 0);
    }

    //开始写结果
    CStdioFile SF;
    CString strLine;
    setlocale(LC_ALL, "");
    if(! SF.Open(strFileName, CFile::modeCreate | CFile::modeWrite)) return;

    SF.WriteString(_T("-----------曲面拟合结果-----------\r\n"));
    SF.WriteString(_T("\r\n H = a0 + a1 * dX + a2 * dY + a3 * dX * dX + a4 * dX * dY + a5 * dY * dY\r\n"));
    strLine.Format(_T("dX = X - X0, X0 为已知点 X 坐标的均值, X0 = %.4f\r\n"), dMeanX);
    SF.WriteString(strLine);
    strLine.Format(_T("dY = Y - Y0, Y0 为已知点 Y 坐标的均值, Y0 = %.4f\r\n"), dMeanY);
    SF.WriteString(strLine);
    strLine.Format(_T("a0 = %f, a1 = %f, a2 = %f\r\n"), X(0, 0), X(1, 0), X(2, 0));
    SF.WriteString(strLine);
    strLine.Format(_T("a3 = %f, a4 = %f, a5 = %f\r\n"), X(3, 0), X(4, 0), X(5, 0));
    SF.WriteString(strLine);

    SF.WriteString(_T("\r\n 拟合高程: \r\n"));
    SF.WriteString(_T("X\t\tY\t\tH\r\n"));
    for(int i = 0; i < iUnknownPointCount; i++)
    {
        strLine.Format(_T("%.4f\t%.4f\t%.4f\r\n"),
            pUnknownPoint[i].x,
            pUnknownPoint[i].y,
            pUnknownPoint[i].h);
        SF.WriteString(strLine);
    }

    SF.Close();
}
```

13.4.6　实例六：直线拟合

在我们测量学中，经常把测量得到的一些离散点标到坐标平面上，目标是画一条直线。但是因变量选取不同拟合的结果有差异现象，所以就提出了采用最小二乘法进行直线拟合。

最小二乘法直线拟合简单来说就是使所有点到这条直线的距离平方和最小。下面就是最小二乘直线拟合的主要源代码：

```
/最小二乘直线拟合
bool CLinearFit:: LSFit(double& k, double& b)
{
    if(iPointCount = =0) return false;                    //未读入数据则返回

    CMatrix A(iPointCount, 2);                            //系数矩阵
    CMatrix X(2, 1);                                      //参数矩阵
    CMatrix L(iPointCount, 1);                            //常数矩阵
    for(int i =0; i < iPointCount; i + +)
    {
        A(i, 0) =1;
        A(i, 1) = pPointData[ i ].x;

        L(i, 0) = pPointData[ i ].y;
    }

    //求最小二乘解
    CMatrix N;
    N = ~A * A;
    X = N.Inv() * ~A * L;

    b = X(0, 0);                                          //拟合直线的斜距
    k = X(1, 0);                                          //拟合直线的斜率

    return true;
}
```

13.4.7　实例七：曲线拟合

在本书中曲线拟合方法只讲述最小二乘法。

1. 曲线拟合的最小二乘法

从数据集(x_i, y_i)中找出总体规律，并构造一条能较好地反映这种规律的曲线$P(x)$，使误差$r_i = p(x_i) - y_i$按某种标准最小。

通常有以下三种衡量的标准：一是误差$r_i p(x_i) - y_i (i = 0, 1, \cdots, m)$绝对值的最大值$\max\limits_{0 \leqslant i \leqslant m} |r_i|$，即误差向量$r = (r_0, r_1, \cdots, r_m)^T$的∞—范数；二是误差绝对值的和$\sum\limits_{i=0}^{m} |r_i|$，即误

差向量 r 的1—范数；三是误差平方和 $\sum_{i=0}^{m} r_i^2$ 的算术平方根，即误差向量 r 的2—范数；前两种方法简单、自然，但不便于微分运算，后一种方法相当于考虑2—范数的平方，因此在曲线拟合中常采用误差平方和 $\sum_{i=0}^{m} r_i^2$ 来度量误差 $r_i(i=0, 1, \cdots, m)$的整体大小。

数据拟合的具体做法是：对给定数据$(x_i, y_i)(i=0, 1, \cdots, m)$，在取定的函数类 Φ 中，求 $p(x)\in\Phi$，使误差 $r_i=p(x_i)-y_i(i=0, 1, \cdots, m)$的平方和最小，即

$$\sum_{i=0}^{m} r_i^2 \sum_{i=0}^{m} [p(x_i) - y_i]^2 = \min \tag{13-41}$$

从几何意义上讲，就是寻求与给定点$(x_i, y_i)(i=0, 1, \cdots, m)$的距离平方和为最小的曲线 $y=p(x)$。函数 $p(x)$称为拟合函数或最小二乘解，求拟合函数 $p(x)$的方法称为曲线拟合的最小二乘法。

2. 最小二乘法曲线拟合主要代码示例

```
//多项式最小二乘拟合，输入参数为拟合多项式的最高次数，返回值为拟合参数矩阵
//y = a0 + a1 * x + a2 * x^2 + ... + an * x^n, n > =1
CMatrix CCurveFit:: PolyFit(const int& n)
{
    CMatrix Error(1, 1);                    //定义一个矩阵
    if(iPointCount = =0) return Error;      //未读入数据则返回

    if(n <1) return Error;

    CMatrix A(iPointCount, n +1);           //系数矩阵
    CMatrix X(n +1, 1);                     //参数矩阵
    CMatrix L(iPointCount, 1);              //常数矩阵

    for(int i =0; i <iPointCount; i + +)
    {
        for(int j =0; j <n +1; j + +)
        {
            A(i, j) = pow(pPointData[i].x, j);
        }

        L(i, 0) = pPointData[i].y;
    }

    //求最小二乘解
    CMatrix N;
    N = ~A * A;
    X = N.Inv() * ~A * L;

    return X;
}
```

第 14 章　软件工程初步

从 20 世纪 60 年代末开始，为了对付应用软件日益增长的复杂程度、漫长的开发周期以及用户对软件产品经常不满意的状况，出现了软件工程（Software Engineering，简称为 SE）。它是研究和应用如何以系统性的、规范化的、可定量的过程化方法去开发和维护软件，以及如何把经过时间考验而证明正确的管理技术和当前能够得到的最好的技术方法结合起来的学科。它涉及程序设计语言、数据库、软件开发工具、系统平台、标准、设计模式等方面。

14.1　软件工程简介

14.1.1　软件工程的概念

在了解软件工程前，我们先了解一下什么是软件。通俗地讲，软件是指能够运行在硬件上的程序及其文档。这里的硬件是具有计算能力的设备，包括计算机、手机等很多类型。它并不是以一个设备的形式出现的，而是运行在设备里面的程序。

而软件工程则是指导计算机软件开发和维护的工程学科。采用工程的概念、原理、技术和方法来开发与维护软件。

软件工程有如下几个特点：

(1) 软件工程关注于大型程序的构造。

(2) 软件工程的中心课题是控制复杂性。

(3) 软件经常变化。

(4) 开发软件的效率非常重要。

(5) 和谐地合作是开发软件的关键。

(6) 软件必须有效地支持它的用户。

(7) 在软件工程领域中是由一种文化背景的人替另一文化背景的人创造产品。

14.1.2　软件开发生存周期

一般说来，软件生存周期由软件定义、软件开发和软件维护三个时期组成，每个时期又进一步划分成若干个阶段。软件定义时期的任务是确定软件开发工程必须完成的总目标；确定工程的可行性，导出实现工程目标应该采用的策略及系统必须完成的功能；估计完成该项工程需要的资源和成本，并且制订工程进度表。这个时期的工作通常又称为系统分析，由系统分析员负责完成。软件定义时期通常进一步划分成三个阶段，即问题定义、可行性研究和需求分析。开发时期由下述四个阶段组成：总体设计，详细设计，编码和单元测试，综合测试。维护时期的主要任务是使软件持久地满足用户的需要。具体地说，当软件在使用过程中发现错误时应该加以改正；当环境改变时应该修改软件以适应新的环境；当用户有新要求时应该及时改进软件满足用户的新需要。通常对维护时期不再进一步划分阶段，但是每一次维护活动本质上都是一次压缩和简化了的定义和开发过程。

1. 问题定义

问题定义阶段必须回答的关键问题是：“要解决的问题是什么”。通过问题定义阶段的工作，系统分析员应该提出关于问题性质、工程目标和规模的书面报告。通过访问调查，分析员简明扼要地写出他对问题的理解，并在用户和使用部门负责人的会议上认真讨论这份书面报告，得出一份双方都满意的文档。

2. 可行性研究

这个阶段要回答的关键问题是：“对上一阶段所确定的问题有行得通的解决办法吗”。系统分析员需要进行一次大大压缩和简化了的系统分析和设计的过程，也就是在较抽象的高层次上进行的分析和设计的过程。可行性研究应该比较简短，这个阶段的任务不是具体解决问题，而是研究问题的范围，探索这个问题是否值得去解，是否有可行的解决办法。

在问题定义阶段提出的对工程目标和规模的报告通常比较含糊。可行性研究阶段应该导出系统的高层逻辑模型(通常用数据流图表示)，并且在此基础上更准确、更具体地确定工程规模和目标。然后分析员更准确地估计系统的成本和效益，对建议的系统进行成本与效益比值的分析，这是这个阶段的主要任务之一。

可行性研究的结果是使用部门负责人做出是否继续进行这项工程的决定的重要依据，一般来说，只有投资可能取得较大效益的那些工程项目才值得继续进行下去。可行性研究以后的那些阶段将需要投入更多的人力物力。及时终止不值得投资的工程项目，可以避免更大的浪费。

3. 需求分析

这个阶段的任务仍然不是具体地解决问题，而是准确地确定“为了解决这个问题，目标系统必须做什么”，主要是确定目标系统必须具备哪些功能。用户了解他们所面对的问题，知道必须做什么，但是通常不能完整准确地表达出他们的要求，更不知道怎样利用计算机解决他们的问题；软件开发人员知道怎样用软件实现人们的要求，但是对特定用户的具体要求并不完全清楚。因此，系统分析员在需求分析阶段必须和用户密切配合，充分交流信息，以得出经过用户确认的系统逻辑模型。通常用数据流图、数据字典和简要的算法表示系统的逻辑模型。

在需求分析阶段确定的系统逻辑模型是以后设计和实现目标系统的基础，因此必须准确完整地体现用户的要求。

4. 总体设计

这个阶段必须回答的关键问题是：“概括地说，应该如何解决这个问题”。总体设计阶段的第一项主要任务就是应该考虑几种可能的解决方案。

结构设计的一条基本原理就是程序应该模块化，也就是一个大程序应该由许多规模适中的模块按合理的层次结构组织而成。总体设计阶段的第二项主要任务就是设计软件的结构，也就是确定程序由哪些模块组成以及模块间的关系。通常用层次图或结构图描绘软件的结构。

5. 详细设计

详细设计阶段的任务就是把解法具体化，也就是回答“应该怎样具体地实现这个系统”这个关键问题。这个阶段的任务还不是编写程序，而是设计出程序的详细规格说明。这种规格说明的作用很类似于其他工程领域中工程师经常使用的工程蓝图，它们应该包含必要的细节，程序员可以根据它们写出实际的程序代码。

通常用 HIPO 图（层次图加输入/处理/输出图）或 PDL 语言（过程设计语言）描述详细设计的结果。

6. 编码和单元测试

这个阶段的关键任务是写出正确的容易理解、容易维护的程序模块。

程序员应该根据目标系统的性质和实际环境，选取一种适当的高级程序设计语言，把详细设计的结果翻译成用选定的语言书写的程序，并且仔细测试编写出的每一个模块。

7. 综合测试

这个阶段的关键任务是通过各种类型的测试（及相应的调试）使软件达到预定的要求。最基本的测试是集成测试和验收测试。

所谓集成测试是根据设计的软件结构，把经过单元测试检验的模块按某种选定的策略装配起来，在装配过程中对程序进行必要的测试。所谓验收测试则是按照规格说明书的规定（通常在需求分析阶段确定），由用户（或在用户积极参加下）对目标系统进行验收。必要时还可以再通过现场测试或平行运行等方法对目标系统进一步测试检验。

通常需要以正式的或非正式的方式对用户进行培训。

通过对软件测试结果的分析可以预测软件的可靠性；反之，根据对软件可靠性的要求，也可以决定测试和调试过程什么时候可以结束。

应该用正式的文档资料把测试计划、详细测试方案以及实际测试结果保存下来，作为软件配置的一个组成部分。

8. 软件维护

维护阶段的关键任务是，通过各种必要的维护活动使系统持久地满足用户的需要。通常有四类维护活动：改正性维护，也就是诊断和改正在使用过程中发现的软件错误；适应性维护，即修改软件以适应环境的变化；完善性维护，即根据用户的要求改进或扩充软件使它更完善；预防性维护，即修改软件为将来的维护活动预先做准备。

提出维护要求（或报告问题）、分析维护要求、提出维护方案、审批维护方案、确定维护计划、修改软件设计、修改程序、测试程序、复查验收等一系列步骤，因此实质上是经历了一次压缩和简化了的软件定义和开发的全过程。每一项维护活动都应该准确地记录下来，作为正式的文档资料加以保存。

14.2　软件过程方法

软件开发是一个复杂的过程，在软件开发中，其过程方法是比较重要的一项工作。当提出一种软件开发方法时，我们应该考虑许多因素，如：

（1）覆盖开发全过程，并且便于在各阶段间的过渡；

（2）便于在开发各阶段中有关人员之间的通信；

（3）支持有效的解决问题的技术；

（4）支持系统设计和开发的各种不同途径；

(5)在开发过程中支持软件正确性的校验和验证;

(6)便于在系统需求中列入设计、实际和性能的约束;

(7)支持设计师和其他技术人员的智力劳动;

(8)在系统的整个生存周期都支持它的演化;

(9)受自动化工具的支持。

软件过程的模型大概可以分为瀑布模型、快速原型模型、增量模型、螺旋模型四种。下面我们简要的介绍一下这几种模型。

1. 瀑布模型

瀑布模型是按照传统的生命周期方法学开发软件,各阶段的工作自顶向下从抽象到具体顺序进行。

2. 快速原型模型

快速原型模型是快速建立起来的可以在计算机上运行的程序。它所能完成的功能一般是最终产品能完成的功能的一个子集。它是按照线性顺序进行开发的,不带反馈环。

但是该模型有开发前提,即为原型系统已经通过与用户交互而得到验证,从而得到正确的规格说明文档,而且开发人员通过建立原型系统已经知道该做什么不该做什么。

且在维护阶段,根据维护工作的种类可能需要返回到“需求分析”、“规格说明”、“设计”或者“编码”等不同阶段。

3. 增量模型

增量模型即把软件产品作为一系列的增量构件来设计、编码、集成和测试的一种模型。

分解构件的方法为:第一个增量构件,核心功能;第二个增量构件,完善核心功能;直到第 N 个增量构件,按照功能的重要性依次分解。

该模型可以在较短时间内提供部分工作的产品,且在逐步增加产品功能的同时给用户学习的时间。但是软件体系结构是开放的,加入新构件必须简单,而且总体设计更加精细,代价较高。

4. 螺旋模型

螺旋模型的基本思想:使用原型及其他方法来尽量降低风险,即在每个阶段之前都增加风险分析过程的快速原型模型。

该软件模型具有很多风险,例如产品交付给用户之后用户可能不满意,到了预定交付日期而软件可能还没开发出来,实际开发成本可能超出预算,产品完成前一些关键的开发人员可能离开,产品投入市场之前已经有功能相近、价格更低的软件先行投入等。但是该模型可以对可选方案和约束条件的强调,有利于已有软件的重用,减少过多测试或测试不足而带来的风险,维护是模型的另一个周期,适用于内部开发的大规模软件项目。

14.3 小型软件开发的一般过程

小型软件开发不能全部照搬软件工程,但是软件的大与小并没有本质的区别,俗话说“麻雀虽小,五脏俱全”,小型软件开发也是如此,它和大型的软件开发有很多方法是相通的。对于小型软件,我们可在大型软件工程的基础上简化为以下几个步骤:需求分析、设计(包括总体设计与详细设计)、编码与单元测试、综合测试 。

14.4　需求分析

软件需求包括三个不同的层次：业务需求、用户需求和功能需求（也包括非功能需求）。

(1)业务需求(business requirement)反映了组织机构或客户对系统、产品高层次的目标要求。

(2)用户需求(user requirement) 文档描述了用户使用产品必须要完成的任务，这在使用实例(use case)文档或方案脚本(scenario)说明中予以说明。

(3)功能需求(functional requirement)定义了开发人员必须实现的软件功能，使得用户能完成他们的任务，从而满足了业务需求。

非功能需求：它描述了系统展现给用户的行为和执行的操作等。它包括产品必须遵从的标准、规范和合约；外部界面的具体细节；性能要求；设计或实现的约束条件及质量属性。

1. 需求分析的数据要求

任何一个软件系统本质上都是信息处理系统，系统必须处理的信息和系统应该产生的信息在很大程度上决定了系统的面貌，对软件设计有深远影响。

因此，分析系统的数据要求是软件需求分析的一个重要任务。

2. 分析方法

分析方法有 E－R 图和分层数据流图。分层数据流图(Data Flow Diagram, DFD)。其画法如下：

(1)画系统的输入和输出：把整个软件系统看作一个大的加工，然后根据系统从外界的哪些源点接受哪些数据流，以及系统的哪些数据流送到外界的哪些终点，就可画出系统的输入和输出图。这张图称为顶层图。

(2)画系统的内部：将顶层图中的加工分解成若干个加工，并用数据流将这些加工连接起来，使得顶层图中的输入数据流经一连串的加工处理后变换成顶层图的输出数据流。这张图称为 0 层图。从一个加工画出一张数据流图的过程实际上就是对这个加工的分解过程。

可用下述的方法来确定加工：在数据流的组成或值发生变化的地方应画一个加工，这个加工的功能就是实现这一变化；也可根据系统的功能确定加工。

确定数据流的方法可以是：当用户把若干个数据看作一个单位来处理(这些数据一起到达，一起加工)时，把这些数据看成一个数据流。

通常可以把实际工作中的单据(如报名单)作为一个数据流。

对于一些以后某个时间要使用的数据可组织成一个数据(文件)存储。

画加工的内部时，我们把每个加工看作一个小系统，该加工的输入输出数据流看成小系统的输入输出数据流。于是，我们可以用画 0 层图同样的方法画出每个加工的 DFD 子图。

对分解出来的 DFD 子图中的每个加工重复分解。直至图中尚未分解的加工都足够简单(也就是说这种加工不必再分解)为止。到此得到了一套分层数据流图。

下面我们就以内外业一体化地形数据建库系统为例，分析我们需要完成的步骤：

①野外数据采集；

②对野外采集的数据进行检查；

③编辑成图；

④数据入库;

⑤查询、统计与输出。

在需求分析后,我们就要根据需求分析阶段的基本任务,完成下述四份文档资料:

(1)系统规格说明:主要描述目标系统的概貌、功能要求、性能要求、运行要求和将来可提出的要求。包括:数据流图、描述主要算法描述、用户需求和系统功能之间的参照关系。

(2)数据要求:主要包括数据字典、描绘数据结构的层次方框图、对存储信息(数据库或普通文件)分析结果。

(3)用户系统描述:从用户使用系统的角度描述系统,相当于一份初步的用户手册。内容包括系统功能和性能的扼要描述,使用系统的主要步骤和方法,系统用户的责任等。

(4)开发计划:进度计划等。

14.5 设计

著名3D游戏软件Quake设计师Michael Abrash说过:"所有真正杰出的设计一旦被设计好,看起来都是那么的简单和显而易见。但是在获得杰出设计的过程中,需要付出令人难以置信的努力。"

14.5.1 总体设计

总体设计划分出组成系统的物理元素——程序、文件、数据库、人工过程和文档等,但是每个物理元素仍然处于黑盒子级,这些黑盒子里的具体内容将在以后仔细设计。总体设计阶段的另外几个重要任务是:

(1)设计软件的结构。

(2)确定系统中每个程序的组成模块。

(3)确定模块间的相互关系。

14.5.2 详细设计

详细设计阶段的根本目标是如何实现所要求的系统,即要对目标系统进行精确描述,为编码阶段的程序书写做准备。

我们必须明白详细设计阶段的任务不是具体地编写程序,而是要设计出程序的"蓝图",程序员根据这个蓝图写出实际的程序代码。因此,详细设计时应该考虑程序代码的质量。即衡量程序的质量不仅要看它的逻辑是否正确,性能是否满足要求,更主要的是要看它是否容易阅读和理解。

14.5.3 系统设计文档

软件总体设计确定了软件结构,即确定模块的划分、模块间的接口。一般可用软件的总体框架图来表示。软件详细设计(也称软件算法设计、软件过程设计、软件逻辑设计)确定每个软件模块的实现算法。可用程序流程图描述、或用伪代码描述。在总体设计和详细设计都做好之后,我们就可以编写出系统设计说明书。

14.6　编码与单元测试

14.6.1　编码

编码是软件开发生命周期中的重要阶段。编码要注意以下几点：

1. 编程语言的选择

在编程语言的选择时，我们应该考虑到几个方面，如程序员的知识、软件可移植性要求、软件的应用领域等。

如果编程语言和其他标准不矛盾，那么应该选择一种已经为程序员所熟悉的语言。

如果目标系统将在几台不同的计算机上运行，或者预期的使用寿命很长，那么选择一种标准化程度高、程序可移植性好的语言就是很重要的。

所谓的通用程序设计语言实际上并不是对所有应用领域都同样适用，因此，选择语言时应该充分考虑目标系统的应用范围。

2. 编码风格与规范

我们要求源程序代码要逻辑简明清晰、易读易懂，为了做到这一点，应该遵循下述规则：

(1) 命名规范：程序内部的文档(如："匈牙利"法则)，选取含义鲜明的名字，使它能正确地提示程序对象所代表的实体。如果使用缩写，那么缩写规则应该一致，并且应该给每个名字加注解。

(2) 注释：通常在每个模块开始处有一段序言性的注解，简要描述模块的功能、主要算法、接口特点、重要数据以及开发简史。

插在程序中间与一段程序代码有关的注解，主要解释包含这段代码的必要性。对于用高级语言书写的源程序，不需要用注解的形式把每个语句翻译成自然语言，应该利用注解提供一些额外的信息。应该用空格或空行清楚地区分注解和程序。

(3) 代码格式：程序清单的布局对于程序的可读性也有很大影响，应该利用适当的阶梯形式使程序的层次结构清晰明显。

(4) 数据说明：数据说明的次序应该标准化(例如，按照数据结构或数据类型确定说明的次序)。

当多个变量名在一个语句中说明时，应该按字母顺序排列这些变量。

如果设计时使用了一个复杂的数据结构，则应该用注解说明用程序设计语言实现这个数据结构的方法和特点。

3. 语句构造

构造语句时应该遵循的原则是：

(1) 每个语句都应该简单而直接，不能为了提高效率而使程序变得过分复杂。

(2) 不要为了节省空间而把多个语句写在同一行。

(3) 尽量避免复杂的条件测试。

(4) 尽量减少对"非"条件的测试。

(5) 避免大量使用循环嵌套和条件嵌套。

(6) 利用括号使逻辑表达式或算术表达式的运算次序清晰直观。

4. 输入/输出

(1)对所有输入数据都进行检验。

(2)检查输入项重要组合的合法性。

(3)保持输入格式简单。

(4)使用数据结束标记，不需要用户指定数据的数目。

(5)明确提示交互式输入的请求，详细说明可用的选择或边界数值。

(6)当程序设计语言对格式有严格要求时，应保持输入格式一致。

(7)设计良好的输出报表。

(8)给所有输出数据加标志。

5. 效率

效率主要指处理机时间和存储器容量两个方面。

效率是性能要求，因此应该在需求分析阶段确定效率方面的要求。

效率是靠好设计来提高的，而不是靠牺牲程序的清晰性和可读性，程序的效率和程序的简单程度是一致的。

14.6.2 单元测试

测试的目的是在软件投入生产性运行之前，尽可能多地发现软件中的错误。

目前软件测试仍然是保证软件质量的关键步骤。通常在编写出每个模块之后就对它做必要的测试(称为单元测试)，模块的编写者和测试者是同一个人，编码和单元测试属于软件生命周期的同一个阶段。

我们编写代码时，一定会反复调试保证它能够编译通过。如果是编译没有通过的代码，没有任何人会愿意交付给自己的老板。但代码通过编译，只是说明了它的语法正确；我们却无法保证它的语义也一定正确，没有任何人可以轻易承诺这段代码的行为一定是正确的。幸运的是，单元测试会为我们的承诺做保证。编写单元测试就是用来验证这段代码的行为是否与我们期望的一致。有了单元测试，我们可以自信地交付自己的代码，而没有任何的后顾之忧。

单元测试是在软件开发过程中要进行的最低级别的测试活动，在单元测试活动中，软件的独立单元将在与程序的其他部分相隔离的情况下进行测试。单元测试不仅是作为无错编码的一种辅助手段在一次性的开发过程中使用，而且无论是在软件修改，或是移植到新的运行环境的过程中，单元测试必须是可重复的。因此，所有的测试都必须在整个软件系统的生命周期中进行维护。

一般认为，在结构化程序时代，单元测试所说的单元是指函数，在当今的面向对象时代，单元测试所说的单元是指类。从实践经验出发，以类作为测试单位，复杂度高，可操作性较差，因此仍然主张以函数作为单元测试的测试单位，但可以用一个测试类来组织某个类的所有测试函数。单元测试不应过分强调面向对象，因为局部代码依然是结构化的。单元测试的工作量较大，简单实用高效才是硬道理。

14.7　综合测试

前面我们讲过软件的综合测试包括集成测试和验收测试。下面我们就来了解一下它们各自的含义。

1. 集成测试

集成测试，也叫组装测试或联合测试。在单元测试的基础上，将所有模块按照设计要求(如根据结构图)组装成为子系统或系统，进行集成测试。实践表明，一些模块虽然能够单独地工作，但并不能保证连接起来也能正常的工作。程序在某些局部反映不出来的问题，在全局上很可能暴露出来，影响功能的实现。

集成测试应该考虑以下问题：

(1)在把各个模块连接起来的时候，穿越模块接口的数据是否会丢失；

(2)各个子功能组合起来，能否达到父功能的预期要求；

(3)一个模块的功能是否会对另一个模块的功能产生不利的影响；

(4)全局数据结构是否有问题；

(5)单个模块的误差积累起来，是否会放大，从而达到不可接受的程度。

因此，单元测试后，有必要进行集成测试，发现并排除在模块连接中可能发生的上述问题，最终构成要求的软件子系统或系统。对子系统，集成测试也叫部件测试。

在集成测试时确定某一集成工作版本的测试的内容称为集成测试需求。集成测试需求主要来源于设计模型(Design Model)和集成构建计划(Integration Build Plan)。集成测试着重于集成版本的外部接口的行为。因此，测试需求须具有可观测、可测评性。

(1)集成工作版本应分析其类协作与消息序列，从而找出该工作版本的外部接口。

(2)由集成工作版本的外部接口确定集成测试用例。

(3)测试用例应覆盖工作版本每一外部接口的所有消息流序列。

注意：一个外部接口和测试用例的关系是多对多，部分集成工作版本的测试需求可映射到系统测试需求，因此对这些集成测试用例可采用重用系统测试用例技术。

软件集成测试工作由产品评测部担任，需要项目组相关角色配合完成。其工作机制包括软件评测部、软件项目组、集成测试工作内容及其流程工作流程。

集成测试产生的工件清单有：软件集成测试计划、集成测试用例、测试过程、测试脚本、测试日志、测试评估摘要。

集成测试的实施方案有很多种，如自底向上集成测试、自顶向下集成测试、Big-Bang 集成测试、三明治集成测试、核心集成测试、分层集成测试、基于使用的集成测试等。在这里我们就不一一介绍了，只代表性地介绍一种。

自底向上的集成(Bottom-Up Integration)方式是最常使用的方法。其他集成方法都或多或少地继承、吸收了这种集成方式的思想。自底向上集成方式从程序模块结构中最底层的模块开始组装和测试。因为模块是自底向上进行组装的，对于一个给定层次的模块，它的子模块(包括子模块的所有下属模块)事前已经完成组装并经过测试，所以不再需要编制桩模块(一种能模拟真实模块，给待测模块提供调用接口或数据的测试用软件模块)。自底向上集成测试的步骤大致如下：

步骤一：按照概要设计规格说明，明确有哪些被测模块。在熟悉被测模块性质的基础上对被测模块进行分层，在同一层次上的测试可以并行进行，然后排出测试活动的先后关系，制订测试进度计划。利用图论的相关知识，可以排出各活动之间的时间序列关系，处于同一层次的测试活动可以同时进行，而不会相互影响。

步骤二：在步骤一的基础上，按时间线序关系，将软件单元集成为模块，并测试在集成过程中出现的问题。这里，可能需要测试人员开发一些驱动模块来驱动集成活动中形成的被测模块。对于比较大的模块，可以先将其中的某几个软件单元集成为子模块，然后再集成为一个较大的模块。

步骤三：将各软件模块集成为子系统(或分系统)。检测各自子系统是否能正常工作。同样，可能需要测试人员开发少量的驱动模块来驱动被测子系统。

步骤四：将各子系统集成为最终用户系统，测试是否存在各分系统能否在最终用户系统中正常工作。

一般来讲，在现代复杂软件项目集成测试过程中，通常采用核心系统先行集成测试和高频集成测试相结合的方式进行，自底向上的集成测试方案在采用传统瀑布式开发模式的软件项目集成过程中较为常见。读者应该结合项目的实际工程环境及各测试方案适用的范围进行合理的选型。

2. 验收测试

验收测试(Acceptance testing)，是部署软件之前的最后一个测试操作。验收测试的目的是确保软件准备就绪，并且可以让最终用户将其用于执行软件的既定功能和任务。

验收测试是向未来的用户表明系统能够像预定要求那样工作。经集成测试后，已经按照设计把所有的模块组装成一个完整的软件系统，接口错误也已经基本排除了，接着就应该进一步验证软件的有效性，这就是验收测试的任务，即软件的功能和性能如同用户所合理期待的那样。

通过综合测试之后，软件已完全组装起来，接口方面的错误也已排除，软件测试的最后一步——验收测试即可开始。验收测试应检查软件能否按合同要求进行工作，即是否满足软件需求说明书中的确认标准。

(1)验收测试标准实现软件确认要通过一系列墨盒测试。验收测试同样需要制订测试计划和过程，测试计划应规定测试的种类和测试进度，测试过程则定义一些特殊的测试用例，旨在说明软件与需求是否一致。无论是计划还是过程，都应该着重考虑软件是否满足合同规定的所有功能和性能，文档资料是否完整、准确，人机界面和其他方面(例如可移植性、兼容性、错误恢复能力和可维护性等)是否令用户满意。验收测试的结果有两种可能，一种是功能和性能指标满足软件需求说明的要求，用户可以接受；另一种是软件不满足软件需求说明的要求，用户无法接受。项目进行到这个阶段才发现严重错误和偏差一般很难在预定的工期内改正，因此必须与用户协商，寻求一个妥善解决问题的方法。

(2)配置复审验收测试的另一个重要环节是配置复审。复审的目的在于保证软件配置齐全、分类有序，并且包括软件维护所必需的细节。

(3)α、β测试事实上，软件开发人员不可能完全预见用户实际使用程序的情况。例如，用户可能错误地理解命令，或提供一些奇怪的数据组合，亦可能对设计者自认明了的输出信息迷惑不解，等等。因此，软件是否真正满足最终用户的要求，应由用户进行一系列“验收测试”。验收测试既可以是非正式的测试，也可以有计划、有系统地测试。有时，验收测试长达数周甚至数月，不断暴露错误，导致开发延期。一个软件产品，可能拥有众多用户，不可能由每个用户验收，此时多采用称为 α、β 测试的过程，以期发现那些似乎只有最终用户才能发现的问题。α 测试是指软件开发公司组织内部人员模拟各类用户行对即将面市软件产品（称为 α 版本）进行测试，试图发现错误并修正。α 测试的关键在于尽可能逼真地模拟实际运行环境和用户对软件产品的操作并尽最大努力涵盖所有可能的用户操作方式。经过 α 测试调整的软件产品称为 β 版本。紧随其后的 β 测试是指软件开发公司组织各方面的典型用户在日常工作中实际使用 β 版本，并要求用户报告异常情况、提出批评意见。然后软件开发公司再对 β 版本进行改错和完善。一般包括功能度、安全可靠性、易用性、可扩充性、兼容性、效率、资源占用率、用户文档八个方面。

验收测试大致过程如下：

（1）软件需求分析：了解软件功能和性能要求、软硬件环境要求等，并特别要了解软件的质量要求和验收要求。

（2）编制《验收测试计划》和《项目验收准则》：根据软件需求和验收要求编制测试计划，制订需测试的测试项，制订测试策略及验收通过准则，并经过客户参与的计划评审。

（3）测试设计和测试用例设计：根据《验收测试计划》和《项目验收准则》编制测试用例，并经过评审。

（4）测试环境搭建：建立测试的硬件环境、软件环境等（可在委托客户提供的环境中进行测试）。

（5）测试实施：测试并记录测试结果。

（6）测试结果分析：根据验收通过准则分析测试结果，作出验收是否通过及测试评价。

（7）测试报告：根据测试结果编制缺陷报告和验收测试报告，并提交给客户。

具体的测试内容通常还包括：性能测试（正常的负载、容量变化）、压力测试（临界的负载、容量变化）、平台测试、安全性测试、恢复测试可靠性测试等。

如果执行了所有的测试案例、测试程序或脚本，用户验收测试中发现的所有软件问题都已解决，而且所有的软件配置均已更新和审核，可以反映出软件在用户验收测试中所发生的变化，用户验收测试就完成了。

第 15 章 平面控制网平差软件设计与实现

在测绘程序中，控制网平差计算软件比较复杂。本章将按小型软件工程的过程，介绍控制网平差软件需求分析、设计与编码，其中重点介绍需求分析与设计，包括平差模型、算法步骤、分层数据流图、功能结构图等，编码实现过程以观测方程组织及近似坐标推算最为复杂，本书只列出该部分代码，其余可以作为课程设计实践由读者完成。

15.1 平面控制网平差模型

15.1.1 间接平差基本原理

设：观测值为 L，其权为 P，相应的改正数为 V，必要观测值个数为 t，选定未知数 X，则有误差方程 $V=BX+L$。

根据最小二乘原理：

$$V^TPV=\min \tag{15-1}$$

求极值：$\frac{\partial(V^TPV)}{\partial x}=2V^TP\frac{\partial V}{\partial x}=2V^TPB=0$

$B^TPV=0$，$B^TP(BX+L)=0$，$B^TPBX+B^TPL=0$

得法方程：

$$B^TPBX+B^TPL=0 \tag{15-2}$$

法方程的解为：

$$X=-(B^TPB)^{-1}B^TPL \tag{15-3}$$

单位权中误差：

$$\sigma=\pm\sqrt{V^TPV/(nm-t)} \tag{15-4}$$

15.1.2 附有条件的间接平差原理

设未知数个数为 t，观测值个数为 n，条件方程个数为 m

误差方程：

$$V=BX+L \tag{15-5}$$

条件方程：

$$AX+W=0 \tag{15-6}$$

根据最小二乘原理，在条件 $AX+W=0$ 下，$V^TPV=\min$。利用拉格朗日不定乘数法可得：

$$\left.\begin{aligned}&\Phi = V^T PV + 2K^T(AX+W) = \min\\&\frac{\partial \Phi}{\partial x} = 2V^T P\frac{\partial V}{\partial x} + 2K^T A = 2({}^B X + L)TPB + 2K^T A = 0\\&B^T P(BX+L) + A^T K = B^T PBX + A^T K + B^T PL = 0\end{aligned}\right\} \tag{15-7}$$

$$AX + W = 0$$

即：

$$\begin{bmatrix} B^T PB & A^T \\ A & 0 \end{bmatrix}\begin{bmatrix} X \\ K \end{bmatrix} + \begin{bmatrix} B^T PL \\ W \end{bmatrix} = 0 \tag{15-8}$$

15.2　平面控制网平差计算的基本步骤

平面控制网的计算通常包括概算、平差和编制成果表等三项内容。

15.2.1　概算

概算为平差前的准备工作，相当于数据的预处理，其主要的工作有：

(1)外业观测成果的整理、检查。

(2)绘制导线网的略图，编制观测数据表和已知数据表。

(3)计算近似坐标。

(4)观测成果归化到标石中心。

(5)观测成果改化(方向改化和距离改化)。

(6)根据平面控制网的几何条件检查观测成果的质量，即各种闭合、附合条件的检验。如：方位角闭合(附合)差、坐标闭合(附合)差。

1. 计算近似坐标

(1)按方向观测值计算三角网中待定点的近似坐标

$$\begin{aligned}x_k &= \frac{x_a \cot B + x_b \cot A - y_a + y_b}{\cot A + \cot B}\\ y_k &= \frac{y_a \cot B + y_b \cot A + x_a - x_b}{\cot A + \cot B}\end{aligned} \tag{15-9}$$

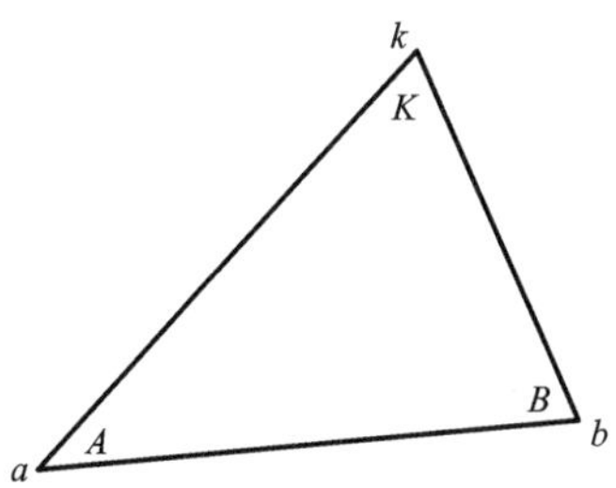

图 15-1　按方向观测值计算三角网中待定点的近似坐标

(2)按边长观测值计算三边网中待定点的近似坐标

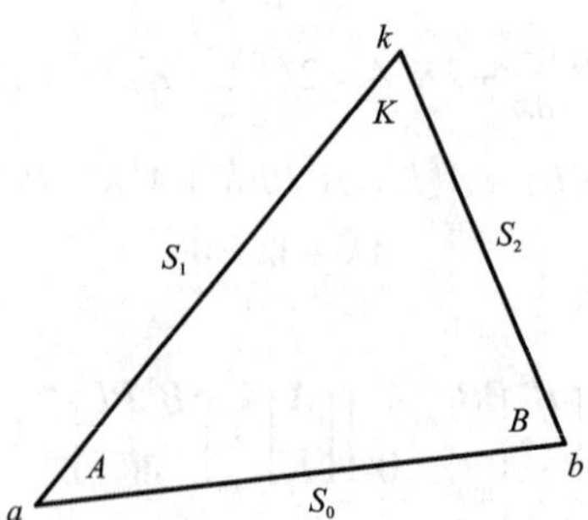

图 15-2 按边长观测值计算三角网中待定点的近似坐标

$$
\begin{aligned}
A &= \cos^{-1}\left(\frac{S_0^2+S_1^2-S_2^2}{2S_0S_1}\right) \\
B &= \cos^{-1}\left(\frac{S_0^2+S_2^2-S_1^2}{2S_0S_2}\right)
\end{aligned}
\tag{15-10}
$$

先按公式(14-10)计算三角形的内角，再用公式(14-9)计算待定点的坐标。

(3)按方向和边长观测值计算导线网中待定点的近似坐标

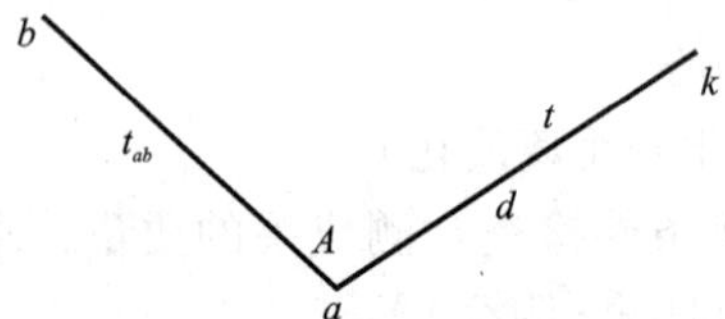

图 15-3 按方向和边长观测值计算导线网中待定点的近似坐标

$$
\begin{aligned}
x_k &= x_a + d\times \cos t = x_a + d\times \cos T_{ak} \\
y_k &= y_a + d\times \sin t = y_a + d\times \sin T_{ak}
\end{aligned}
\tag{15-11}
$$

T_{ak}的计算为：

$T'_{ak}=T_{ab}+A$，A 为前进方向的左角

$A'=t_{ak}-t_{ab}$，t_{ab}，t_{ak}为方向观测值

$$
A=\begin{cases} A'+2\pi & A'<0 \\ A' & A'\geqslant 0 \end{cases} \tag{15-12}
$$

$$
T_{ak}=\begin{cases} T'_{ak}-2\pi & T'_{ak}>2\pi \\ T'_{ak} & T'_{ak}\leqslant 2\pi \end{cases} \tag{15-13}
$$

T_{ab}可由 a，b 两点的坐标反算而得。

(4)近似坐标解算方法

①整体解算法：设有 n 个待定点，则有 $2n$ 未知数，选取具有 $2n$ 个独立未知数的观测值组成方程组，进行整体解算。

②逐点解算法：选择已知点或已计算出坐标的点作为起算点，根据具体的图形，逐个推算出各点的坐标。

一般采用逐点解算法进行近似坐标计算。

2. 观测成果归化到标石中心

(1)方向观测值的归心

测站归心和照准归心：

$$\begin{aligned} C_{Kj} &= E_y \times \rho'' \times \sin(M_{Ki} + \theta_Y)/S_{Ki} \\ r_{Ki} &= E_T \times \rho'' \times \sin(M_{ik} + \theta_T)/S_{Ki} \end{aligned} \tag{15-14}$$

式中：E_y——测站偏心距；

θ_Y——测站偏心角；

M_{Ki}——测站上观测改正方向的方向观测值；

E_T——照准偏心距；

θ_T——照准偏心角；

M_{iK}——照准点上观测改正方向的方向观测值。

(2)边长观测值的归心

$$\Delta S = -E_Y \times \cos(\theta_Y + M_{iK}) \tag{15-15}$$

照准归心与测站归心相同。

3. 观测成果改化(方向改化和距离改化)

野外观测是地球表面，而参考面是地球椭球面，计算是在高斯平面上。方向改化和距离改化就是要将椭球面上的观测值归化到高斯平面上。

$$\delta_{iK} = \frac{f \times (X_i - X_k) \times (2 \times Y_i + Y_k)}{3}$$

$$\Delta S = \frac{f \times S_{iK} \times Y_m^2}{\rho}$$

式中：$Y_m = \dfrac{Y_i + Y_k}{2}$；$f = \dfrac{\rho}{2 \times R_m^2}R_m$——本地区的地球平均半径。

4. 检查观测成果的质量

根据平面控制网的几何条件检查观测成果的质量，即各种闭合、附合条件的检验。主要有：方位角闭合(附合)差、坐标闭合(附合)差等闭合差检验。

15.2.2　平差计算

1. 平差计算步骤

(1)读取观测数据与已知点坐标数据(即经过概算后的观测数据)。

(2)计算未知点近似坐标。

(3)计算角度观测值误差方程的系数和常数项。

(4)计算边长观测值误差方程的系数和常数项。

(5)列条件式。

(6)组成误差方程，得到系数矩阵和常数项矩阵。

(7)定权，得到权矩阵。

(8)组成方程。

(9)解算法方程，求得 $\mathrm{d}X = [\mathrm{d}X_1 \quad \mathrm{d}Y_1 \quad \mathrm{d}X_2 \quad \mathrm{d}Y_2 \quad \cdots]$。

(10)求得平差后的坐标值 $X = X + dX$。因为只有 dX 很小时误差方程式、条件方程式才是严密的，因此当 dX 的值较大时应把 $X = X + dX$ 作为新的近似值重复 1 ~ 3 步，直到 dX 中绝对值最大的一个小于给定的限值。

(11)精度评定，计算误差椭圆参数等。

2. 误差方程式及条件方程式的列立

以未知点坐标为平差对象，一个观测值对应一个误差方程式，误差方程式包括两类：方向观测误差方程式和边长观测误差方程式。

(1)方向观测误差方程式

一般形式：

$$V_{ij} = -\delta Z_i + a_{ij}\delta X_i + b_{ij}\delta Y_i - a_{ij}\delta X_j - b_{ij}\delta Y_j + l_{ij} \tag{15-16}$$

其中：

$$a_{ij} = \frac{\rho''\sin T_{ij}^0}{D_{ij}^0},\ b_{ij} = -\frac{\rho''\cos T_{ij}^0}{D_{ij}^0},\ l_{ij} = -Z_i^0 + T_{ij}^0 - L_{ij} \tag{15-17}$$

一般取测站起始方向(零方向)的近似坐标方位角作为定向角近似值 $-Z_i^0$，$T_{ij}^0 = \arctan\left(\frac{Y_j^0 - Y_i^0}{X_j^0 - X_i^0}\right)$。

当测站点 i 为已知点时：

$$V_{ij} = -\delta Z_i - a_{ij}\delta X_j - b_{ij}\delta Y_j + l_{ij} \tag{15-18}$$

当照准点 j 为已知点时：

$$V_{ij} = -\delta Z_i + a_{ij}\delta X_i + b_{ij}\delta Y_i + l_{ij} \tag{15-19}$$

当侧站点和照准点都为已知点时：

$$V_{ij} = -\delta Z_i + l_{ij} \tag{15-20}$$

对各测站误差方程采用史赖伯一次约化消去定向角未知数，即消去以上各式中 $-\delta Z_i$，而增加一个和方程式，则对于某 i 测站其方向观测误差方程式为：

$$\begin{cases} V_{ij} = a_{ij}\delta X_i + b_{ij}\delta Y_i - a_{ij}\delta X_j - b_{ij}\delta Y_j + l_{ij} \\ V_{ik} = a_{ik}\delta X_i + b_{ik}\delta Y_i - a_{ik}\delta X_k - b_{ik}\delta Y_k + l_{ik} \\ \qquad\vdots \\ V_{ij} = a_{in}\delta X_i + b_{in}\delta Y_i - a_{in}\delta X_n - b_{in}\delta Y_n + l_{in} \end{cases}\text{，其权为 1}$$

和方程式为：

$$[V]_i = [a]_i\delta X_i + [b]_i\delta Y_i - \sum_{j=1}^{n}(a_{ij}\delta X_j + b_{ij}\delta Y_j) + [l]_i\text{，其权为：}-1/n\text{。}$$

消去定向角未知数的目的是为了减少组成和解算法方程的工作量，在手算条件下具有重要的意义，而在编程计算中的作用主要是为了降低法方程矩阵的大小，以提高矩阵运算(主要是矩阵求逆)的效率及节约数据存储的空间。

史赖伯一次约化实际是利用高斯消去法消去了定向角未知数，约化后的误差方程式已不是真实的观测量误差方程式，而是虚拟的误差方程式，而且和方程的权为负数，不具有观测精度的意义，只具有数学计算的意义。要计算观测值的改正数时，还必须利用原误差方程式，即根据法方程式解算得到的 δX、δY，按式(15-21)计算定向角未知数 δZ_i：

$$\delta Z_i = \frac{[a]_i}{n}\delta X_i + \frac{[b]_i}{n}\delta Y_i - \frac{\sum_{j=1}^{n}(a_{ij}\delta X_j + b_{ij}\delta Y_j)}{n} + \frac{[l]_i}{n} \tag{15-21}$$

用计算出的定向角未知数 δZ_i 及 δX、δY 一并代入原误差方程式中求出观测值的平差后改正数 $\bar{v}$。为了降低本次设计的难度，允许不采用史赖伯一次约化对误差方程进行约化，而直接对原误差方程进行最小二乘平差计算，但这样做一定要注意待估参数的个数为 $m+2n$，其中 m 为测站个数，n 为未知点个数。

(2)边长观测误差方程式

边长观测误差方程式为：

$$V_{ij} = -\cos T_{ij}^0\delta X_i - \sin T_{ij}^0\delta Y_i + \cos T_{ij}^0\delta X_j + \sin T_{ij}^0\delta Y_j + l_{ij} \tag{15-22}$$

$l_{ij} = S_{ij}^0 - S_{ij}$，$S_{ij}^0$为近似坐标计算而得，$S_{ij}$为实测边长。

当测站点 i 为已知点时：

$$V_{ij} = \cos T_{ij}^0\delta X_j + \sin T_{ij}^0\delta Y_j + l_{ij} \tag{15-23}$$

当照准点 j 为已知点时：

$$V_{ij} = -\cos T_{ij}^0\delta X_i - \sin T_{ij}^0\delta Y_i + l_{ij} \tag{15-24}$$

方位角条件方程式

$$a_{ij}\delta X_i + b_{ij}\delta Y_i - a_{ij}\delta X_j - b_{ij}\delta Y_j + w_{ij} = 0 \tag{15-25}$$

a_{ij}和 b_{ij}与方向观测误差方程中的意义一致，$w_{ij} = T_{ij}^0 - T_{ij}$，$T_{ij}^0$为计算值，$T_{ij}$为已知固定值。

当测站点 i 为已知点时：

$$-a_{ij}\delta X_j - b_{ij}\delta Y_j + w_{ij} = 0 \tag{15-26}$$

当照准点 j 为已知点时：

$$a_{ij}\delta X_i + b_{ij}\delta Y_i + w_{ij} = 0 \tag{15-27}$$

边长条件方程式

$$-\cos T_{ij}^0\delta X_i - \sin T_{ij}^0\delta Y_i + \cos T_{ij}^0\delta X_j + \sin T_{ij}^0\delta Y_j + w_{ij} = 0 \tag{15-28}$$

式中：$w_{ij} = S_{ij}^0 - S_{ij}$，$S_{ij}^0$由近似坐标计算而得，$S_{ij}$为已知的固定边。

3. 定权

根据先验方向观测中误差和边长观测中误差来定权。

(1)方向观测值的权

在等精度方向观测的控制网中，可把方向观测值的权定为 1，不同精度的观测网中，则选择其中一种作为单位权中误差 μ(单位：s)，其他方向观测值中误差为 m(单位；s)，则$p = \frac{\mu^2}{m^2}$。

(2)边长观测值的权

$p_s = \frac{\mu^2}{m_s^2}$，其中边长中误差可由 $m_s = \pm(A + B \cdot S \cdot 10^{-4})$或 $m_s = \pm\sqrt{S}B$(单位：cm)计算，A 为测距仪常数误差，B 为测距仪比例误差因子。在导线网中一般取方向观测值中误差为单位权中误差。

例如，观测方向中误差 $m_r = \pm 5''$，边长测量中误差 $m_{si} = \pm 0.5\sqrt{Si}$cm，可假设单位权中误差则方向观测权 $\mu = \pm 5''$，方向观测值的权为 1，观测边权为 $=100/Si$。

以上定权的方式还不是严密的，因为角度和边长是不同的观测量，可采用赫尔默特方差份量估计，迭代定权。

4. 组成法方程

组成法方程分两种情况：

(1)保留观测值方程组得系数阵和常数项，待所有的误差方程组成完毕后，再根据间接平差原理，利用矩阵运算公式，计算法方程的系数阵和常数项。

(2)不保留观测值方程组得系数阵和常数项，利用间接平差中法方程具有可加性的特点，由一个误差方程式即可组成与其相应的部分法法方程系数和常数项，然后把这些部分的法方程系数和常数项再累加起来就是由所有的误差方程得到的总体法方程式。

如果有条件式，按附有条件的间接平差法，把条件式逐个地排放在由误差方程式组成的法方程后续的对应行和列中即可。

5. 法方程式的解算

对法方程系数阵求逆，然后乘以法方程常数项即可求得未知数的改正数。

6. 计算坐标值

求得平差后的坐标值 $X = X + \mathrm{d}X$。因为只有 $\mathrm{d}X$ 很小时误差方程式、条件方程式才是严密的，因此当 $\mathrm{d}X$ 的值较大时应把 $X = X + \mathrm{d}X$ 作为新的近似值重复 1 ~ 3 步，直到 $\mathrm{d}X$ 中绝对值最大的一个小于给定的限值。

7. 精度评定

(1)残差平方和 V^TPV 与单位权中误差的计算

如果保存了误差方程的系数和常数项，则可以把解算法方程得到的未知数的改正数代入到误差方程中求得 V，然后再直接求出 V^TPV。也可以利用约化的公式 $V^TPV = L^TPL + (B^TPL)^TX$，在组成法方程的时候就可以计算出 L^TPL 与 B^TPL，待法方程解算出来后即可求得 V^TPV。

中误差计算：$m_0 = \pm\sqrt{\dfrac{V^TPV}{n-t}}$，$n$ 为观测值个数，t 为未知数个数。

(2)未知数的协因数阵

由于采用了坐标平差法，实际上法方程系数矩阵的逆就是未知数的协因数阵。它是进行精度评定的基本数据

$$Q_x = (B^TPB)^{-1} \tag{15-29}$$

(3)平差后边长与坐标方位角的精度评定

平差后边长与坐标方位角可由坐标平差值反算而得。因此，待定边的坐标方位角的权函数式为：

$$F_T = a_{ij}\delta X_i + b_{ij}\delta Y - a_{ij}\delta X_j - b_{ij}\delta Y_j = f^TX \tag{15-30}$$

待定边的边长的权函数式为：

$$F_D = a'_{ij}\delta X_i + b'_{ij}\delta Y - a'_{ij}\delta X_j - b'_{ij}\delta Y_j = f^TX \tag{15-31}$$

按协因数传播律可得未知数函数的权倒数：

$$Q_F = f^TQ_Xf \tag{15-32}$$

精度计算：

$$m = m_0 \sqrt{Q_F} \tag{15-33}$$

待定点点位误差

$$m_x = \pm m_0 \sqrt{Q_{xx}},\ m_y = \pm m_0 \sqrt{Q_{yy}} \tag{15-34}$$

$$m_k = \pm \sqrt{m_x^2 + m_y^2} \tag{15-35}$$

(4)误差椭圆元素计算

长半径方位角：

$$Q = \frac{1}{2}\arctan\frac{2Q_{xy}}{Q_{xx} - Q_{yy}} \tag{15-36}$$

长半径、短半径：

$$\begin{aligned} E &= m_0 \sqrt{Q_{xx} + Q_{xy}\tan Q}, \\ F &= m_0 \sqrt{Q_{xx} + Q_{xy}\tan(Q + 90^0)} \end{aligned} \tag{15-37}$$

15.3　分层数据流图

15.3.1　分层数据流图的画法

1. 画系统的输入和输出

把整个软件系统看作一个大的加工，然后根据系统从外界的哪些源点接受哪些数据流，以及系统的哪些数据流送到外界的哪些终点，就可画出系统的输入和输出图。这张图称为顶层图。

2. 画系统的内部

将顶层图中的加工分解成若干个加工，并用数据流将这些加工连接起来，使得顶层图中的输入数据流经一连串的加工处理后变换成顶层图的输出数据流。这张图称为 0 层图(如图 15－4)。从一个加工画出一张数据流图的过程实际上就是对这个加工的分解过程。

图 15－4　第 0 层

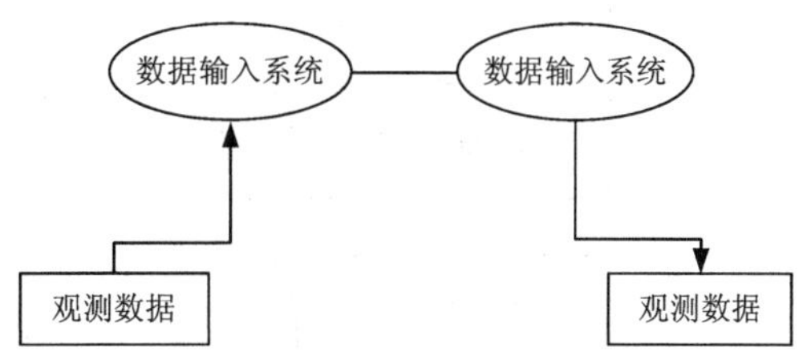

图 15－5　第 1 层

可用下述的方法来确定加工：在数据流的组成或值发生变化的地方应画一个加工，这个加工的功能就是实现这一变化；也可根据系统的功能确定加工。

确定数据流的方法可以是：当用户把若干个数据看作一个单位来处理(这些数据一起到达，一起加工)时，把这些数据看成一个数据流。通常可以把实际工作中的单据(如报名单)作为一个数据流。对于一些以后某个时间要使用的数据可组织成一个数据(文件)存储。

3. 画加工的内部

我们把每个加工看作一个小系统，该加工的输入输出数据流看成小系统的输入输出数据流。于是，我们可以用画 0 层图同样的方法画出每个加工的 DFD 子图(如图 15-5)。

对第 3 步分解出来的 DFD 子图中的每个加工重复第 3 步的分解，直至图中尚未分解的加工都足够简单(也就是说这种加工不必再分解)为止。到此得到了一套分层数据流图。

15.3.2 平面控制网的分层数据流图

第二层：数据输入(如图 15-6)。

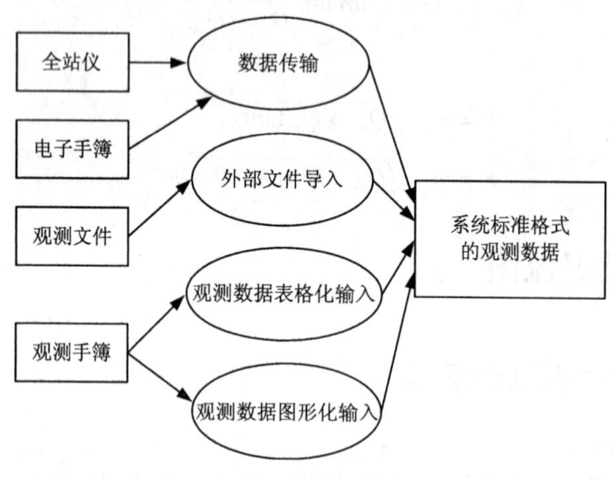

图 15-6 数据输入

第三层：概算(如图 15-7)。

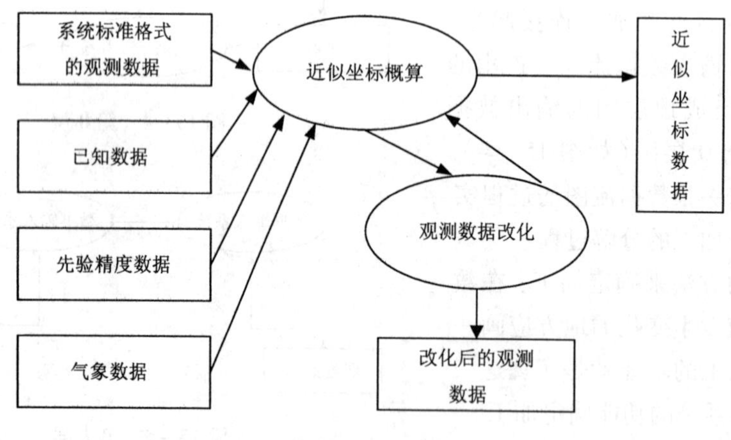

图 15-7 概算

第四层：平差计算(如图 15-8)。

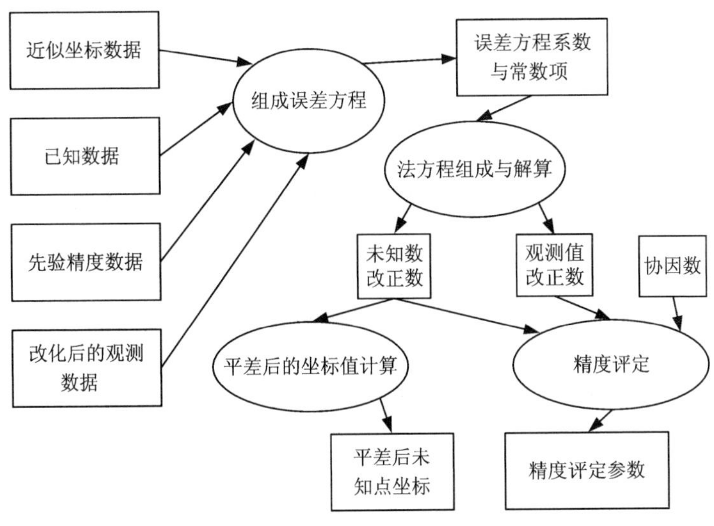

图 15－8　平差计算

15.4　总体框架及模块划分

15.4.1　系统总体框架

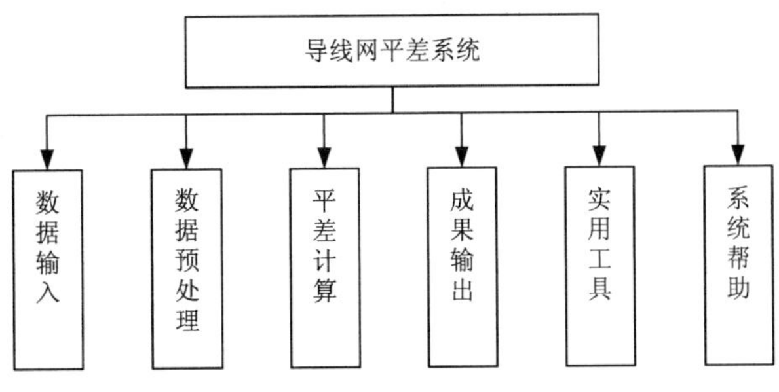

图 15－9　系统总体框架

15.4.2　模块功能划分

1. 数据输入模块

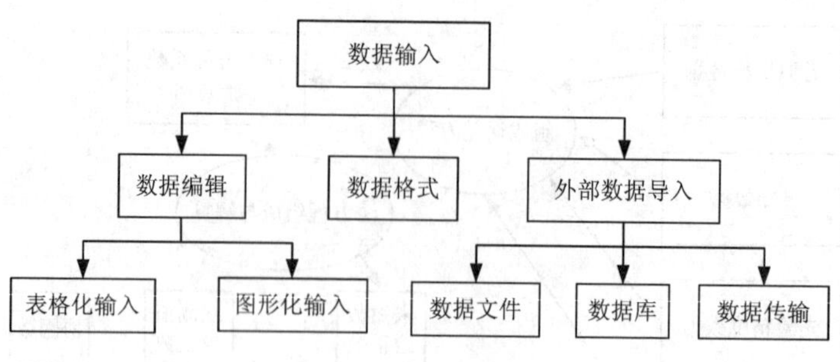

图 15-10 数据输入模块

为了降低本次设计的难度，数据输入模块不需要做界面或用简单界面，数据直接从文本文件中读取即可。

2. 数据预处理模块

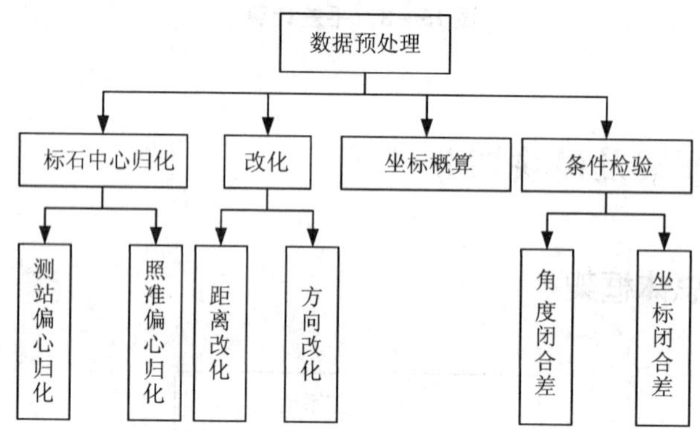

图 15-11 数据预处理模块

3. 平差计算模块

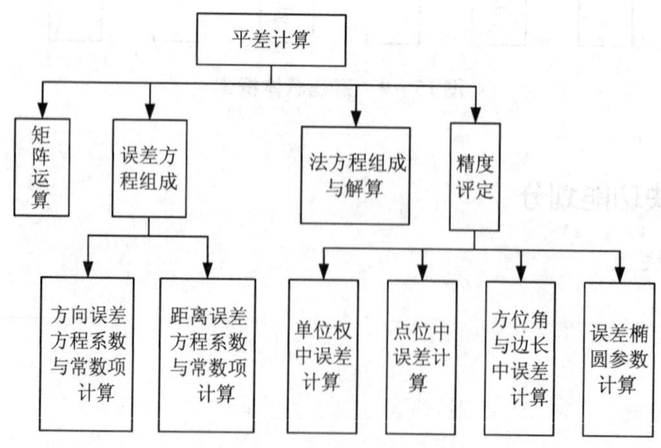

图 15-12 平差计算模块

4. 成果输出模块

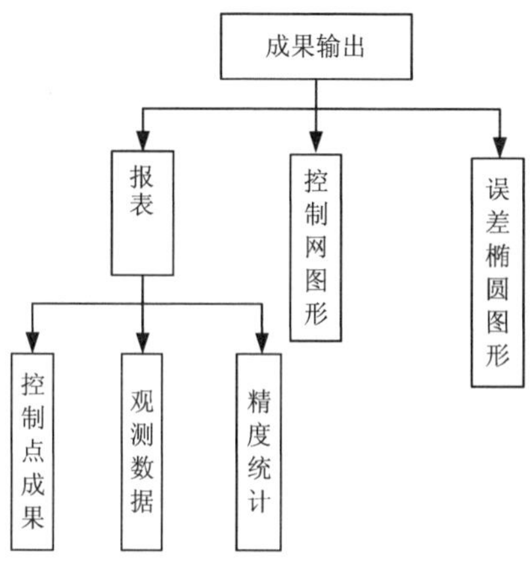

图 15－13　成果输出模块

15.5　数据文件格式设计

15.5.1　设计数据格式的基本原则

(1)方便数据的读写。

(2)节约存储空间。

(3)格式要简洁易懂。

15.5.2　数据文件的组成

文件头：包括描述主体数据的数据(如主体数据的类型、格式等)以及少量的非主体数据。

主体数据体：一般有格式固定的多条数据记录组成。

15.5.3　参考数据格式

1. 参考数据格式 1(适用于所有形式的平面控制网)

(1)文件头：测量员、记录员、观测日期、气象参数、角度边长观测先验精度、测站总数、文件头结束标志，例如：

```
Surveyor, Name
Recorder, Name
Date, ## - ## - ##
Meteorogy, Temperature, Pressure, Humidity
AngleAccuracy, No, #####
DistanceAccuracy, No, A, B
Station Count, #####
END Header
```

(2)主数据体:

①已知数据:

已知数据类型标识, 已知数据体

```
Coor, PointNo, X, Y, H
Dist, StartPointNo, EndPointNo, #######
Angle, StationPointNo, ObjPointNo, #####
```

②观测数据:

观测数据起始标志

测站点号, 观测值个数

照准点号, 观测值类型(D/A), 观测值, [观测值精度编号]

…

观测数据结束标志

2. *参考数据格式2(使用于等精度角度观测和等精度边长观测)*

(1)文件头: 测量员、记录员、观测日期、气象参数、角度边长观测先验精度、测站总数、已知数据、文件头结束标志。例如:

```
Surveyor, Name
Recorder, Name
Date, ## - ## - ##
Meteorogy, Temperature, Pressure, Humidity
AngleAccuracy, #####
DistanceAccuracy, A, B
Station Count, #####
Coor, PointNo, X, Y, H
Dist, StartPointNo, EndPointNo, #######
Angle, StationPointNo, ObjPointNo, #####
END Header
```

(2)主数据体:

观测数据:

测站点号, 照准点号, [方向观测值], [边长观测值]

15.6 主要功能模块的算法与实现

15.6.1 近似坐标推算

按方向和边长观测值计算导线网中待定点的近似坐标, 选择已知点或以计算出的坐标点作为起算点，根据具体的图形，依次推算出所有未知点的坐标。采用坐标增量法推算近似坐标的具体算法设计可表示为如图 15－14 所示。

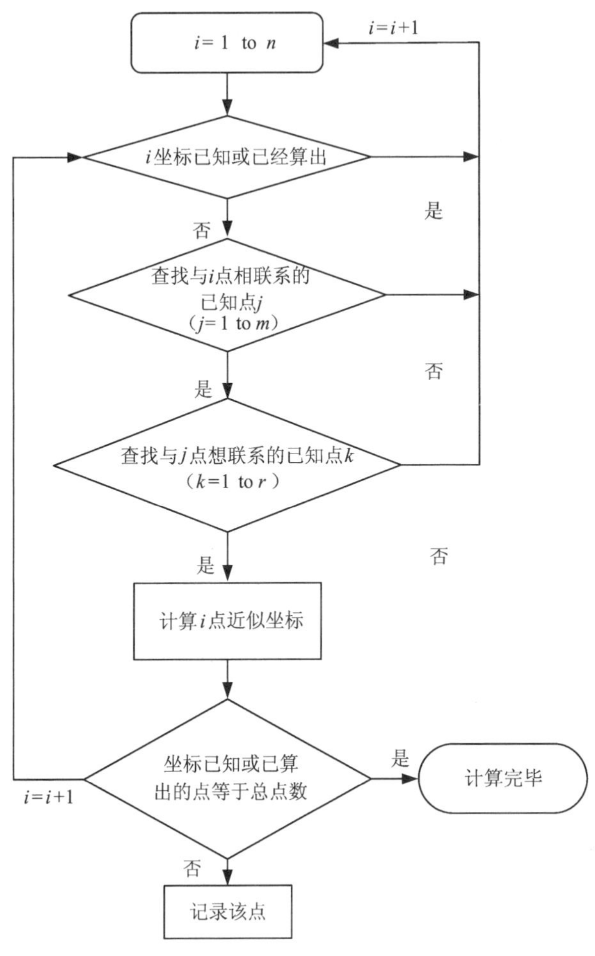

图 15－14　近似坐标推算

程序主要代码如下：

```
//坐标概算主函数
void CTraverseNetAdjust:: ApproCoor()
{
    if(m_iUnKnownPointCount = =0||m_iKnownPointCount = =0) return;          //未读取任何数据
    if(IsCompApproCoorEnd = =true) return;     //判断是否计算过近似坐标,防止重复计算时陷入死循环

    int iNum =0;//记录有近似值的未知点的个数
    do
    {
```

```
for(int i = 0;i < m_iUnKnownPointCount;i + + )
{
    if(m_cpUnKnownPoint[i].nStyle = =0)          //如果该点没有近似值则执行下列步骤
    {
        //寻找观测值的照准点中是否有该点
        for(int j = 0;j < m_iAngleObsCount;j + + )
        {
            if(m_cpAngleObs[j].cObj -> strID = = m_cpUnKnownPoint[i].strID)
            {
                //如果有,看其相关的测站点是否已知
                if(m_cpAngleObs[j].cStation -> nStyle = =1)
                {
                    //如果测站点已知,则查找与之相关的其他照准点是否有已知的
                    for(int k = 0;k < m_iAngleObsCount;k + + )
                    {
                if(m_cpAngleObs[j].cStation -> strID = = m_cpAngleObs[k].cStation -> strID)
                        {
                        if(m_cpAngleObs[k].cObj -> nStyle = =1)      //此时已有两个已
知点
                            {
                                double dDist;//未知点与第一个已知点的距离
                                int IsDistKnown = 1;//记录是否找到距离

                                //查找未知点与第一个已知点的距离
                                for(int m = 0;m < m_iDistObsCount;m + + )
                                {
                            if(((m_cpDistObs[m].cEnd -> strID = = m_cpUnKnownPoint[i].
strID)
                &&(m_cpDistObs[m].cStart -> strID = = m_cpAngleObs[j].cStation -> strID))
                            ||((m_cpDistObs[m].cStart -> strID = = m_cpUnKnownPoint[i].
strID)
                &&(m_cpDistObs[m].cEnd -> strID = = m_cpAngleObs[j].cStation -> strID)))
                                    {
                                        dDist = m_cpDistObs[m].dDist;
                                        IsDistKnown = 1;
                                        break;

                                    }
                                    else//没找到距离
                                    {
                                        IsDistKnown = 0;
                                    }
                                }
```

```
                                        //找到距离以后可以进行计算
                                        if(IsDistKnown = =1)
                                        {
                                        CAngle cA;//两边的夹角
                                    cA=m_cpAngleObs[j].ObsValue - m_cpAngleObs[k].ObsValue;

                                    //计算坐标
                                    ComputeCoor(m_cpAngleObs[k].cStation,
                                    m_cpAngleObs[k].cObj, cA,dDist,m_cpUnKnownPoint[i]);
                                        //标记该点已有近似坐标
                                          m_cpUnKnownPoint[i].nStyle=1 ;
                                          iNum+ +;//已知点个数加 1
                                          break;//跳出第 3 层循环
                                          }
                                      }
                                  }
                              }
                              //跳出第 2 层循环
                              if(m_cpUnKnownPoint[i].nStyle = =1)break;
                          }
                      }
                  }
              }
          }
      }while(iNum<m_iUnKnownPointCount);
      IsCompApproCoorEnd=true;//标记已算完
  }
```

15. 6. 2　系数矩阵 *B* 和常数项阵 *L* 的组成

程序主要代码如下：

```
  //组成误差方程，B 为系数矩阵，L 为常数项
  void CTraverseNetAdjust:: FormErrorEquation(CMatrix &B, CMatrix &L)
  {
      //设定 B 和 L 的大小
        B. SetSize ( m _ iAngleObsCount + m _ iDistObsCount, m _ iUnKnownPointCount * 2 + m _
iAngleObsStationCount);
      L.SetSize(m_iAngleObsCount+m_iDistObsCount,1);

      int iStation=1;                //表示当前是第几个测站
      int iLocation=0;               //表示前一测站所在的位置
```

```
//列方向观测方程
for(int i =0;i < m_iAngleObsCount;i + +)
{
    //计算 B
    if(m_cpAngleObs[i].cStation -> strID! =m_cpAngleObs[iLocation].cStation -> strID)//换站了
    {
        iStation + +;iLocation = i;
    }
    B(i,2* m_iUnKnownPointCount + iStation - 1) = - 1; //方向改正数
    //计算 a,b,l
    double dX0,dY0,S0;
    dX0 = m_cpAngleObs[i].cObj -> X - m_cpAngleObs[i].cStation -> X;
    dY0 = m_cpAngleObs[i].cObj -> Y - m_cpAngleObs[i].cStation -> Y;
    S0 = sqrt(dX0* dX0 + dY0* dY0);
    CAngle T0; //近似方位角
    T0(RAD) = Azi(* m_cpAngleObs[i].cStation,* m_cpAngleObs[i].cObj);

    double a, b; //改正系数(/mm)
    a = (180* 3600/PI)* dY0/(S0* S0* 1000);
    b = - (180* 3600/PI)* dX0/(S0* S0* 1000);

    for(int j =0; j < m_iUnKnownPointCount; j + +)
    {
    if(m_cpAngleObs[i].cStation -> strID = = m_cpUnKnownPoint[j].strID)
                                                          //该观测值的测站是第 j 个未知点
        {B(i,2* j) = a;B(i,2* j +1) = b;}
    if(m_cpAngleObs[i].cObj -> strID = = m_cpUnKnownPoint[j].strID)
                                                          //该观测值的照准点是第 j 个未知点
        {B(i,2* j) = - a;B(i,2* j +1) = - b;}
    }

    //计算 l
    CAngle Z0;
Z0(RAD) = Azi(* m_cpAngleObs[iLocation].cStation,* m_cpAngleObs[iLocation].cObj);
                                                          //计算定向角近似值
    CAngle L0 = T0 - Z0;//方向近似值
    if(L0(DEG) <0)
    {
        L0(DEG) = L0(DEG) +360;
    }          CAngle l = m_cpAngleObs[i].ObsValue - L0;  //得到常数项改正数
    L(i,0) = l(DEG)* 3600;//转化成秒为单位
}
```

```
//列距离观测方程
for(int i = 0;i < m_iDistObsCount;i + + )
{
    //计算 B
    double a,b;//计算改正系数
    double dX0,dY0,S0;
    dX0 = m_cpDistObs[ i ].cEnd -> X - m_cpDistObs[ i ].cStart -> X;
    dY0 = m_cpDistObs[ i ].cEnd -> Y - m_cpDistObs[ i ].cStart -> Y;
    S0 = Dist(* m_cpDistObs[ i ].cStart,* m_cpDistObs[ i ].cEnd);
    a = dX0/S0;
    b = dY0/S0;
    for(int j = 0;j < m_iUnKnownPointCount;j + + )
    {
        if(m_cpDistObs[ i ].cStart -> strID = = m_cpUnKnownPoint[ j ].strID)
                                                    //该观测值的测站是第 j 个未知点
        {
            B(i + m_iAngleObsCount,2* j) = - a;
            B(i + m_iAngleObsCount,2* j + 1) = - b;
        }
    if(m_cpDistObs[ i ].cEnd -> strID = = m_cpUnKnownPoint[ j ].strID)
                                                    //该观测值的照准点是第 j 个未知点
    {
        B(i + m_iAngleObsCount,2* j) = a;
        B(i + m_iAngleObsCount,2* j + 1) = b;
    }

    }
    //计算 L
    double l;
    l = m_cpDistObs[ i ].dDist - S0;//单位 mm
    L(i + m_iAngleObsCount,0) = l* 1000;
}
}
```

参考文献

[1] 马明栋，赵长胜，施群德，杜维甲. 面向对象的测量程序设计[M]. 北京：教育科学出版社，2000.

[2] 郭九训. 控制网平差程序设计[M]. 北京：原子能出版社，2004.

[3] 葛永慧，余哲，刘志德. 测绘编程基础[M]. 北京：测绘出版社，2002.

[4] 姚连碧，周小平. 基于 MATLAB 的控制网平差程序设计[M]. 上海：同济大学出版社，2006.

[5] 宋力杰. 测量平差程序设计[M]. 北京：国防工业出版社，2009.

[6] 佟彪. VB 语言与测量程序设计基础[M]. 北京：中国电力出版社，2007.

[7] 顾孝烈，程效军. CASIO fx - 5800p 计算器土木工程测量计算程序开发与应用[M]. 上海：同济大学出版社，2007.

[8] 王中伟. 卡西欧 fx - 5800P 计算器与道路施工放样计算[M]. 广州：华南理工大学出版社，2011.

[9] 谭浩强. C++ 程序设计[M]. 北京：清华大学出版社，2004.

[10] 严涛. Visual C++2008 程序设计简明教程[M]. 北京：清华大学出版社，2009.

[11] Ivor Horton，姜玲玲(译)，张云(译). Visual C++ 2008 入门经典[M]. 北京：清华大学出版社，2009.

[12] 林锐，韩永泉. 高质量程序设计指南——C++/C 语言(第 3 版)(修订版)[M]. 北京：电子工业出版社，2012.

[13] 朱建军，左廷英，宋迎春. 误差理论与测量平差基础[M]. 北京：测绘出版社，2013.

[14] 顾孝烈，鲍峰，程效军. 测量学(第 4 版)[M]. 上海：同济大学出版社，2011.

[15] 孔祥元，郭际明. 控制测量学(上、下册)[M]. 武汉：武汉大学出版社，2006.

[16] 刘大杰，施一民，过静珺. 全球定位系统(GPS)的原理与数据处理[M]. 上海：同济大学出版社，1996.

[17] 张海藩. 软件工程导论(第 5 版)[M]. 北京：清华大学出版社，2008.

[18] 朱群康，郭昌俊. 导线网平差软件设计[J]. 煤炭技术，2008，27(10)：114 - 115.

[19] 朱永松，程曦. 导线网平差算法设计与实现[J]. 湖北工业大学学报，2005，20(4)：71 - 75.

[20] 张东明. 水准网平差程序的设计与实现[J]. 昆明冶金高等专科学校学报，2000，16(4)：8 - 11.

[21] 刘亚静，毛善君，郭达志，姚纪明. 基于 VC++ 的坐标系统转换程序设计与实现[J]. 湖南科技大学学报(自然科学版)，2006，21(3)：61 - 64.